复变函数

乔金静　左亚丽　刘　红　高红亚　编

科学出版社

北　京

内 容 简 介

本书主要讲述单复变函数的基本理论,包括复数与复变函数,解析函数,复变函数的积分理论、级数理论、留数理论和几何理论. 本书注重本科生的教学,也注重复变函数对于科学研究的应用. 对于本科生,内容不会过深过难,更适用于大多数院校的本科教学.

本书可作为理、工、农、师范、综合类院校中的数学类、物理学类、力学类等各专业本科生的教材,也可作为相关自学者的参考资料.

图书在版编目(CIP)数据

复变函数/乔金静等编. —北京: 科学出版社, 2020.6
ISBN 978-7-03-064190-8

Ⅰ. ①复… Ⅱ. ①乔… Ⅲ. ①复变函数-高等学校-教材 Ⅳ. ①O174.5

中国版本图书馆 CIP 数据核字 (2020) 第 003359 号

责任编辑: 王胡权　王　静　李　萍 / 责任校对: 张小霞
责任印制: 张　伟 / 封面设计: 陈　敬

科学出版社 出版
北京东黄城根北街 16 号
邮政编码: 100717
http://www.sciencep.com

北京建宏印刷有限公司 印刷
科学出版社发行　各地新华书店经销
*
2020 年 6 月第 一 版　开本: 720 × 1000 B5
2020 年 6 月第一次印刷　印张: 11
字数: 222 000
定价: **39.00 元**
(如有印装质量问题, 我社负责调换)

前　言

复变函数论研究自变量和因变量均为复数的函数. 复数最早出现在 16 世纪, 而复变函数的理论基础是 19 世纪奠定的, 这一时期的三个代表人物是 Cauchy (1789—1857)、Weiers-trass (1815—1897) 和 Riemann (1826—1866). Cauchy 研究复变函数的积分理论, Weierstrass 研究复变函数的级数理论, 而 Riemann 研究复变函数的几何理论. 事实上, 他们分别从不同的角度研究了解析函数. 在 19 世纪, 解析函数论的研究占有重要地位, 并取得了辉煌的成就, 对当代数学的形成产生了深远的影响. 复变函数的理论与方法在流体力学、热学、电磁学和弹性理论中有广泛的应用.

本书讲述单复变函数的基本理论, 主要内容包括复变函数的积分理论、级数理论、留数理论和几何理论. 第 1 章复数与复变函数为预备知识, 内容包括复数及其运算、复变函数的基本性质; 第 2 章解析函数是本书主要研究的复变函数, 内容包括解析函数和初等函数; 第 3 章复变函数的积分理论是复变函数论的基础, 内容包括 Cauchy 定理和 Cauchy 积分公式; 第 4 章复变函数的级数理论讲述 Taylor 级数和 Laurent 级数; 第 5 章复变函数的留数理论是积分理论和级数理论的发展, 讲述留数和留数定理在定积分和广义定积分计算中的应用, 也介绍辐角原理和 Rouché 定理; 第 6 章复变函数的几何理论包括共形映射、分式线性映射、Riemann 定理以及解析开拓.

本书是作者在十多年讲授复变函数的基础上对讲义进行修改整理而成的, 同时也参考了国内外同类型的教材和专著. 本书得到了河北省机器学习与计算智能重点实验室运行绩效后补助经费项目的资助 (199676198H), 在此表示感谢.

由于作者水平有限, 书中疏漏之处在所难免, 希望读者批评指正.

编　者

2019 年 1 月

目　　录

第1章　复数与复变函数

　　复变函数论的研究对象是自变量和因变量均为复数的函数. 本章介绍复变函数的概念和基本性质, 首先复习与复数有关的一些基本知识.

1.1　复数及其运算

1.1.1　复数及其代数运算

　　对于简单的一元二次方程

$$x^2 + 1 = 0, \tag{1.1}$$

它在实数范围内是没有解的, 因为没有实数的平方等于 -1. 由于解方程的需要, 人们引进一个 "虚有" 的数 i, 并令 $i^2 = -1$, 则方程 (1.1) 有解 $x_{1,2} = \pm i$. 同样, 方程

$$x^2 + 2x + 2 = 0$$

的判别式小于 0, 它在实数范围内也没有解. 引进数 i 之后, 可得解 $x_{1,2} = -1 \pm i$. 事实上, 在很长时间内, 人们怀疑这种数的存在, 因此把 i 称为 "虚数", 后来发现它有非常现实的意义, 且有广泛的应用.

　　设 x, y 为两个实数, 称 $z = x + iy$ 为复数, 称 i 为虚数单位. 分别称 x, y 为复数 z 的实部和虚部, 记为 $x = \operatorname{Re} z, y = \operatorname{Im} z$. 当 $y = 0$ 时, $z = x$ 为实数; 当 $x = 0, y \neq 0$ 时, $z = iy$ 为纯虚数.

　　设 $z_j = x_j + iy_j, j = 1, 2$. $z_1 = z_2 \Leftrightarrow x_1 = x_2, y_1 = y_2$, 即两个复数相等当且仅当它们的实部和虚部分别相等.

　　注意, 非实数的复数是不能比较大小的.

　　下面定义复数的四则运算. 设 $z_j = x_j + iy_j, j = 1, 2$. 定义两个复数的和、差、积、商如下:

$$z_1 \pm z_2 = (x_1 \pm x_2) + i(y_1 \pm y_2),$$

$$z_1 z_2 = (x_1 x_2 - y_1 y_2) + i(x_1 y_2 + x_2 y_1).$$

设 $z_2 \neq 0$, 若复数 z 满足 $z_2 z = z_1$, 则称 z 为 z_1 与 z_2 的商, 记为 $z = \dfrac{z_1}{z_2}$.

　　设 $z = x + iy$, 由商的定义及复数的乘法得到

$$x_1 + iy_1 = (x_2 + iy_2)(x + iy) = (x_2 x - y_2 y) + i(y_2 x + x_2 y),$$

比较两端的实部与虚部得到二元一次方程组

$$\begin{cases} x_2 x - y_2 y = x_1, \\ y_2 x + x_2 y = y_1, \end{cases}$$

由 $z_2 \neq 0$ 知其系数矩阵

$$\begin{vmatrix} x_2 & -y_2 \\ y_2 & x_2 \end{vmatrix} = x_2^2 + y_2^2 \neq 0,$$

于是

$$x = \frac{x_1 x_2 + y_1 y_2}{x_2^2 + y_2^2}, \quad y = \frac{x_2 y_1 - x_1 y_2}{x_2^2 + y_2^2},$$

因此

$$z = \frac{z_1}{z_2} = \frac{x_1 x_2 + y_1 y_2}{x_2^2 + y_2^2} + \mathrm{i} \frac{x_2 y_1 - x_1 y_2}{x_2^2 + y_2^2}.$$

特别地, 当 $z_1 = 1$ 时, $z = \dfrac{1}{z_2} = \dfrac{x_2}{x_2^2 + y_2^2} - \mathrm{i} \dfrac{y_2}{x_2^2 + y_2^2}$.

以上的四则运算满足以下运算法则.

(1) 加法交换律: $z_1 + z_2 = z_2 + z_1$;

(2) 加法结合律: $(z_1 + z_2) + z_3 = z_1 + (z_2 + z_3)$;

(3) 乘法交换律: $z_1 z_2 = z_2 z_1$;

(4) 乘法结合律: $(z_1 z_2) z_3 = z_1 (z_2 z_3)$;

(5) 乘法分配律: $(z_1 + z_2) z = z_1 z + z_2 z$ 或 $z(z_1 + z_2) = z z_1 + z z_2$.

这些运算法则容易验证, 所以略去证明. 特别地, 两个复数的乘积, 按照乘法法则进行运算, 最后把 i^2 换为 -1. 全体复数按照以上的运算法则构成一个数域, 称之为复数域, 并记为 $\mathbf{C}$.

例 1-1 设 z 为复数, 证明 $(1 + z)^2 = 1 + 2z + z^2$.

证明 $(1 + z)^2 = (1 + z)(1 + z) = (1 + z) + z(1 + z)$

$$= 1 + z + z + z^2 = 1 + 2z + z^2.$$

在实数域内成立的一切代数恒等式在复数域内仍然成立, 例如

$$z^2 - w^2 = (z - w)(z + w).$$

下面, 给出一个复数的共轭复数和模的概念.

设复数 $z = x + \mathrm{i}y$, 称 $x - \mathrm{i}y$ 为 z 的共轭复数, 记为 $\bar{z}$. 共轭复数具有如下性质:

(1) $\overline{z_1 \pm z_2} = \overline{z_1} \pm \overline{z_2}$, $\overline{z_1 z_2} = \overline{z_1}\,\overline{z_2}$, $\overline{\left(\dfrac{z_1}{z_2}\right)} = \dfrac{\overline{z_1}}{\overline{z_2}}$;

(2) $\overline{\overline{z}} = z$;

(3) $z + \overline{z} = 2\mathrm{Re}\,z$, $z - \overline{z} = 2\mathrm{i}\mathrm{Im}\,z$;

(4) $z\overline{z} = (\mathrm{Re}\,z)^2 + (\mathrm{Im}\,z)^2$.

上述性质容易证明. 作为例子, 证明性质 (4) 如下:

$$z\overline{z} = (x + \mathrm{i}y)(x - \mathrm{i}y) = (x^2 + y^2) + \mathrm{i}(xy - xy) = (\mathrm{Re}\,z)^2 + (\mathrm{Im}\,z)^2.$$

称实数 $\sqrt{x^2 + y^2}$ 为复数 $z = x + \mathrm{i}y$ 的模, 记为 $|z|$, 即

$$|z| = \sqrt{x^2 + y^2} = \sqrt{(\mathrm{Re}\,z)^2 + (\mathrm{Im}\,z)^2}.$$

显然, $|z| = |\overline{z}|$, $|\mathrm{Re}\,z| \leqslant |z|$, $|\mathrm{Im}\,z| \leqslant |z|$, 且容易验证

$$|z_1 z_2| = |z_1|\,|z_2|, \qquad \left|\frac{z_1}{z_2}\right| = \frac{|z_1|}{|z_2|}.$$

共轭复数简化了复数的计算, 特别是复数的除法.

例 1-2　求复数 $\dfrac{(2+\mathrm{i})^2}{4-3\mathrm{i}}$ 的实部和虚部.

解　由

$$\frac{(2+\mathrm{i})^2}{4-3\mathrm{i}} = \frac{(2+\mathrm{i})^2(4+3\mathrm{i})}{(4-3\mathrm{i})(4+3\mathrm{i})} = \frac{(3+4\mathrm{i})(4+3\mathrm{i})}{25} = \mathrm{i},$$

可知复数 $\dfrac{(2+\mathrm{i})^2}{4-3\mathrm{i}}$ 的实部为 0, 虚部为 1.

1.1.2　复数的几何表示

称 $z = x + \mathrm{i}y$ 为复数 z 的代数表示法.

复数 $z = x + \mathrm{i}y$ 与有序实数对 (x, y) 一一对应. 因此, 如果某个量和有序实数对成一一对应关系, 那么就可以用这个量表示复数.

因为有序实数对 (x, y) 与平面直角坐标系中的点成一一对应, 所以可以用平面直角坐标系中的点表示复数. 此时, 称 x 轴为实轴, y 轴为虚轴, 称两轴所在的平面为复平面, 记为 **C**. 复平面有时用表示复数的字母 z, w, $\cdots$ 表示, 称为 z 平面, w 平面, $\cdots$. 复数与复平面上的点之间建立了联系, 今后, 不区分复数和点及复数集和点集, 说到复数, 可以代表对应的点, 说到点, 也指所对应的复数.

因为平面直角坐标系中的点与从原点出发终点指向这个点的向量成一一对应关系, 所以可以用向量表示复数. 如图 1-1 所示, 设 $x^2 + y^2 \neq 0$, 从原点 O 到复平面上的点 $P(x, y)$ 引向量 $\overrightarrow{OP}$. 此向量的长度即为复数 z 的模 $|z|$, 向量与实轴正向的夹角称为复数 z 的辐角, 记作 $\mathrm{Arg}\,z$. 事实上, 复数的辐角是向量从实轴正向旋转到 $\overrightarrow{OP}$ 位置时扫过的角度. 一个非零的复数的辐角是有向角, 沿逆时针旋转, 辐角

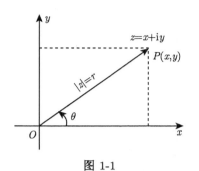

图 1-1

规定为正值, 否则为负值. 由于两个向量有无穷多个夹角, 因此任何非零的复数 z 都有无穷多个辐角, 这些辐角的值彼此之间相差 2π 的整数倍, $\mathrm{Arg}\, z$ 可理解为这些角度的集合. 我们称在 $(-\pi, \pi]$ 中的那个辐角为复数 z 的辐角主值, 记为 $\arg z$. 这样 $\arg z \in \mathrm{Arg}\, z$, 且

$$\mathrm{Arg}\, z = \arg z + 2k\pi, \ k = 0, \pm 1, \pm 2, \cdots.$$

复数 $z = x + \mathrm{i}y \ (x \neq 0)$ 的辐角主值

$$\arg z = \begin{cases} \arctan\dfrac{y}{x}, & x > 0, \\[2mm] \pi + \arctan\dfrac{y}{x}, & x < 0, \ y \geqslant 0, \\[2mm] -\pi + \arctan\dfrac{y}{x}, & x < 0, \ y < 0. \end{cases}$$

复数 $z = \mathrm{i}y \ (y \neq 0)$ 的辐角主值 $\arg z = \begin{cases} \dfrac{\pi}{2}, & y > 0, \\[2mm] -\dfrac{\pi}{2}, & y < 0. \end{cases}$ 复数 $z = 0$ 的模为 0, 辐角无定义.

　　令 $|z| = r$, $\mathrm{Arg}\, z = \theta$. 利用极坐标, 可得下面的等式

$$\begin{cases} x = r\cos\theta, \\ y = r\sin\theta, \end{cases}$$

于是复数 z 又可表示为

$$z = r(\cos\theta + \mathrm{i}\sin\theta),$$

称之为复数 z 的三角表示法.

　　利用 Euler 公式

$$\mathrm{e}^{\mathrm{i}\theta} = \cos\theta + \mathrm{i}\sin\theta,$$

三角表示法可改写成下面的形式

$$z = r\mathrm{e}^{\mathrm{i}\theta},$$

称之为复数 z 的指数表示法.

　　Euler 公式可由 $\mathrm{e}^x, \sin x, \cos x$ 的 Maclaurin 展开式

$$\mathrm{e}^x = \sum_{n=0}^{\infty} \frac{x^n}{n!} = 1 + x + \frac{x^2}{2!} + \cdots + \frac{x^n}{n!} + \cdots,$$

$$\sin x = \sum_{n=0}^{\infty} (-1)^n \frac{x^{2n+1}}{(2n+1)!} = x - \frac{x^3}{3!} + \frac{x^5}{5!} - \cdots + (-1)^n \frac{x^{2n+1}}{(2n+1)!} + \cdots,$$

$$\cos x = \sum_{n=0}^{\infty} (-1)^n \frac{x^{2n}}{(2n)!} = 1 - \frac{x^2}{2!} + \frac{x^4}{4!} - \cdots + (-1)^n \frac{x^{2n}}{(2n)!} + \cdots$$

得到, 只要将 e^x 的展开式中的 x 换成 ix, 并利用 $i^2 = -1$ 即得.

有了复数的几何表示, 复数的加法和减法就有了几何意义. 两个复数相加减等价于相应的两个向量相加减.

例 1-3 分别用三角表示法和指数表示法表示复数 $z = 1 + \sqrt{3}i$ 和 $\bar{z} = 1 - \sqrt{3}i$.

解 因为 $x = 1, y = \sqrt{3}$, 所以 $r = \sqrt{1^2 + (\sqrt{3})^2} = 2$, 而

$$\arg z = \arctan \frac{\sqrt{3}}{1} = \frac{\pi}{3},$$

因此得到三角表示式

$$z = 2 \left[\cos \left(\frac{\pi}{3} \right) + i \sin \left(\frac{\pi}{3} \right) \right]$$

和指数表示式 $z = 2e^{\frac{\pi i}{3}}$. 由于辐角的多值性, 三角表示式和指数表示式也可写为

$$z = 2 \left[\cos \left(\frac{\pi}{3} + 2k\pi \right) + i \sin \left(\frac{\pi}{3} + 2k\pi \right) \right],$$

$$z = 2e^{\left(\frac{\pi}{3} + 2k\pi \right)i}, \quad k = 0, \pm 1, \pm 2, \cdots.$$

类似地,

$$\bar{z} = 2 \left[\cos \left(-\frac{\pi}{3} + 2k\pi \right) + i \sin \left(-\frac{\pi}{3} + 2k\pi \right) \right],$$

$$\bar{z} = 2e^{\left(-\frac{\pi}{3} + 2k\pi \right)i}, \quad k = 0, \pm 1, \pm 2, \cdots.$$

由例 1-3, 复数 z 及其共轭复数 $\bar{z}$ 的辐角满足 $\text{Arg}\,\bar{z} = -\text{Arg}\,z$, 证明留给读者.

例 1-4 将复数 $z = 1 + \cos \varphi + i \sin \varphi (0 < \varphi \leqslant \pi)$ 化为三角形式和指数形式.

解 $z = 1 + \cos \varphi + i \sin \varphi = 2 \cos^2 \frac{\varphi}{2} + i \cdot 2 \sin \frac{\varphi}{2} \cos \frac{\varphi}{2}$

$$= 2 \cos \frac{\varphi}{2} \left(\cos \frac{\varphi}{2} + i \sin \frac{\varphi}{2} \right)$$

$$= 2 \cos \frac{\varphi}{2} e^{\frac{\varphi}{2}i}.$$

例 1-5 设 z_1, z_2 为两个复数, 证明

$$|z_1 \pm z_2|^2 = |z_1|^2 + |z_2|^2 \pm 2\text{Re}(z_1 \overline{z_2}),$$

并由此证明

$$| \, |z_1| - |z_2| \, | \leqslant |z_1 + z_2| \leqslant |z_1| + |z_2|. \tag{1.2}$$

证明
$$\begin{aligned}
|z_1 \pm z_2|^2 &= (z_1 \pm z_2)\overline{(z_1 \pm z_2)} \\
&= (z_1 \pm z_2)(\overline{z_1} \pm \overline{z_2}) \\
&= z_1\overline{z_1} \pm z_1\overline{z_2} \pm z_2\overline{z_1} + z_2\overline{z_2} \\
&= z_1\overline{z_1} + z_2\overline{z_2} \pm z_1\overline{z_2} \pm \overline{z_1\overline{z_2}} \\
&= |z_1|^2 + |z_2|^2 \pm 2\mathrm{Re}(z_1\overline{z_2}). \tag{1.3}
\end{aligned}$$

因为

$$\mathrm{Re}(z_1\overline{z_2}) \leqslant |z_1\overline{z_2}| = |z_1|\,|z_2|,$$

所以由式 (1.3) 可得不等式

$$|z_1 + z_2|^2 \leqslant |z_1|^2 + |z_2|^2 + 2\,|z_1|\,|z_2| = (|z_1| + |z_2|)^2.$$

这样就有 $|z_1 + z_2| \leqslant |z_1| + |z_2|$. 同理可得 $|\,|z_1| - |z_2|\,| \leqslant |z_1 + z_2|$.

下面讨论式 (1.2) 等号成立的情况. 由以上证明, $|z_1 + z_2| = |z_1| + |z_2|$ 当且仅当 $\mathrm{Re}(z_1\overline{z_2}) = |z_1|\,|z_2|$, 即 $z_1\overline{z_2}$ 是实数. 如果 z_1 或者 z_2 是 0, 结论显然成立. 如果 z_1 和 z_2 都不为 0, 由 $z_1\overline{z_2} = |z_2|^2\dfrac{z_1}{z_2}$, 可得 $z_1\overline{z_2}$ 是实数当且仅当 $z_1 = tz_2$, 其中 $t > 0$. 从而 $|z_1 + z_2| = |z_1| + |z_2|$ 当且仅当 $z_1 = tz_2$, 其中 $t > 0$. 类似地, 可得 $|z_1 + z_2| = |\,|z_1| - |z_2|\,|$ 当且仅当 $z_1 = tz_2$, 其中 $t < 0$.

不等式 (1.2) 称为三角不等式.

例 1-6 设复数 $z_1, z_2 \neq 0$, 其辐角分别为 θ_1 和 θ_2, 如图 1-2 所示. 证明

$$|z_1 - z_2|^2 = |z_1|^2 + |z_2|^2 - 2|z_1|\,|z_2|\cos(\theta_1 - \theta_2).$$

证明 由例 1-5, 可知

$$|z_1 - z_2|^2 = |z_1|^2 + |z_2|^2 - 2\mathrm{Re}(z_1\overline{z_2}).$$

由于 $\overline{z_2}$ 的辐角是 $-\theta_2$, 从而 $z_1\overline{z_2}$ 的辐角为 $\theta_1 - \theta_2$, 于是

$$\begin{aligned}
z_1\overline{z_2} &= |z_1||\overline{z_2}|(\cos(\theta_1 - \theta_2) + \mathrm{i}\sin(\theta_1 - \theta_2)) \\
&= |z_1||z_2|(\cos(\theta_1 - \theta_2) + \mathrm{i}\sin(\theta_1 - \theta_2)).
\end{aligned}$$

因此 $|z_1 - z_2|^2 = |z_1|^2 + |z_2|^2 - 2|z_1|\,|z_2|\cos(\theta_1 - \theta_2)$.

考虑由坐标原点 O, z_1, z_2 组成的三角形, 例 1-6 中的等式的几何意义就是三角形的余弦定理.

复数还有一种表示方法, 就是用球面上的点来表示. 下面建立复数与球面上的点的一一对应关系, 给出复数的球面表示法, 并给出无穷远点的概念.

如图 1-3 所示, xOy 平面为复平面. 取一个球面, 使其南极 S 与复平面原点重合. 通过南极 S 作一条直线, 使其与复平面垂直且与球面相交于另一点 N, N 称为球面的北极.

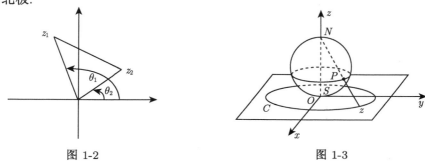

图 1-2 图 1-3

任取球面上异于 N 的一点 P, 连接 P 与 N 的直线必交复平面上模为有限的一点 z; 反过来, 任取复平面上一点 z, 连接 z 与 N 的直线也必与球面相交于一点 P. 这说明, 除了北极 N 以外, 球面上的点和复平面上的点是一一对应的. 这样就可以用球面上的点 P 表示复数 z.

但是复平面上还没有一点与 N 对应. 观察图 1-3, 设想复平面上的一点 z 无限地远离原点, z 走得越远, 它与北极 N 的连线与球面的交点就越接近于 N. 因此, 可以认为北极 N 和复平面上一个模为无穷大的点相对应, 并且称这个点为无穷远点, 记为 ∞. 把加上 ∞ 的复平面称为扩充复平面, 记为 C_∞, 与之相对应的球面称为复球面. 扩充复平面上的点与复球面上的点 (包括 N 点) 构成了一一对应关系.

用球面上的点表示复数的好处在于它明确表示出了 ∞ 的对应点.

相应于无穷远点, 引进复数 ∞ 与之对应, 规定 $|\infty| = +\infty$, 辐角、实部、虚部没有定义. 对于任一复数 z, 规定

(1) 当 $z \neq \infty$ 时, $z \pm \infty = \infty \pm z = \infty$, $\dfrac{\infty}{z} = \infty$, $\dfrac{z}{\infty} = 0$;

(2) 当 $z \neq 0$ 时, $z \cdot \infty = \infty \cdot z = \infty$, $\dfrac{z}{0} = \infty$;

(3) 运算 $\infty \pm \infty$, $0 \cdot \infty$, $\dfrac{\infty}{\infty}$, $\dfrac{0}{0}$ 无意义.

注意到, 复平面上的直线都通过 ∞, 同时, 半平面不包含 ∞.

1.1.3 复数的幂与方根

在讨论复数的乘除、乘方或开方运算时, 把复数表示成三角表示式比直接用代

数表示式运算要简便. 设

$$z_1 = r_1(\cos\theta_1 + i\sin\theta_1), \quad z_2 = r_2(\cos\theta_2 + i\sin\theta_2). \tag{1.4}$$

先看乘法.

$$\begin{aligned}
z_1z_2 &= [r_1(\cos\theta_1 + i\sin\theta_1)][r_2(\cos\theta_2 + i\sin\theta_2)] \\
&= r_1r_2[(\cos\theta_1\cos\theta_2 - \sin\theta_1\sin\theta_2) + i(\sin\theta_1\cos\theta_2 + \cos\theta_1\sin\theta_2)] \\
&= r_1r_2[\cos(\theta_1 + \theta_2) + i\sin(\theta_1 + \theta_2)].
\end{aligned}$$

上述结果用指数形式表示为

$$z_1z_2 = r_1r_2 e^{i\theta_1} e^{i\theta_2} = r_1r_2 e^{i(\theta_1+\theta_2)}.$$

从而, $|z_1z_2| = |z_1|\,|z_2|$, $\mathrm{Arg}(z_1z_2) = \mathrm{Arg}\,z_1 + \mathrm{Arg}\,z_2$.

再看除法. 设 $z_1, z_2 \neq 0$, 如式 (1.4) 所示, 则

$$\begin{aligned}
\frac{z_1}{z_2} &= [r_1(\cos\theta_1 + i\sin\theta_1)]\left[\frac{1}{r_2}(\cos\theta_2 - i\sin\theta_2)\right] \\
&= \frac{r_1}{r_2}[(\cos\theta_1\cos\theta_2 + \sin\theta_1\sin\theta_2) + i(\sin\theta_1\cos\theta_2 - \cos\theta_1\sin\theta_2)] \\
&= \frac{r_1}{r_2}[\cos(\theta_1 - \theta_2) + i\sin(\theta_1 - \theta_2)].
\end{aligned}$$

上述结果用指数形式表示为

$$\frac{z_1}{z_2} = \frac{r_1 e^{i\theta_1}}{r_2 e^{i\theta_2}} = \frac{r_1}{r_2} e^{i(\theta_1-\theta_2)}.$$

即有 $\left|\dfrac{z_1}{z_2}\right| = \dfrac{|z_1|}{|z_2|}$, $\mathrm{Arg}\dfrac{z_1}{z_2} = \mathrm{Arg}\,z_1 - \mathrm{Arg}\,z_2$.

从以上运算可以看出复数乘法和除法的几何意义, 两复数相乘的模等于它们的模相乘, 相乘的辐角等于它们的辐角相加; 两复数相除的模等于被除数的模除以除数的模, 相除的辐角等于被除数的辐角减去除数的辐角.

如果令 $z_1 = z_2 = \cdots = z_n = z = r(\cos\theta + i\sin\theta)$, 反复运用复数的乘法法则可以得到 n 个 z 的乘积 z^n, 即

$$z^n = z \cdot z \cdot \cdots \cdot z = r^n(\cos n\theta + i\sin n\theta) = r^n e^{in\theta},$$

称之为 z 的 n 次幂.

特别地, 当 $r = 1$ 时, 上式就成为 De Moivre 公式

$$(\cos\theta + i\sin\theta)^n = \cos n\theta + i\sin n\theta = e^{in\theta}.$$

对于复数 $z \neq 0$, 如果存在复数 w 满足等式 $w^n = z$(n 为正整数), 那么称 w 为 z 的 n 次方根, 记为 $w = \sqrt[n]{z}$. 下面求 w. 令

$$z = r(\cos\theta + \mathrm{i}\sin\theta), \quad w = \rho(\cos\varphi + \mathrm{i}\sin\varphi).$$

由定义得到

$$\rho^n(\cos n\varphi + \mathrm{i}\sin n\varphi) = r(\cos\theta + \mathrm{i}\sin\theta).$$

根据乘法法则和复数相等的概念知

$$\rho^n = r, \quad n\varphi = \theta + 2k\pi, \quad k = 0, \pm 1, \pm 2, \cdots.$$

因此

$$\rho = \sqrt[n]{r}, \quad \varphi = \frac{\theta + 2k\pi}{n}, \quad k = 0, \pm 1, \pm 2, \cdots,$$

即 z 的 n 次方根为

$$w = r^{\frac{1}{n}}\left(\cos\frac{\theta + 2k\pi}{n} + \mathrm{i}\sin\frac{\theta + 2k\pi}{n}\right), \quad k = 0, \pm 1, \pm 2, \cdots.$$

当 $k = 0$ 时, $w_0 = r^{\frac{1}{n}}\left(\cos\dfrac{\theta}{n} + \mathrm{i}\sin\dfrac{\theta}{n}\right)$;

当 $k = 1$ 时, $w_1 = r^{\frac{1}{n}}\left(\cos\dfrac{\theta + 2\pi}{n} + \mathrm{i}\sin\dfrac{\theta + 2\pi}{n}\right)$;

当 $k = 2$ 时, $w_2 = r^{\frac{1}{n}}\left(\cos\dfrac{\theta + 4\pi}{n} + \mathrm{i}\sin\dfrac{\theta + 4\pi}{n}\right)$;

　　　　……

当 $k = n - 1$ 时, $w_{n-1} = r^{\frac{1}{n}}\left(\cos\dfrac{\theta + 2(n-1)\pi}{n} + \mathrm{i}\sin\dfrac{\theta + 2(n-1)\pi}{n}\right)$;

当 $k = n$ 时,

$$w_n = r^{\frac{1}{n}}\left(\cos\frac{\theta + 2n\pi}{n} + \mathrm{i}\sin\frac{\theta + 2n\pi}{n}\right)$$

$$= r^{\frac{1}{n}}\left(\cos\frac{\theta}{n} + \mathrm{i}\sin\frac{\theta}{n}\right) = w_0.$$

由以上规律可以看出, 当 k 取 $0, 1, 2, \cdots, n - 1$ 时, 从上式可以得到 w 的 n 个互异的值, 而当 k 取其他整数时, 这 n 个互异的值会重复出现. 于是, $w = \sqrt[n]{z}$ 为 n 值函数.

上述 z 的互异的 n 个方根都具有相同的模 $\sqrt[n]{r}$, 而相邻的两个 k 值的辐角的差都为 $\dfrac{2\pi}{n}$, 所以在几何上, z 的 n 次方根所对应的点就是以原点为中心、$\sqrt[n]{r}$ 为半

径的圆内接正 n 边形的顶点.

例 1-7　求 $1+\mathrm{i}$ 的 4 次方根.

解　$1+\mathrm{i}$ 的三角形式为

$$1+\mathrm{i} = \sqrt{2}\left(\cos\frac{\pi}{4} + \mathrm{i}\sin\frac{\pi}{4}\right),$$

所以

$$\sqrt[4]{1+\mathrm{i}} = \sqrt[8]{2}\left(\cos\frac{\frac{\pi}{4}+2k\pi}{4} + \mathrm{i}\sin\frac{\frac{\pi}{4}+2k\pi}{4}\right), \quad k=0,\,1,\,2,\,3,$$

即

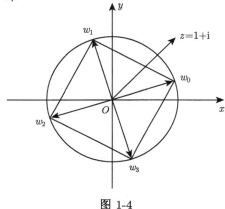

图 1-4

$$w_0 = \sqrt[8]{2}\left(\cos\frac{\pi}{16} + \mathrm{i}\sin\frac{\pi}{16}\right),$$

$$w_1 = \sqrt[8]{2}\left(\cos\frac{9\pi}{16} + \mathrm{i}\sin\frac{9\pi}{16}\right),$$

$$w_2 = \sqrt[8]{2}\left(\cos\frac{17\pi}{16} + \mathrm{i}\sin\frac{17\pi}{16}\right),$$

$$w_3 = \sqrt[8]{2}\left(\cos\frac{25\pi}{16} + \mathrm{i}\sin\frac{25\pi}{16}\right).$$

如图 1-4 所示, 这四个根是内接于以原点为中心、$\sqrt[8]{2}$ 为半径的圆的正方形的顶点.

1.2　复平面上的点集

本节给出复平面的基本拓扑知识.

定义 1.1　设 z_0 为复平面上的一点. 满足条件 $|z-z_0| < \rho$ 的点 z 组成的集合, 即以 z_0 为圆心、ρ 为半径的圆盘称为 z_0 的 ρ 邻域, 记为 $N_\rho(z_0)$. 满足条件 $0 < |z-z_0| < \rho$ 的点 z 所组成的点集称为 z_0 的去心 ρ 邻域, 记为 $N_\rho(z_0)\backslash\{z_0\}$.

定义 1.2　设 E 为点集, $z_0 \in E$. 若存在 z_0 的邻域 $N_\rho(z_0)$ 全含于 E, 则称 z_0 为 E 的内点; 若点集 E 的点全部是内点, 则称点集 E 为开集; 若点 z_0 的某一邻域内的点都不属于 E, 则称 z_0 为 E 的外点; 若平面上一点 z_0(不必属于点集 E) 的任意邻域都有 E 的无穷多个点, 则称 z_0 为 E 的聚点或极限点; 若点集 E 或者没有聚点, 或者所有聚点都属于 E, 则称点集 E 为闭集; 若点 z_0 的任意一个邻域内, 同时有属于 E 的点和不属于 E 的点, 则称 z_0 为 E 的边界点. 点集 E 的所有边界点组成的集合称为 E 的边界.

在复平面 $\mathbf{C}$ 上既是开集又是闭集的集合只有全集 $\mathbf{C}$ 和空集 $\varnothing$.

定义 1.3 若点集 E 中的所有点 z 都满足 $|z| < R$, 即点集 E 能完全包含在以原点为圆心, 以某一有限数 R 为半径的圆内, 则称 E 为有界集, 否则称为无界集.

定义 1.4 若对点集 E 中的任意两点, 存在连接两点的折线包含于 E, 则称点集 E 为连通集.

定义 1.5 连通的开集称为区域.

定义 1.6 如果区域 D 是有界集, 那么就称它是有界区域; 否则称为无界区域.

复平面上的区域可以用不等式来表示.

例 1-8 z 平面上以原点为圆心、R 为半径的圆盘 (即圆形区域) 可以表示为 $|z| < R$.

例 1-9 z 平面上分别以实轴 $\operatorname{Im} z = 0$ 和虚轴 $\operatorname{Re} z = 0$ 为边界的几个无界区域是

$$上半 z 平面 \operatorname{Im} z > 0,$$
$$下半 z 平面 \operatorname{Im} z < 0,$$
$$左半 z 平面 \operatorname{Re} z < 0,$$
$$右半 z 平面 \operatorname{Re} z > 0.$$

定义 1.7 设 $x(t)$ 及 $y(t)$ 是实变量 t 的两个在闭区间 $[\alpha, \beta]$ 上连续的实函数. 由方程组

$$\begin{cases} x = x(t), \\ y = y(t), \end{cases} \quad \alpha \leqslant t \leqslant \beta$$

或由

$$z = z(t) = x(t) + \mathrm{i}y(t), \quad \alpha \leqslant t \leqslant \beta$$

所决定的点集 L, 称为 z 平面上的一条连续曲线, $z(\alpha)$ 和 $z(\beta)$ 分别称为 L 的起点和终点; 对满足 $\alpha < t_1 < \beta$, $\alpha \leqslant t_2 \leqslant \beta$, $t_1 \neq t_2$ 的 t_1 及 t_2, 当 $z(t_1) = z(t_2)$ 时, 点 $z(t_1)$ 称为曲线 L 的重点; 没有重点的连续曲线称为简单曲线或 Jordan 曲线; 若简单曲线 L 的起点与终点重合, 即 $z(\alpha) = z(\beta)$, 则曲线 L 称为简单闭曲线.

简单曲线是 z 平面上的有界闭集. 例如, 圆、线段等都是简单曲线, 而圆是简单闭曲线.

定义 1.8 设连续曲线 L: $z = z(t) = x(t) + \mathrm{i}y(t)(\alpha \leqslant t \leqslant \beta)$. 在闭区间 $[\alpha, \beta]$ 中任取 $n - 1$ 个点满足 $\alpha = t_0 < t_1 < \cdots < t_{n-1} < t_n = \beta$, 曲线上对应 n 个点 $z(t_0), z(t_1), \cdots, z(t_{n-1}), z(t_n)$, 将这些点依次连接得到一条折线, 长度为

$$I_n = \sum_{m=0}^{n-1} |z(t_{m+1}) - z(t_m)|.$$

如果无论 $[\alpha, \beta]$ 中的点怎么选取, I_n 都有界, 则称曲线 L 是可求长的.

定义 1.9　设简单曲线 L: $z = z(t) = x(t) + \mathrm{i}y(t)(\alpha \leqslant t \leqslant \beta)$. 若 $x'(t)$ 和 $y'(t)$ 存在、连续且不全为零, 则称 L 为简单光滑曲线, 简称为光滑曲线; 两端点重合 (端点处的两单侧导数对应相等) 的光滑曲线称为封闭光滑曲线. 由有限条光滑曲线连接而成的连续曲线称为逐段光滑曲线.

特别地, 简单折线是逐段光滑曲线. 逐段光滑曲线必是可求长曲线. 但简单曲线不一定可求长.

例 1-10　设复数 $z_1 \neq z_2$, 证明 z 位于以 z_1, z_2 为端点的开线段上当且仅当存在 $t \in (0,1)$ 使得
$$z = (1 - t)z_1 + tz_2.$$

证明　由点 z_1, z, z_2 共线, 可知 $z_1 - z$ 和 $z_1 - z_2$ 共线, 辐角相等, 即
$$\frac{z_1 - z}{z_1 - z_2} = t,$$

其中 $t > 0$. 而 z 位于以 z_1, z_2 为端点的开线段, $|z_1 - z| < |z_1 - z_2|$, 这等价于 $0 < t < 1$. 因此 z 位于以 z_1, z_2 为端点的开线段上当且仅当存在 $t \in (0,1)$ 使得
$$z = (1 - t)z_1 + tz_2.$$

定义 1.10　在复平面上, 如果区域 D 内任意一条简单闭曲线的内部都含于区域 D 内, 那么称 D 为单连通区域, 否则称为多连通区域.

例 1-11　点集 $\{z|3 < \operatorname{Re}z < 5\}$ 为一垂直带形, 它是一个单连通无界区域, 其边界为直线 $\operatorname{Re}z = 3$ 及 $\operatorname{Re}z = 5$.

例 1-12　点集 $\{z|2 < \arg(z - \mathrm{i}) < 3\}$ 为一角形域, 它是一个单连通无界区域, 其边界为半射线 $\arg(z - \mathrm{i}) = 2$ 及 $\arg(z - \mathrm{i}) = 3$.

例 1-13　点集 $\{z|3 < |z - \mathrm{i}| < 6\}$ 为一圆环, 它是一个多连通有界区域, 其边界为圆 $|z - \mathrm{i}| = 3$ 及 $|z - \mathrm{i}| = 6$.

扩充复平面上, 无穷远点的邻域是以原点为心, 某圆周的外部, 即 $|z| > R$. 内点、开集、聚点、闭集、边界等概念都可以推广到包含无穷远点的集合. ∞ 是复平面唯一的边界点, 而扩充复平面以 ∞ 为内点.

连通性和区域的概念可以推广到扩充复平面上的含无穷远点的集合. 所谓 D 是扩充复平面上的单连通区域就是说 D 内任何简单闭曲线的内区域或者外区域中每一点属于 D. 例如, 多边形的外区域是单连通的还是多连通的, 将根据是否把无穷远点包括在内而定.

例 1-14　在扩充复平面上, 点集 $\{z|4 < |z| < +\infty\}$ 及点集 $\{z|4 < |z| \leqslant +\infty\}$ 分别是多连通及单连通的无界区域, 其边界分别是 $\{z| \ |z| = 4\}\bigcup\{\infty\}$ 及 $\{z| \ |z| = 4\}$.

1.3　复 变 函 数

1.3.1　复变函数的定义

定义 1.11　设在复平面上有点集 E. 如果有一法则 f, 使得对于任意的 $z = x + \mathrm{i}y \in E$, 都存在一个或多个复数 $w = u + \mathrm{i}v$ 和它对应, 那么称 f 为 E 上确定的复变量函数, 简称复变函数, 记作 $w = f(z)$ 或 $z \mapsto f(z)$.

复变函数中允许多值函数, 例如 $w = \sqrt[n]{z}$ 为 n 值函数. 在 2.2 节初等函数中也将遇到一些多值函数. 一般所理解的复变函数都是单值的, 也就是说, 对于复变数 z 的每个值, 相应的 w 的值唯一确定.

点集 E 称为定义域. 与 z 相对应的 $w = f(z)$ 称为函数 f 在 z 的函数值, 记为 $w = f(z)$. 令 $A = \{f(z) | z \in E\}$, 记作 $A = f(E)$, 点集 $A = f(E)$ 称为值域.

要表示复变函数的图形, 我们取两个复平面, 分别记为 z 平面和 w 平面. 函数 f 也可看成 z 平面上的点集 E 到 w 平面上的点集 A 的一个映射或映照. 映射 $w = f(z)$ 把任意 $z_0 \in E$ 映射成 $w_0 = f(z_0) \in A$, 把点集 E 映射成点集 A, w_0 和 A 分别称为 z_0 和 E 的像, 而 z_0 及 E 分别称为 w_0 和 A 的原像. 如果对于任意的 $z_1, z_2 \in E$, $z_1 \neq z_2$, 都有 $f(z_1) \neq f(z_2)$, 那么称 f 是单叶的, 即单射, 从而 f 是一个从 E 到 A 的双射, 此时对于 A 中的每一点 w, 在 E 中有唯一一点与之对应, 即确定了 A 上的一个函数, 记为 $z = f^{-1}(w)$, 称为函数 $w = f(z)$ 的反函数.

对于简单的映射, 有时也将 z_0 与 E 以及它们的像作在同一复平面上.

复变量可以用两个实变量表示, $z = x + \mathrm{i}y$, $w = u + \mathrm{i}v$, 所以复变函数 $w = f(z) = f(x + \mathrm{i}y) = u + \mathrm{i}v$ 可以用两个二元实函数表示:

$$u = u(x, y), \quad v = v(x, y).$$

反过来给定两个二元实函数, 可以确定一个复变函数. 故一个复变函数对应一对二元实函数. 后面将会看到, 应用形式 $w = f(z)$ 有很多的优势. 有关实函数的一切概念, 不涉及比较大小的, 都可以推广到复变函数上来, 例如奇偶函数、周期函数、有界 (无界) 函数、复合函数等.

1.3.2　三个特殊的映射

本节举出复变函数所确定的映射的三个典型例子, 这些例子在第 6 章复变函数的几何理论中有用. 第 6 章还将对复变函数的映射性质做进一步的研究.

例 1-15　映射 $w = z + \alpha$, 其中 $\alpha = a + \mathrm{i}b$.

令 $z = x + \mathrm{i}y$, $w = u + \mathrm{i}v$, $\alpha = a + \mathrm{i}b$, 这里 x, y, u, v, a 及 b 是实数. 由 $w = z + \alpha$ 知

$$u = x + a, \quad v = y + b.$$

显然, $w = z + \alpha$ 是从 z 平面到 w 平面的一个双射. 如果把 z 和 w 作在同一个复平面上, 这一映射是 z 平面的一个平移.

例 1-16   映射 $w = \alpha z$, 其中 $\alpha \neq 0$.

令 $\alpha = r(\cos \theta + \mathrm{i} \sin \theta)$, 其中 $r \neq 0$ 是 α 的模, θ 是它的辐角, 那么 $w = \alpha z$ 可以看作下列两个映射的复合映射

$$\vartheta = (\cos \theta + \mathrm{i} \sin \theta)z,$$

$$w = r\vartheta$$

把 z, ϑ, w 都作在同一复平面上. 因为 ϑ 与 z 的模相同, 而它的辐角是 z 的辐角加上 θ, 所以上面第一个映射确定一个旋转. 第二个映射中, ϑ 与 w 的辐角相等, 而 w 的模为 ϑ 的模的 r 倍, 所以它确定一个以原点为中心的相似映射. 因此, 映射 $w = \alpha z$ 是一个旋转及一个相似映射的复合映射.

例 1-17   映射 $w = \dfrac{1}{z}$.

这一映射可以看作下列两个映射的复合映射

$$z_1 = \frac{1}{z}, \quad w = \overline{z_1}.$$

把 z, z_1, w 都作在同一个复平面上. 显然, $w = \overline{z_1}$ 是关于实轴的对称映射; 而 $z_1 = \dfrac{1}{z}$ 把 z 映射成 z_1, 它的辐角与 z 的辐角相同

$$\operatorname{Arg} z_1 = -\operatorname{Arg} \overline{z} = \operatorname{Arg} z,$$

而 $|z_1| = \left| \dfrac{1}{z} \right| = \dfrac{1}{|\overline{z}|} = \dfrac{1}{|z|}$ 满足 $|z_1| \, |z| = 1$, 于是 $z_1 = \dfrac{1}{z}$ 是关于单位圆的对称映射, z 与 z_1 称为关于单位圆的一对对称点.

设有圆 $\Gamma : |z - z_0| = R, 0 < R < +\infty$. 若 z_1, z_2 位于由 z_0 出发的同一条射线上, 且

$$|z_1 - z_0| \, |z_2 - z_0| = R^2,$$

则称 z_1, z_2 为圆 Γ 的一对对称点. 约定 z_0 与 ∞ 关于 Γ 对称.

已知圆 Γ 和 z_1, 可按下面的方法作出 z_1 关于 Γ 的对称点 z_2, 如图 1-5 所示: 若 $z_1 \in \Gamma$, 则 $z_2 = z_1$; 若 z_1 在圆内, 则连接并延长 $z_0 z_1$, 由 z_1 出发作 $z_0 z_1$ 的垂线,

交圆 Γ 于两个点, 任取一点作切线, 这条切线与 z_0z_1 的延长线的交点即为 z_2; 反之, 若 z_1 在圆外, 则由 z_1 出发作圆 Γ 的切线, 由切点作 z_0z_1 的垂线, 垂足即为 z_2.

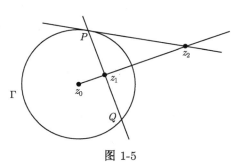

$w = \dfrac{1}{z}$ 把原点以外的任一点映射成另一点. 把 z 及 w 表示在不同的扩充复平面上, 并设 $z = 0, \infty$ 分别对应于 $w = \infty, 0$, 那么这一函数就是从扩充 z 平面到扩充 w 平面的一个双射.

图 1-5

1.3.3 复变函数的极限与连续性

定义 1.12 设函数 $w = f(z)$ 在点集 E 上有定义, z_0 为 E 的聚点, w_0 是一个复常数. 如果任给 $\varepsilon > 0$, 可以找到一个与 ε 有关的正数 $\delta = \delta(\varepsilon) > 0$, 使得当 $z \in E$, 并且 $0 < |z - z_0| < \delta$ 时, 有

$$|f(z) - w_0| < \varepsilon,$$

那么就说当 z 趋近于 z_0 时, $f(z)$ 趋近于极限 w_0, 并记为

$$\lim_{z \to z_0, z \in E} f(z) = w_0. \tag{1.5}$$

需要注意的是, z 趋近于 z_0 的方式是任意的, 也就是在 z_0 的邻域内, z 要沿着任意方向, 以任意方式趋近于 z_0, 而在一元实变函数 $f(x)$ 的极限 $\lim\limits_{x \to x_0} f(x)$ 中, $x \to x_0$ 指在 x 轴上, x 沿 x_0 的左右两个方向趋近于 x_0. 这里对复变函数极限存在的要求显然苛刻得多, 这也决定了复变函数与实变函数性质的区别.

与实变函数一样, 如果函数 $f(z)$ 在 z_0 的极限存在, 则唯一.

上述极限的定义还有如下的等价表达方式. 令

$$w_0 = a + \mathrm{i}b, \quad f(z) = u(x, y) + \mathrm{i}v(x, y), \quad z_0 = x_0 + \mathrm{i}y_0,$$

从不等式

$$|x - x_0| \leqslant |z - z_0| \leqslant |x - x_0| + |y - y_0|,$$

$$|y - y_0| \leqslant |z - z_0| \leqslant |x - x_0| + |y - y_0|$$

及不等式

$$|u(x, y) - a| \leqslant |f(z) - w_0| \leqslant |u(x, y) - a| + |v(x, y) - b|,$$

$$|v(x,y)-b| \leqslant |f(z)-w_0| \leqslant |u(x,y)-a| + |v(x,y)-b|$$

可以看出, 式 (1.5) 与下面两个极限式等价

$$\lim_{x\to x_0, y\to y_0} u(x,y) = a, \qquad \lim_{x\to x_0, y\to y_0} v(x,y) = b.$$

由此可见, 实变函数的极限的一些简单结果, 如两个函数之和、差、积、商的极限等等, 可以不加改变地推广到复变函数上来.

例 1-18　设函数 $f(z) = \dfrac{\bar{z}}{z} = \dfrac{x^2 - y^2 - 2xy\mathrm{i}}{x^2 + y^2}$, 则

$$u(x,y) = \frac{x^2 - y^2}{x^2 + y^2}, \quad v(x,y) = -\frac{2xy}{x^2 + y^2}.$$

于是, 当 $z_0 \neq 0$ 时, $\lim\limits_{z\to z_0} f(z) = f(z_0)$; 当 $z_0 = 0$ 时, 让 z 沿着曲线 $y = mx$(m 为任意常数) 趋近于 0, 此时

$$f(z) = f(x + mx\mathrm{i}) = \frac{1 - m^2 - 2m\mathrm{i}}{1 + m^2},$$

随着 m 取值的不同, $f(z)$ 的极限也不同, 所以 $\lim\limits_{z\to 0} f(z)$ 不存在.

定义 1.13　设函数 $f(z) = u(x,y) + \mathrm{i}v(x,y)$ 在点集 E 上确定, 且点集 E 的聚点 $z_0 \in E$. 如果

$$\lim_{z\to z_0, z\in E} f(z) = f(z_0), \tag{1.6}$$

那么就说 $f(z)$ 在 z_0(对于集 E) 连续. 如果 $f(z)$ 在 E 上的每一点都连续, 那么称 $f(z)$ 在点集 E 上连续, 且称 $f(z)$ 是点集 E 上的连续函数.

若点集 E 是闭区域 (开区域和边界的并集), 对于边界上的点 z_0, 当 $z \to z_0$ 时, z 只能取 E 内的点:

显然, 函数 $f(z)$ 在点 z_0 连续的条件 (1.6) 与下面两个条件等价:

$$\lim_{x\to x_0, y\to y_0} u(x,y) = u(x_0, y_0), \qquad \lim_{x\to x_0, y\to y_0} v(x,y) = v(x_0, y_0).$$

由此可见, 实变连续函数的许多性质可以推广到复变连续函数, 如两个复变连续函数的和、差、积、商都是连续函数 (商的情形, 使分母为零的点除外), 两个复变连续函数的复合函数是连续函数. 此外, 容易验证, 连续函数 $f(z)$ 的模 $|f(z)|$ 仍然是连续函数.

在扩充复平面上, ∞ 只看作一个点, 因此 $\lim\limits_{z\to z_0} f(z) = \infty$, $\lim\limits_{z\to\infty} f(z) = w_0$, $\lim\limits_{z\to\infty} f(z) = \infty$ 都有意义. 例如, 如果任给 $M > 0$, 可以找到一个与 M 有关的正数 $\delta = \delta(M) > 0$, 使得当 $0 < |z - z_0| < \delta$ 时, 有

$$|f(z)| > M,$$

那么就说当 z 趋近于 z_0 时, $f(z)$ 趋近于 ∞, 并记为

$$\lim_{z \to z_0} f(z) = \infty.$$

定义 1.14　设函数 $f(z)$ 在点集 E 上确定. 如果任给 $\varepsilon > 0$, 可以找到一个与 ε 有关的正数 $\delta = \delta(\varepsilon) > 0$, 使得当 $z_1, z_2 \in E$, 并且 $|z_1 - z_2| < \delta$ 时, 有

$$|f(z_1) - f(z_2)| < \varepsilon,$$

那么就说 $f(z)$ 在 E 上一致连续.

简单曲线或者有界闭区域上的连续函数是一致连续的.

从数学分析中知道, 闭区间上的连续函数有三个重要性质: 有界性、达到最大值与最小值及一致连续性, 对于复变连续函数, 也有类似的性质.

定理 1.1　有界闭集上连续的函数 $f(z)$ 具有下列三个性质:

(1) $f(z)$ 在 E 上有界. 即有常数 $M > 0$, 使得 $|f(z)| \leqslant M, z \in E$.

(2) $|f(z)|$ 在 E 上有最大值和最小值. 即在 E 上存在两点 z_1 和 z_2 使对任意 $z \in E$, 有

$$|f(z_1)| \leqslant |f(z)| \leqslant |f(z_2)|.$$

(3) $f(z)$ 在 E 上一致连续. 即任给 $\varepsilon > 0$, 可以找到一个与 ε 有关, 但与 z 无关的正数 $\delta = \delta(\varepsilon) > 0$, 使得当 $z', z'' \in E$, 并且 $|z' - z''| < \delta$ 时, 有 $|f(z') - f(z'')| < \varepsilon$.

下面介绍复平面上的闭集套定理和有限覆盖定理, 它们分别是数学分析中闭区间套定理和有限覆盖定理的推广.

定理 1.2　设有闭集序列 $\{\overline{E_n}\}$, 至少一个有界, 且有 $\overline{E_{n+1}} \subset \overline{E_n}$,

$$\lim_{n \to \infty} \max_{z_1, z_2 \in \overline{E_n}} |z_1 - z_2| = 0,$$

则存在唯一一点 $z_0 \in \overline{E_n}(n = 1, 2, \cdots)$.

定理 1.3　设有界闭集 $\overline{E}$, 圆盘集 $\{N(z), z \in E\}$, 则 $\{N(z), z \in E\}$ 中必有有限个圆盘覆盖闭集 $\overline{E}$.

习　题　1

1. 判断下列说法是否正确, 并给出证明或者反例.

(1) $3\mathrm{i} > \mathrm{i}$;

(2) 当 z 为纯虚数时, $z \neq \bar{z}$;

(3) 设 z 为一复数且 $\operatorname{Re} z > 0$, 则 $\operatorname{Re}(1/z) > 0$;

(4) $|z_1 + z_2| = |z_1| + |z_2|$;

(5) 当且仅当 $|a| \neq |b|$ 时, 方程 $az + b\bar{z} + c = 0$ 存在唯一解;

(6) 若 $|z| = 1, z \neq 1$, 则 $\operatorname{Re}(1/(1-z)) = \dfrac{1}{2}$;

(7) 当 $\operatorname{Re} z_j > 0 \ (j = 1, 2)$ 时, $\arg(z_1 z_2) = \arg z_1 + \arg z_2$;

(8) 不等式 $\operatorname{Re} z > 0$ 与 $|z - 1| < |z + 1|$ 是等价的;

(9) 不等式 $|z| < 1$ 与 $\operatorname{Re}\left(\dfrac{1+z}{1-z}\right) > 0$ 是等价的;

(10) 若 $z^2 = \bar{z}^2$, 则 z 既不是实数也不是纯虚数;

(11) 若 $\arg(z + 3) = \dfrac{\pi}{3}$, 则 $|z|$ 的最小值为 $\dfrac{3\sqrt{3}}{2}$;

(12) 若 $|z - (4 - 3\mathrm{i})| = 2$, 则 $|z|$ 的最大值和最小值分别为 7 和 3;

(13) 极限 $\lim\limits_{z \to 0} \dfrac{\operatorname{Re} z^2}{|z|^2}$ 和 $\lim\limits_{z \to 0} \dfrac{\operatorname{Im} z^2}{|z|^2}$ 都不存在;

(14) 设函数 $f(z) = \dfrac{\operatorname{Re} z}{\operatorname{Im} z}$, 则当 $\operatorname{Im} z \neq 0$ 时函数 $f(z)$ 连续.

2. 求下列复数的实部、虚部、模和辐角.

(1) $\dfrac{1}{\mathrm{i}}$; 　　(2) $\dfrac{2 + 3\mathrm{i}}{1 - 2\mathrm{i}}$; 　　(3) $\left(\dfrac{1 - \mathrm{i}}{1 + \mathrm{i}}\right)^2$; 　　(4) $(1 + \sqrt{3}\mathrm{i})^3$.

3. 求 $\sqrt{1 + \mathrm{i}}$ 和 i 的 n 次方根.

4. 给出满足下列条件的复数, 指出是什么图形.

(1) $|z + 2| = |z - 1|$; 　　　　　　　　　　(2) $|z - 1| = \operatorname{Re}(z) + 1$;

(2) $|z + 1| + |z - 1| = 1$; 　　　　　　　　(4) $\arg \dfrac{z + 1}{z - 1} = \dfrac{\pi}{4}$.

5. 设 z_1, z_2, z_3 为互异的点, $\varphi = \arg[(z_3 - z_1)/(z_2 - z_1)]$. 证明

$$|z_3 - z_2|^2 = |z_3 - z_1|^2 + |z_2 - z_1|^2 - 2|z_3 - z_1||z_2 - z_1|\cos\varphi.$$

6. 设 m, n 为互质的正整数. 证明数集 $(z^{1/n})^m = (z^m)^{1/n}$. 记这个数集为 $z^{m/n}$, 证明

$$z^{m/n} = \sqrt[n]{|z|^m}\left[\cos\frac{m}{n}(\theta + 2k\pi) + \mathrm{i}\sin\frac{m}{n}(\theta + 2k\pi)\right],$$

$k = 0, 1, 2, \cdots, n - 1$.

7. 设 m 为正整数, l 为不能被 m 整除的整数, $\omega_m = \mathrm{e}^{2\pi\mathrm{i}/m} = \cos\dfrac{2\pi}{m} + \mathrm{i}\sin\dfrac{2\pi}{m}$. 证明

$$1 + \omega_m + \omega_m^2 + \cdots + \omega_m^{m-1} = 0, \quad 1 + \omega_m^l + \omega_m^{2l} + \cdots + \omega_m^{(m-1)l} = 0.$$

8. 证明: 如果 $|z_1| = |z_2| = |z_3| = 1$, 且 $z_1 + z_2 + z_3 = 0$, 那么 z_1, z_2, z_3 是内接于单位圆的一个正三角形的顶点.

9. 证明: 分别以 z_1, z_2, z_3 和 w_1, w_2, w_3 为顶点的两个三角形同形相似的充要条件是

$$\begin{vmatrix} 1 & 1 & 1 \\ z_1 & z_2 & z_3 \\ w_1 & w_2 & w_3 \end{vmatrix} = 0.$$

10. 设 L 是一条直线, 其方程为

$$a(x - x_0) + b(y - y_0) = 0 \quad (a^2 + b^2 \neq 0),$$

其中 a, b, x_0, y_0 为实常数. 令 $z = x + \mathrm{i}y$, $\alpha = a + \mathrm{i}b$, $z_0 = x_0 + \mathrm{i}y_0$, 证明该直线的复形式为

$$\overline{\alpha}(z - z_0) + \alpha(\overline{z} - \overline{z_0}) = 0.$$

11. 描述下列表达式所表示的区域.

(1) $|z - 1 - \mathrm{i}| \leqslant 3$; (2) $|\arg z| < \dfrac{\pi}{4}$; (3) $0 < |z - 1| < 4$;

(4) $|z - 1| = 3|z + 1|$; (5) $|z| \geqslant 6$; (6) $|z + 1| > 2$;

(7) $0 < \mathrm{Re}(\mathrm{i}z) \leqslant 1$; (8) $-2 < \mathrm{Im}\, z \leqslant 2$; (9) $(\mathrm{Re}\, z)^2 > 1$.

12. 求下列极限.

(1) $\lim\limits_{z \to 2 + 3\mathrm{i}} (z - 5\mathrm{i})^2$; (2) $\lim\limits_{z \to 2} \dfrac{z^2 + 3}{\mathrm{i}z}$; (3) $\lim\limits_{z \to 3\mathrm{i}} \dfrac{z^2 + 9}{z - 3\mathrm{i}}$;

(4) $\lim\limits_{z \to \mathrm{i}} \dfrac{z^2 + 1}{z^4 - 1}$; (5) $\lim\limits_{\Delta z \to 0} \dfrac{(z + \Delta z)^2 - z_0^2}{\Delta z}$; (6) $\lim\limits_{z \to 1 + 2\mathrm{i}} |z^2 - 1|$.

13. 函数 $w = \dfrac{1}{z}$ 把下列曲线映为什么样的曲线?

(1) $x^2 + y^2 = 1$; (2) $y = 1$; (3) $(x - 2)^2 + (y - 1)^2 = 1$.

14. 讨论下列复变函数在 $z = 0$ 处的连续性.

(1) $f(z) = \begin{cases} \dfrac{\mathrm{Im}\, z}{|z|}, & z \neq 0, \\ 0, & z = 0; \end{cases}$ (2) $f(z) = \begin{cases} \dfrac{\sin |z|}{|z|}, & z \neq 0, \\ 1, & z = 0; \end{cases}$

(3) $f(z) = \dfrac{\mathrm{Re}\, z}{1 + |z|}$; (4) $f(z) = |\mathrm{Re}\, z \cdot \mathrm{Im}\, z|$.

15. 证明辐角主值函数 $\arg z(-\pi < \arg z \leqslant \pi)$ 在负实轴和原点处不连续, 在复平面的其他点都连续.

第 2 章 解 析 函 数

解析函数是复变函数论的主要研究对象. 它是一类具有某种特性的可微函数. 本章首先介绍解析函数, 以及判断复变函数可微和解析的 Cauchy-Riemann 条件; 其次介绍复变函数中的初等函数, 并讨论其性质.

2.1 解析函数基础

解析函数有许多很好的性质, 在理论和实际中应用广泛, 是本课程的主要研究对象. 我们先介绍复变函数的导数, 在此基础上引出解析函数.

2.1.1 导数与微分

定义 2.1 设复变函数 $w = f(z)$ 在区域 D 内有定义, z_0 是 D 内任意一点, 给 z_0 一个增量 $\Delta z \neq 0$, 使 $z_0 + \Delta z \in D$. 若极限

$$\lim_{\Delta z \to 0} \frac{\Delta w}{\Delta z} = \lim_{\Delta z \to 0} \frac{f(z_0 + \Delta z) - f(z_0)}{\Delta z}$$

存在, 则称该极限值为函数 $f(z)$ 在点 z_0 处的导数, 记为 $f'(z_0)$ 或 $\left.\dfrac{\mathrm{d}w}{\mathrm{d}z}\right|_{z=z_0}$, 即

$$f'(z_0) = \left.\frac{\mathrm{d}w}{\mathrm{d}z}\right|_{z=z_0} = \lim_{\Delta z \to 0} \frac{f(z_0 + \Delta z) - f(z_0)}{\Delta z},$$

此时也称函数 $f(z)$ 在点 z_0 可导.

这里要注意, 定义中 $\Delta z \to 0$ 的方式是任意的, 而不像微积分中导数的定义里 $\Delta x \to 0$ 的方向只有两个. 另外, 若函数 $w = f(z)$ 在点 z_0 可导, 则有

$$\frac{\Delta w}{\Delta z} = \frac{f(z_0 + \Delta z) - f(z_0)}{\Delta z} = f'(z_0) + \alpha,$$

即

$$\Delta w = f(z_0 + \Delta z) - f(z_0) = f'(z_0)\Delta z + \alpha \Delta z,$$

其中当 $\Delta z \to 0$ 时 $\alpha \to 0$, 即 $\alpha \Delta z$ 是 Δz 的高阶无穷小量. 称 Δw 的线性部分 $f'(z_0)\Delta z$ 为复变函数 $w = f(z)$ 在点 z_0 的微分, 记为 $\mathrm{d}w|_{z=z_0}$ 或 $\mathrm{d}f(z_0)$, 即

$$\mathrm{d}w|_{z=z_0} = \mathrm{d}f(z_0) = f'(z_0)\Delta z,$$

这时也称函数 $f(z)$ 在点 z_0 可微.

注意到 $\mathrm{d}z = \Delta z$, 所以有 $\mathrm{d}w|_{z=z_0} = f'(z_0)\mathrm{d}z$. 与实分析中的一样, 函数 $f(z)$ 在点 z_0 可导与 $f(z)$ 在点 z_0 可微是等价的.

如果复变函数 $w = f(z)$ 在区域 D 内的每一点 z 都可导 (可微), 那么, 称函数 $f(z)$ 在 D 内可导 (可微). 函数 $f(z)$ 在 D 内的导数记为 $f'(z)$ 或 $\dfrac{\mathrm{d}w}{\mathrm{d}z}$; 微分记为 $\mathrm{d}w$ 或 $\mathrm{d}f(z)$.

例 2-1 求复变函数 $f(z) = z^3$ 的导数和微分.

解 利用公式

$$a^3 - b^3 = (a - b)(a^2 + ab + b^2),$$

可得

$$f'(z) = \lim_{\Delta z \to 0} \frac{(z + \Delta z)^3 - z^3}{\Delta z}$$

$$= \lim_{\Delta z \to 0}[(z + \Delta z)^2 + z(z + \Delta z) + z^2] = 3z^2,$$

从而

$$\mathrm{d}f(z) = f'(z)\mathrm{d}z = 3z^2\mathrm{d}z.$$

例 2-2 证明函数 $f(z) = |z|^2$ 在点 0 可导, 而在其他的点都不可导.

证明 当 $z = 0$ 时,

$$\lim_{\Delta z \to 0} \frac{f(\Delta z) - f(0)}{\Delta z} = \lim_{\Delta z \to 0} \frac{|\Delta z|^2}{\Delta z} = \lim_{\Delta z \to 0} \overline{\Delta z} = 0,$$

即 $f(z)$ 在 0 可导.

当 $z \neq 0$ 时, 记 $z = x + \mathrm{i}y$, 则 $|z|^2 = x^2 + y^2$, 因为

$$\lim_{\Delta z \to 0} \frac{f(z + \Delta z) - f(z)}{\Delta z} = \lim_{\Delta z \to 0} \frac{|z + \Delta z|^2 - |z|^2}{\Delta z}$$

$$= \lim_{\Delta x \to 0, \Delta y \to 0} \frac{2x\Delta x + (\Delta x)^2 + 2y\Delta y + (\Delta y)^2}{\Delta x + \Delta y\mathrm{i}}.$$

当 $\Delta z \to 0$ 的方式是沿着平行于 y 轴的直线时, $\Delta x = 0$, 从而

$$\lim_{\Delta x = 0, \Delta y \to 0} \frac{2x\Delta x + (\Delta x)^2 + 2y\Delta y + (\Delta y)^2}{\Delta x + \Delta y\mathrm{i}} = \lim_{\Delta x = 0, \Delta y \to 0} \frac{2y\Delta y + (\Delta y)^2}{\Delta y\mathrm{i}} = -2y\mathrm{i}.$$

而当 $\Delta z \to 0$ 的方式是沿着平行于 x 轴的直线时, $\Delta y = 0$, 从而

$$\lim_{\Delta x \to 0, \Delta y = 0} \frac{2x\Delta x + (\Delta x)^2 + 2y\Delta y + (\Delta y)^2}{\Delta x + \Delta y\mathrm{i}} = \lim_{\Delta x \to 0, \Delta y = 0} \frac{2x\Delta x + (\Delta x)^2}{\Delta x} = 2x.$$

所以, 当 $z \neq 0$ 时, 函数 $f(z) = |z|^2$ 的导数不存在.

此例说明存在复变函数只在某一点可导, 而在这一点附近都不可导.

例 2-3   讨论函数 $f(z) = 3x + y\mathrm{i}$ 的可导性.

解   显然, 函数 $f(z) = 3x + y\mathrm{i}$ 在复平面上连续.

$$
\begin{aligned}
\lim_{\Delta z \to 0} \frac{f(z + \Delta z) - f(z)}{\Delta z} &= \lim_{\Delta x \to 0, \Delta y \to 0} \frac{3(x + \Delta x) + (y + \Delta y)\mathrm{i} - 3x - y\mathrm{i}}{\Delta x + \mathrm{i}\Delta y} \\
&= \lim_{\Delta x \to 0, \Delta y \to 0} \frac{3\Delta x + \Delta y\mathrm{i}}{\Delta x + \Delta y\mathrm{i}}.
\end{aligned}
$$

当 $\Delta z \to 0$ 的方式是沿着平行于 y 轴的直线时, $\Delta x = 0$, 从而

$$
\lim_{\Delta x = 0, \Delta y \to 0} \frac{3\Delta x + \Delta y\mathrm{i}}{\Delta x + \Delta y\mathrm{i}} = \lim_{\Delta x = 0, \Delta y \to 0} \frac{\Delta y\mathrm{i}}{\Delta y\mathrm{i}} = 1,
$$

而当 $\Delta z \to 0$ 的方式是沿着平行于 x 轴的直线时, $\Delta y = 0$, 从而

$$
\lim_{\Delta x \to 0, \Delta y = 0} \frac{3\Delta x + \Delta y\mathrm{i}}{\Delta x + \Delta y\mathrm{i}} = \lim_{\Delta x \to 0, \Delta y = 0} \frac{3\Delta x}{\Delta x} = 3.
$$

所以, 函数 $f(z) = 3x + y\mathrm{i}$ 在复平面上任一点的导数都不存在.

上例说明, 在复平面上处处连续的函数不一定可导. 自然要问, 在一点可导的函数是否在该点处连续? 答案是肯定的, 证明如下.

设函数 $w = f(z)$ 在点 z_0 处可导, $\Delta z \neq 0$ 为 z_0 的一个增量, 则有

$$
\frac{\Delta w}{\Delta z} = \frac{f(z_0 + \Delta z) - f(z_0)}{\Delta z} = f'(z_0) + \alpha,
$$

即

$$
\Delta w = f(z_0 + \Delta z) - f(z_0) = f'(z_0)\Delta z + \alpha \Delta z,
$$

其中当 $\Delta z \to 0$ 时 $\alpha \to 0$, 故

$$
\lim_{\Delta z \to 0} \Delta w = \lim_{\Delta z \to 0} [f'(z_0)\Delta z + \alpha \Delta z] = 0,
$$

即函数在 z_0 处连续.

综上可知, 可导必连续, 连续不一定可导. 这一结论与数学分析一致.

对于复变函数的求导法则和导数公式, 因与一元实变量函数相同, 不再赘述.

2.1.2 解析函数的概念

定义 2.2   如果函数 $f(z)$ 在 z_0 的某个邻域内处处可导, 那么称函数 $f(z)$ 在 z_0 解析; 如果函数 $f(z)$ 在区域 D 内任意一点解析, 那么称函数 $f(z)$ 在 D 内解析, 也称函数 $f(z)$ 是 D 内的解析函数; 如果函数 $f(z)$ 在 z_0 不解析, 那么称 z_0 为函数 $f(z)$ 的奇点.

由定义可知, 函数在一个区域内解析与函数在该区域内可导是等价的. 然而, 函数在一点解析, 必在此点可导; 反之, 在一点可导不一定在该点解析, 见例 2-2.

例 2-4 讨论函数 $w = \dfrac{1}{1 + z^2}$ 的解析性.

解 易知此函数在 $z \neq \mathrm{i}$, $z \neq -\mathrm{i}$ 处处可导, 所以在除 $z = \pm\mathrm{i}$ 外的复平面内解析, 而 $z = \pm\mathrm{i}$ 是它的奇点.

利用求导法则, 可以得到下面的定理.

定理 2.1 (1) 如果两个函数 $f(z)$ 和 $g(z)$ 都在区域 D 内解析, 那么它们的和、差、积、商 (分母为零的点除外) 都在区域 D 内解析, 并且

$$[f(z) \pm g(z)]' = f'(z) \pm g'(z);$$

$$[f(z)g(z)]' = f'(z)g(z) \pm f(z)g'(z);$$

$$\left[\frac{f(z)}{g(z)}\right]' = \frac{f'(z)g(z) - f(z)g'(z)}{[g(z)]^2} \quad (g(z) \neq 0).$$

(2) 若函数 $w = f(u)$ 在区域 D_1 内解析, 而函数 $u = \varphi(z)$ 在区域 D 内解析, 且当 $z \in D$ 时, $u = \varphi(z) \in D_1$, 则函数 $w = g(z) = f(\varphi(z))$ 在区域 D 内解析, 且有

$$g'(z) = f'(\varphi(z)) \; \varphi'(z).$$

例 2-5 讨论多项式函数 $P(z) = a_0 + a_1 z + \cdots + a_n z^n (a_n \neq 0)$ 的解析性.

解 函数 $w = z$ 是复平面上的解析函数, 常值函数是复平面上的解析函数, 根据定理 2.1, $P(z) = a_0 + a_1 z + \cdots + a_n z^n$ 是复平面上的解析函数, 且有

$$P'(z) = a_1 + 2a_2 z + \cdots + n a_n z^{n-1}.$$

2.1.3 Cauchy-Riemann 条件

一般来讲, 由解析的定义来判定函数的解析性是困难的. 因此, 希望能找到判别函数是否解析的简便方法. 下面的定理给出了函数解析的充分必要条件.

定理 2.2 函数 $f(z) = u(x, y) + \mathrm{i}v(x, y)$ 在其定义区域 D 内任一点 $z = x + \mathrm{i}y$ 可导的充分必要条件是在点 (x, y) 处 $u(x, y)$ 与 $v(x, y)$ 都可微且满足条件

$$\frac{\partial u}{\partial x} = \frac{\partial v}{\partial y}, \quad \frac{\partial u}{\partial y} = -\frac{\partial v}{\partial x}. \tag{2.1}$$

证明 必要性. 已知 $f(z) = u(x, y) + \mathrm{i}v(x, y)$ 在点 $z = x + \mathrm{i}y$ 可导, 给点 z 一个增量 $\Delta z \neq 0$. 设 $\Delta f = \Delta u + \mathrm{i}\Delta v$, $f'(z) = a + \mathrm{i}b$, 则有

$$\Delta f = \Delta u + \mathrm{i}\Delta v = f'(z)\Delta z + \alpha \Delta z$$

$$= (a + \mathrm{i}b)(\Delta x + \mathrm{i}\Delta y) + \alpha \Delta z$$

$$= (a\Delta x - b\Delta y) + \mathrm{i}(b\Delta x + a\Delta y) + \alpha \Delta z,$$

其中当 $\Delta z \to 0$ 时 $\alpha \to 0$. 由上式得到

$$\Delta u = a\Delta x - b\Delta y + \mathrm{Re}(\alpha \Delta z),$$

$$\Delta v = b\Delta x + a\Delta y + \mathrm{Im}(\alpha \Delta z).$$

而 $\mathrm{Re}(\alpha \Delta z)$ 和 $\mathrm{Im}(\alpha \Delta z)$ 都是关于 $\sqrt{(\Delta x)^2 + (\Delta y)^2}$ 的高阶无穷小量, 所以 $u(x, y)$ 与 $v(x, y)$ 都可微且满足条件

$$\frac{\partial u}{\partial x} = \frac{\partial v}{\partial y} = a, \quad \frac{\partial u}{\partial y} = -\frac{\partial v}{\partial x} = -b.$$

充分性. 设在点 (x, y) 处 $u(x, y)$ 与 $v(x, y)$ 都可微, 那么

$$\Delta u = \frac{\partial u}{\partial x}\Delta x + \frac{\partial u}{\partial y}\Delta y + \beta, \quad \Delta v = \frac{\partial v}{\partial x}\Delta x + \frac{\partial v}{\partial y}\Delta y + \gamma,$$

其中 β 和 γ 都是关于 $\sqrt{(\Delta x)^2 + (\Delta y)^2}$ 的高阶无穷小量. 再由式 (2.1) 得

$$\Delta f = \Delta u + \mathrm{i}\Delta v = \left(\frac{\partial u}{\partial x} + \mathrm{i}\frac{\partial v}{\partial x}\right)\Delta x + \left(\frac{\partial u}{\partial y} + \mathrm{i}\frac{\partial v}{\partial y}\right)\Delta y + \beta + \mathrm{i}\gamma$$

$$= \left(\frac{\partial u}{\partial x} + \mathrm{i}\frac{\partial v}{\partial x}\right)\Delta x + \left(-\frac{\partial v}{\partial x} + \mathrm{i}\frac{\partial u}{\partial x}\right)\Delta y + \beta + \mathrm{i}\gamma$$

$$= \left(\frac{\partial u}{\partial x} + \mathrm{i}\frac{\partial v}{\partial x}\right)(\Delta x + \mathrm{i}\Delta y) + \beta + \mathrm{i}\gamma.$$

故有

$$f'(z) = \lim_{\Delta z \to 0} \frac{\Delta f}{\Delta z} = \frac{\partial u}{\partial x} + \mathrm{i}\frac{\partial v}{\partial x},$$

即函数 $f(z)$ 在点 $z = x + \mathrm{i}y$ 可导.

式 (2.1) 称为 Cauchy-Riemann 条件, 简称为 C-R 条件.

由定理 2.2 的证明过程, 可得函数 $f(z) = u(x, y) + \mathrm{i}v(x, y)$ 的求导公式为

$$f'(z) = \frac{\partial u}{\partial x} + \mathrm{i}\frac{\partial v}{\partial x} = \frac{\partial v}{\partial y} - \mathrm{i}\frac{\partial u}{\partial y} = \frac{\partial u}{\partial x} - \mathrm{i}\frac{\partial u}{\partial y} = \frac{\partial v}{\partial y} + \mathrm{i}\frac{\partial v}{\partial x}. \tag{2.2}$$

定理 2.2 也说明函数 $f(z)$ 可微并不等价于其实部和虚部两个二元函数可微. 下面是关于函数在区域内解析的定理.

定理 2.3 函数 $f(z) = u(x, y) + \mathrm{i}v(x, y)$ 在区域 D 内解析的充分必要条件是 $u(x, y)$ 与 $v(x, y)$ 在区域 D 内都可微且满足 C-R 条件 (2.1).

例 2-6 判断下列函数的可导性和解析性.

(1) $f(z) = \bar{z}$; (2) $f(z) = z\mathrm{Re}\,z$; (3) $f(z) = \mathrm{e}^x(\cos y + \mathrm{i}\sin y)$.

解 (1) 易知 $u = x$, $v = -y$ 在复平面上处处可微, 但是处处不满足 C-R 条件, 所以 $f(z) = \bar{z}$ 在复平面上处处不可导.

(2) 这里 $u = x^2$, $v = xy$ 在复平面上处处可微, 但仅在 $x = y = 0$ 时, 它们才满足 C-R 条件, 所以函数仅在 $z = 0$ 可导, 但在复平面的任一点都不解析.

(3) 这里 $u = \mathrm{e}^x \cos y$, $v = \mathrm{e}^x \sin y$, 而

$$\frac{\partial u}{\partial x} = \mathrm{e}^x \cos y, \quad \frac{\partial u}{\partial y} = -\mathrm{e}^x \sin y;$$

$$\frac{\partial v}{\partial x} = \mathrm{e}^x \sin y, \quad \frac{\partial v}{\partial y} = \mathrm{e}^x \cos y.$$

这四个一阶偏导数连续, 故 $u(x, y)$ 与 $v(x, y)$ 都可微并满足 C-R 条件, 所以函数处处解析, 由公式 (2.2) 得

$$f'(z) = \mathrm{e}^x(\cos y + \mathrm{i}\sin y) = f(z).$$

例 2-7 设

$$f(z) = \begin{cases} \dfrac{x^3 - y^3 + \mathrm{i}(x^3 + y^3)}{x^2 + y^2}, & z \neq 0, \\ 0, & z = 0, \end{cases}$$

证明: $f(z)$ 在原点满足 C-R 条件, 但不可导.

证明 令 $f(z) = u(x, y) + \mathrm{i}v(x, y)$, 其中

$$u(x, y) = \begin{cases} \dfrac{x^3 - y^3}{x^2 + y^2}, & (x, y) \neq (0, 0), \\ 0, & (x, y) = (0, 0), \end{cases}$$

$$v(x, y) = \begin{cases} \dfrac{x^3 + y^3}{x^2 + y^2}, & (x, y) \neq (0, 0), \\ 0, & (x, y) = (0, 0). \end{cases}$$

因为

$$u_x(0, 0) = \lim_{x \to 0} \frac{u(x, 0) - u(0, 0)}{x - 0} = \lim_{x \to 0} \frac{x^3}{x^3} = 1,$$

$$u_y(0, 0) = \lim_{x \to 0} \frac{u(0, y) - u(0, 0)}{y - 0} = \lim_{y \to 0} \frac{-y^3}{y^3} = -1,$$

$$v_x(0,0) = \lim_{x\to 0}\frac{v(x,0)-v(0,0)}{x-0} = \lim_{x\to 0}\frac{x^3}{x^3} = 1,$$

$$v_y(0,0) = \lim_{x\to 0}\frac{v(0,y)-v(0,0)}{y-0} = \lim_{y\to 0}\frac{y^3}{y^3} = 1,$$

所以 $u_x(0,0) = v_y(0,0)$, $u_y(0,0) = -v_x(0,0)$, 即 C-R 条件在 $z=0$ 处成立. 但当 z 沿直线 $y=kx$ 趋于 0 时,

$$\frac{f(z)-f(0)}{z-0} = \frac{x^3-y^3+\mathrm{i}(x^3+y^3)}{(x+\mathrm{i}y)(x^2+y^2)} \to \frac{1-k^3+\mathrm{i}(1+k^3)}{(1+k\mathrm{i})(1+k^2)},$$

故 $\lim\limits_{z\to 0}\dfrac{f(z)-f(0)}{z-0}$ 不存在, 所给函数 $f(z)$ 在 $z=0$ 处不可导.

例 2-7 说明只要求 C-R 条件不足以保证函数的可导性.

例 2-8 设函数 $f(z)$ 在区域 D 内解析, 证明如果 $\overline{f(z)}$ 也在 D 内解析, 那么 $f(z)$ 在区域 D 内为一复常数.

证明 由函数 $f(z) = u(x,y)+\mathrm{i}v(x,y)$ 和 $\overline{f(z)} = u(x,y)-\mathrm{i}v(x,y)$ 在区域 D 内解析得到

$$\frac{\partial u}{\partial x} = \frac{\partial v}{\partial y},\quad \frac{\partial u}{\partial y} = -\frac{\partial v}{\partial x};\quad \frac{\partial u}{\partial x} = \frac{\partial(-v)}{\partial y},\quad \frac{\partial u}{\partial y} = -\frac{\partial(-v)}{\partial x}.$$

从而

$$\frac{\partial u}{\partial x} = \frac{\partial v}{\partial y} = \frac{\partial u}{\partial y} = \frac{\partial v}{\partial x} = 0,$$

因此 $u = C_1$, $v = C_2$ (C_1, C_2 为实常数), 所以 $f(z) = C_1 + \mathrm{i}C_2$ 为复常数.

例 2-9 若在区域 D 内, $f'(z) = 0$, 则 $f(z)$ 在 D 内为一复常数.

证明 因为 $f'(z)$ 在区域 D 内处处为 0, 所以它在 D 内处处解析. 由式 (2.2) 知

$$f'(z) = \frac{\partial u}{\partial x} + \mathrm{i}\frac{\partial v}{\partial x} = \frac{\partial v}{\partial y} - \mathrm{i}\frac{\partial u}{\partial y} = 0,$$

于是

$$\frac{\partial u}{\partial x} = \frac{\partial u}{\partial y} = 0,\quad \frac{\partial v}{\partial x} = \frac{\partial v}{\partial y} = 0,$$

这蕴涵着

$$u(x,y) = C_1,\quad v(x,y) = C_2,\quad C_1, C_2 \text{ 为实常数}.$$

因此 $f(z) = C_1 + \mathrm{i}C_2$ 为复常数.

设 $f(z) = u(x,y)+\mathrm{i}v(x,y)$ 在点 z 处解析, 由式 (2.2) 知

$$\frac{\partial f}{\partial x} = \frac{\partial u}{\partial x}+\mathrm{i}\frac{\partial v}{\partial x} = f'(z),\quad \frac{\partial f}{\partial y} = \frac{\partial u}{\partial y}+\mathrm{i}\frac{\partial v}{\partial y} = \mathrm{i}f'(z),$$

从而 $\dfrac{\partial f}{\partial x}$, $\dfrac{\partial f}{\partial y}$ 存在, 且有 $\dfrac{\partial f}{\partial x} = -\mathrm{i}\dfrac{\partial f}{\partial y}$.

下面介绍形式偏导数. 设函数 $f(z) = u(x,y) + \mathrm{i}v(x,y)$, 由于

$$x = \frac{1}{2}(z + \overline{z}), \quad y = \frac{1}{2\mathrm{i}}(z - \overline{z}),$$

得

$$\frac{\partial x}{\partial z} = \frac{1}{2}, \quad \frac{\partial y}{\partial z} = -\frac{\mathrm{i}}{2}, \quad \frac{\partial x}{\partial \overline{z}} = \frac{1}{2}, \quad \frac{\partial y}{\partial \overline{z}} = \frac{\mathrm{i}}{2},$$

从而, 作形式的运算, 可以定义两个形式偏导数

$$\frac{\partial f}{\partial z} = \frac{1}{2}\left(\frac{\partial f}{\partial x} - \mathrm{i}\frac{\partial f}{\partial y}\right), \quad \frac{\partial f}{\partial \overline{z}} = \frac{1}{2}\left(\frac{\partial f}{\partial x} + \mathrm{i}\frac{\partial f}{\partial y}\right).$$

例 2-10 函数 $f(z) = u(x,y) + \mathrm{i}v(x,y)$ 解析的充分必要条件是 $u(x,y)$, $v(x,y)$ 都可微且满足复方程 $\dfrac{\partial f}{\partial \overline{z}} = 0$.

证明 必要性. 函数 $f(z) = u(x,y) + \mathrm{i}v(x,y)$ 解析, 由定理 2.2, $u(x,y), v(x,y)$ 都可微, 由 C-R 条件 (2.1) 得到

$$\frac{\partial f}{\partial \overline{z}} = \frac{1}{2}\left(\frac{\partial f}{\partial x} + \mathrm{i}\frac{\partial f}{\partial y}\right) = \frac{1}{2}\left(\frac{\partial u}{\partial x} + \mathrm{i}\frac{\partial v}{\partial x}\right) + \frac{\mathrm{i}}{2}\left(\frac{\partial u}{\partial y} + \mathrm{i}\frac{\partial v}{\partial y}\right)$$

$$= \frac{1}{2}\left(\frac{\partial u}{\partial x} - \frac{\partial v}{\partial y}\right) + \frac{\mathrm{i}}{2}\left(\frac{\partial u}{\partial y} + \frac{\partial v}{\partial x}\right) = 0.$$

充分性. 设 $u(x,y), v(x,y)$ 都可微, 由

$$\frac{\partial f}{\partial \overline{z}} = \frac{1}{2}\left(\frac{\partial u}{\partial x} - \frac{\partial v}{\partial y}\right) + \frac{\mathrm{i}}{2}\left(\frac{\partial u}{\partial y} + \frac{\partial v}{\partial x}\right) = 0$$

知 C-R 条件成立, 根据定理 2.2, 函数 $f(z)$ 解析.

称 $\dfrac{\partial f}{\partial \overline{z}} = 0$ 为 C-R 方程的复形式或复 C-R 方程. 例 2-10 的结果断言, 若将复变函数 $f(z)$ 看成两个独立变量 z, $\overline{z}$ 的函数, 则 $f(z)$ 解析的必要条件是它与 $\overline{z}$ 无关, 从而若 $f(z)$ 解析, 则 $\dfrac{\partial f}{\partial \overline{z}} = 0$, $\dfrac{\partial f}{\partial z} = f'(z)$. 例如, 由 $\dfrac{\partial \overline{z}}{\partial \overline{z}} = 1$ 知 $f(z) = \overline{z}$ 不解析, 而由 $\dfrac{\partial z^2}{\partial \overline{z}} = 0$ 知 $f(z) = z^2$ 处处解析. 又如 $f(z) = |z|^2$, 事实上, $f(z) = |z|^2 = z\overline{z}$, 故 $\dfrac{\partial f}{\partial \overline{z}} = z$, 从而 $f(z) = |z|^2$ 不是解析函数, 而且不能说它的导数是 $\dfrac{\partial f}{\partial z} = \overline{z}$.

2.2 初 等 函 数

本节介绍复数域上的初等函数, 研究它们的性质, 包括解析性. 注意与实数域上的基本初等函数作比较.

2.2.1 指数函数

复指数函数定义如下.

定义 2.3 设 $z = x + \mathrm{i}y$, 称

$$w = \mathrm{e}^z = \mathrm{e}^{x+\mathrm{i}y} = \mathrm{e}^x(\cos y + \mathrm{i}\sin y) \tag{2.3}$$

为指数函数.

式 (2.3) 中取 $x = 0$, 得 Euler 公式 $\mathrm{e}^{\mathrm{i}y} = \cos y + \mathrm{i}\sin y$; 取 $y = 0$, 得 $w = \mathrm{e}^x$. 因此, 复指数函数是实指数函数的推广.

特别地, $\mathrm{e}^{\pm\pi\mathrm{i}} = -1$, $\mathrm{e}^{\pm\frac{\pi}{2}\mathrm{i}} = \pm\mathrm{i}$, $\mathrm{e}^{2\pi\mathrm{i}} = 1$.

下面给出指数函数的性质.

(1) 对任意的复数 z, $\mathrm{e}^z \neq 0$.

这个性质由 $|\mathrm{e}^z| = \mathrm{e}^x \neq 0$ 得到.

(2) 对任何复数 z_1 和 z_2, 有

$$\mathrm{e}^{z_1} \cdot \mathrm{e}^{z_2} = \mathrm{e}^{z_1+z_2}.$$

事实上, 若令 $z_1 = x_1 + \mathrm{i}y_1$, $z_2 = x_2 + \mathrm{i}y_2$, 则有

$$\mathrm{e}^{z_1} \cdot \mathrm{e}^{z_2} = \mathrm{e}^{x_1}(\cos y_1 + \mathrm{i}\sin y_1) \cdot \mathrm{e}^{x_2}(\cos y_2 + \mathrm{i}\sin y_2)$$
$$= \mathrm{e}^{x_1+x_2}[\cos(y_1 + y_2) + \mathrm{i}\sin(y_1 + y_2)]$$
$$= \mathrm{e}^{z_1+z_2}.$$

特别地, $\dfrac{\mathrm{e}^{z_1}}{\mathrm{e}^{z_2}} = \mathrm{e}^{z_1}\mathrm{e}^{-z_2} = \mathrm{e}^{z_1-z_2}$, 且由 $\mathrm{e}^z\mathrm{e}^{-z} = \mathrm{e}^{z-z} = \mathrm{e}^0 = 1$ 得 $\mathrm{e}^{-z} = \dfrac{1}{\mathrm{e}^z}$.

(3) 对于任意的整数 k 有 $\mathrm{e}^z = \mathrm{e}^{z+2k\pi\mathrm{i}}$, 即指数函数以 $2k\pi\mathrm{i}(k$ 是整数) 为周期.

事实上, 由

$$\mathrm{e}^{2k\pi\mathrm{i}} = \cos 2k\pi + \mathrm{i}\sin 2k\pi = 1$$

可知

$$\mathrm{e}^{z+2k\pi\mathrm{i}} = \mathrm{e}^z \cdot \mathrm{e}^{2k\pi\mathrm{i}} = \mathrm{e}^z.$$

(4) 函数 $w = \mathrm{e}^z$ 在整个复平面解析, 且 $(\mathrm{e}^z)' = \mathrm{e}^z$.

证明见例 2-6 的 (3).

下面研究指数函数的映射性质. 设

$$w = \mathrm{e}^z = \mathrm{e}^x\left(\cos y + \mathrm{i}\sin y\right).$$

考虑动点 z 在复平面上从左至右扫过一条直线 $\Gamma_1 : \mathrm{Im}(z) = y_0$. 此时

$$w = \mathrm{e}^z = \mathrm{e}^{x+\mathrm{i}y_0} = \mathrm{e}^x(\cos y_0 + \mathrm{i}\sin y_0), \quad -\infty < x < +\infty.$$

像点的辐角为常数 y_0, 而模 e^x 从 0(不包含 0) 增加到 $+\infty$, 因此 w 扫出一条射线 $\mathrm{Arg}\, w = y_0$. 让 y_0 从 0 逐渐增加, 则 $w = \mathrm{e}^z$ 的像 (从原点出发的射线) 由正实轴出发按逆时针方向辐角逐渐增加. 当 y_0 增加到 2π 时, 像射线回到正实轴. 这样, $w = \mathrm{e}^z$ 将平行于实轴的带形域

$$\{z | a < \mathrm{Im}(z) < b,\ b - a < 2\pi\}$$

映为角形域

$$\{z | a < \arg z < b\}.$$

角形域的张角等于带形域的带宽. e^z 将带宽为 2π 的带形域

$$\{z | 0 < \mathrm{Im}(z) < 2\pi\}$$

映为除去原点和正实轴的复平面.

考虑动点 z 在复平面上从下到上扫过一条直线 $\Gamma_2 : \mathrm{Re}(z) = x_0$. 此时 $w = \mathrm{e}^z = \mathrm{e}^{x_0 + \mathrm{i}y} = \mathrm{e}^{x_0}(\cos y + \mathrm{i}\sin y)$, $-\infty < y < +\infty$, 像点的模为常数 e^{x_0}. 当 y 逐渐增加时, $w = \mathrm{e}^z$ 的像在以原点为心、e^{x_0} 为半径的圆上按逆时针方向旋转. 当 x_0 逐渐增加时, 像点的模由 0(不包含 0) 逐渐增加.

2.2.2 对数函数

定义 2.4 设 $z \neq 0$. 称满足 $\mathrm{e}^w = z$ 的复数 w 为 z 的对数函数, 记为 $w = \mathrm{Ln}\, z$. 为了研究对数函数, 令 $w = u + \mathrm{i}v$, $z = r\mathrm{e}^{\mathrm{i}\theta}$, 则有 $\mathrm{e}^{u+\mathrm{i}v} = r\mathrm{e}^{\mathrm{i}\theta}$, 从而

$$\mathrm{e}^u = r, \quad v = \theta + 2k\pi, \quad k = 0, \pm 1, \pm 2, \cdots.$$

所以

$$w = \mathrm{Ln}\, z = \ln r + \mathrm{i}(\theta + 2k\pi),$$

亦即

$$\mathrm{Ln}\, z = \ln|z| + \mathrm{i}\mathrm{Arg}\, z = \ln|z| + \mathrm{i}\arg z + 2k\pi\mathrm{i}, \quad k = 0, \pm 1, \pm 2, \cdots.$$

可见, $\mathrm{Ln}\, z (z \neq 0)$ 是多值函数, 任意两个值相差 $2\pi\mathrm{i}$ 的整数倍. 相应于 $\mathrm{Arg}\, z$ 的主值 $\arg z(-\pi < \arg z \leqslant \pi)$, 称 $\ln|z| + \mathrm{i}\arg z$ 为对数函数 $\mathrm{Ln}\, z$ 的主值, 记为 $\ln z$, 即

$$\ln z = \ln|z| + \mathrm{i}\arg z.$$

于是

$$\mathrm{Ln}\, z = \ln z + 2k\pi\mathrm{i}.$$

对每一个固定的 k, 上式称为 $\mathrm{Ln}\, z$ 的一个分支.

例 2-11   (1) 设 z 为负实数 x, 则有 $\mathrm{Ln}\,|-x| = \mathrm{i}(\pi + 2k\pi),\ k = 0, \pm 1, \pm 2, \cdots$;

(2) $\ln(-1 + \sqrt{3}\mathrm{i}) = \ln 2 + \dfrac{2\pi\mathrm{i}}{3}$.

例 2-12   求 $\mathrm{Ln}\,\mathrm{i}$ 和 $\mathrm{Ln}(1 + \mathrm{i})$ 及它们的主值.

解 $\mathrm{Ln}\,\mathrm{i} = \ln|\mathrm{i}| + \mathrm{i}\arg\mathrm{i} + 2k\pi\mathrm{i} = \left(2k + \dfrac{1}{2}\right)\pi\mathrm{i},\ k = 0, \pm 1, \pm 2, \cdots$, 它的主值

为 $\ln\mathrm{i} = \dfrac{\pi\mathrm{i}}{2}$. 而

$$\mathrm{Ln}(1 + \mathrm{i}) = \ln|1 + \mathrm{i}| + \mathrm{i}\arg(1 + \mathrm{i}) + 2k\pi\mathrm{i}$$

$$= \frac{1}{2}\ln 2 + \left(2k + \frac{1}{4}\right)\pi\mathrm{i}, \quad k = 0, \pm 1, \pm 2, \cdots,$$

它的主值为 $\ln(1 + \mathrm{i}) = \dfrac{1}{2}\ln 2 + \dfrac{\pi\mathrm{i}}{4}$.

上述例子表明, 任何非零复数, 包括负数, 都可以取对数.

对数函数的性质如下:

$$\mathrm{Ln}(z_1 z_2) = \mathrm{Ln}\,z_1 + \mathrm{Ln}\,z_2;$$

$$\mathrm{Ln}\,\frac{z_1}{z_2} = \mathrm{Ln}\,z_1 - \mathrm{Ln}\,z_2; \tag{2.4}$$

$$\mathrm{Ln}\,\sqrt[n]{z} = \frac{1}{n}\mathrm{Ln}\,z.$$

上面这些式子利用定义容易证明, 留作习题.

(2.4) 中的式子按集合的意义理解. 例如, 第一个式子理解为: 对左端集合中的任一个元素, 有右端第一个集合中的一个元素和第二个集合中的一个元素, 它们的和等于左端集合中任取的元素; 反之, 对右端第一个集合中的任一个元素和第二个集合中的任一个元素, 有左端集合中的一个元素等于它们之和.

下面的等式

$$\ln(z_1 z_2) = \ln z_1 + \ln z_2; \quad \ln\frac{z_1}{z_2} = \ln z_1 - \ln z_2; \quad \mathrm{Ln}\,z^n = n\mathrm{Ln}\,z$$

不再成立, 有兴趣的读者可以自己证明.

因为函数 $\ln z$ 当 $z = 0$ 时没有意义; 当 z 为负实数时, $\arg z$ 不连续 (见习题 2, 17 题), 从而 $\ln z$ 也不连续. 所以 $\ln z$ 在原点和负实轴上不可导, 而在其余的点上是解析的, 且

$$\frac{\mathrm{d}\ln z}{\mathrm{d}z} = \frac{1}{\dfrac{\mathrm{d}\mathrm{e}^w}{\mathrm{d}w}} = \frac{1}{\mathrm{e}^w} = \frac{1}{z}.$$

由此易知, $\mathrm{Ln}\,z = \ln z + 2k\pi\mathrm{i}(k = 0, \pm 1, \pm 2, \cdots)$ 的各个分支都在原点和负实轴除外的复平面上解析, 且导数相同.

2.2.3 幂函数

定义 2.5 设 α 是实常数或复常数. 当 $z \neq 0$ 时, 定义

$$w = z^{\alpha} = e^{\alpha \operatorname{Ln} z}$$

为 z 的幂函数. 补充规定: 当 α 为正实数时, $0^{\alpha} = 0$.

由于定义 $z^{\alpha} = e^{\alpha(\ln |z| + i \arg z + 2k\pi i)}$, k 为整数, 所以一般来讲 z^{α} 为多值函数, 其不同取值的个数等于因子 $e^{\alpha \cdot 2k\pi i}$ 的取值个数.

当 α 为既约分数 $\dfrac{m}{n}(n \geqslant 1)$ 时,

$$
\begin{aligned}
z^{\alpha} &= e^{\frac{m}{n}(\ln |z| + i \arg z + 2k\pi i)} \\
&= |z|^{\frac{m}{n}} \left[\cos \frac{m(\arg z + 2k\pi)}{n} + i \sin \frac{m(\arg z + 2k\pi)}{n} \right],
\end{aligned}
$$

$k = 0, 1, \cdots, n-1$, 是 n 值函数. 特别地, 当 α 为整数时, $w = z^{\alpha}$ 是单值函数.

当 α 为无理数或虚数时, $w = z^{\alpha}$ 有无穷多值.

例 2-13 求 i^i 和 3^{1+i}.

解 $i^i = e^{i \operatorname{Ln} i} = e^{-\frac{\pi}{2} - 2k\pi}$, $k = 0, \pm 1, \pm 2, \cdots$.

$$
\begin{aligned}
3^{1+i} &= e^{(1+i)\operatorname{Ln} 3} = e^{(1+i)(\ln 3 + 2k\pi i)} = e^{(\ln 3 - 2k\pi) + i(\ln 3 + 2k\pi)} \\
&= e^{(\ln 3 - 2k\pi)} (\cos \ln 3 + i \sin \ln 3), \quad k = 0, \pm 1, \pm 2, \cdots.
\end{aligned}
$$

因为 $\operatorname{Ln} z$ 的各个分支都在原点和负实轴除外的复平面上解析, 所以 $w = z^{\alpha}$ 的相应分支也在原点和负实轴除外的复平面上解析, 且

$$(z^{\alpha})' = (e^{\alpha \operatorname{Ln} z})' = e^{\alpha \operatorname{Ln} z} \cdot \alpha \frac{1}{z} = \alpha z^{\alpha - 1}.$$

下面研究幂函数 $w = z^{\alpha}(\alpha$ 为正实数) 的映射性质. 在复平面取正实轴为割线, 得一单连通区域. 取定 $w = z^{\alpha}$ 的一个分支 (见 2.2.6 节). 考虑角形域 $\{z | 0 < \arg z < t\}$, 这里 t 满足 $0 < t < 2\pi$, $0 < t\alpha < 2\pi$. 当动点 z 扫过一条射线 $\arg z = \theta$ 时, $w = z^{\alpha}$ 扫过射线 $\arg w = \alpha \theta$. 因此, $w = z^{\alpha}$ 将角形域 $\{z | 0 < \arg z < t\}$ 映射为角形域 $\{w | 0 < \arg w < \alpha t\}$. 特别地, $w = z^2$ 将第一象限映射为上半平面, 将上半平面映射为除去原点和正实轴的复平面.

2.2.4 三角函数

在 Euler 公式

$$e^{ix} = \cos x + i \sin x$$

中, 将 x 换成 $-x$ 得到

$$e^{-ix} = \cos x - i \sin x.$$

于是

$$\cos x = \frac{e^{ix} + e^{-ix}}{2}, \quad \sin x = \frac{e^{ix} - e^{-ix}}{2i}.$$

受到上述关系式的启发, 给出复变量正弦和余弦函数的定义.

定义 2.6 设 z 为复数, 定义

$$\cos z = \frac{e^{iz} + e^{-iz}}{2}, \quad \sin z = \frac{e^{iz} - e^{-iz}}{2i}$$

为余弦函数和正弦函数.

由此可见, 对于复变量 z, Euler 公式

$$e^{iz} = \cos z + i \sin z$$

仍然成立.

由于复指数函数与复三角函数之间成立 Euler 公式, 已知一种函数可得到另一种函数, 因此, 复变函数中没有 "基本初等函数".

复变量正弦和余弦函数有很多与实变量正弦和余弦函数相类似的性质, 但它们之间也有着本质的区别. 三角函数的性质如下:

(1) 余弦函数是偶函数, 正弦函数是奇函数, 即

$$\cos(-z) = \cos z, \quad \sin(-z) = -\sin z.$$

(2) 正弦和余弦函数都是以 $2k\pi (k$ 是整数) 为周期, 即

$$\cos(z + 2k\pi) = \cos z, \quad \sin(z + 2k\pi) = \sin z.$$

(3) $\cos(z_1 \pm z_2) = \cos z_1 \cos z_2 \mp \sin z_1 \sin z_2,$

$\quad \sin(z_1 \pm z_2) = \sin z_1 \cos z_2 \pm \cos z_1 \sin z_2.$

上述性质由定义易得, 证明从略. 在性质 (3) 的第一个公式中取 $z_1 = z, z_2 = -z$ 可得:

(4) $\cos^2 z + \sin^2 z = 1.$

由上面的等式不能推出 $|\cos z| \leqslant 1$ 和 $|\sin z| \leqslant 1$. 事实上, $\sin z$ 和 $\cos z$ 都是无界的. 例如, 取 $z = iy \ (y > 0)$, 得到

$$|\cos iy| = \frac{e^y + e^{-y}}{2} \to +\infty, \quad y \to +\infty,$$

$$|\sin iy| = \frac{e^y - e^{-y}}{2} \to +\infty, \quad y \to +\infty.$$

这说明复变量三角函数与实变量三角函数有着本质的区别.

(5) $\sin z$ 和 $\cos z$ 都在复平面上解析, 且 $(\sin z)' = \cos z, (\cos z)' = -\sin z$.

事实上,

$$(\sin z)' = \left(\frac{e^{iz} - e^{-iz}}{2i}\right)' = \frac{1}{2i}(ie^{iz} + ie^{-iz}) = \cos z.$$

同理

$$(\cos z)' = -\sin z.$$

(6) $\sin z = 0$ 成立的充分必要条件是 $z = k\pi$, k 为整数. $\cos z = 0$ 成立的充分必要条件是 $z = \frac{\pi}{2} + k\pi$, k 为整数.

事实上,

$$\sin z = 0 \Leftrightarrow e^{iz} = e^{-iz} \Leftrightarrow iz = -iz + 2k\pi i \Leftrightarrow z = k\pi;$$

而

$$\cos z = 0 \Leftrightarrow e^{iz} = -e^{-iz} = e^{i\pi - iz} \Leftrightarrow iz = i\pi - iz + 2k\pi i \Leftrightarrow z = \frac{\pi}{2} + k\pi.$$

除性质 (2), (3), (4) 外, 许多实变量三角函数公式对复变量三角函数也成立, 如半角公式、倍角公式和诱导公式等.

利用函数 $\sin z$ 和 $\cos z$, 其他的三角函数如正切、余切、正割、余割函数定义为

$$\tan z = \frac{\sin z}{\cos z}, \quad \cot z = \frac{\cos z}{\sin z}, \quad \sec z = \frac{1}{\cos z}, \quad \csc z = \frac{1}{\sin z}.$$

这些函数在复平面上分母不为零的点上解析, 且它们的性质与实变量相应函数形式类似, 例如导数形式一样, 周期相同等.

例 2-14 求 $\cos(1 + i)$.

解
$$\cos(1 + i) = \frac{e^{i(1+i)} + e^{-i(1+i)}}{2} = \frac{e^{-1+i} + e^{1-i}}{2}$$
$$= \frac{e^{-1}(\cos 1 + i \sin 1) + e^{1}(\cos 1 - i \sin 1)}{2}$$
$$= \frac{e^{-1} + e}{2} \cos 1 + i\frac{e^{-1} - e}{2} \sin 1.$$

2.2.5 反三角函数

定义 2.7 对于复数 z, 若 $\cos w = z$, 则 w 称为 z 的反余弦函数, 记为 $w = \text{Arccos } z$. 由

$$z = \cos w = \frac{e^{iw} + e^{-iw}}{2}$$

得

$$e^{iw} + e^{-iw} - 2z = 0,$$

即

$$(\mathrm{e}^{\mathrm{i}w})^2 - 2z\mathrm{e}^{\mathrm{i}w} + 1 = 0.$$

将上式看成 $\mathrm{e}^{\mathrm{i}w}$ 的一元二次方程, 解得

$$\mathrm{e}^{\mathrm{i}w} = z \pm \sqrt{z^2 - 1}.$$

若将 $\sqrt{z^2 - 1}$ 理解为双值函数, 则上式可形式地写成

$$\mathrm{e}^{\mathrm{i}w} = z + \sqrt{z^2 - 1}, \quad \sqrt{z^2 - 1} \text{ 包含正负两个值}.$$

按照对数函数的定义可得

$$w = \mathrm{Arccos}\, z = -\mathrm{i}\mathrm{Ln}(z + \sqrt{z^2 - 1}).$$

这样, $\mathrm{Arccos}\, z$ 为多值函数.

例 2-15　求 $\mathrm{Arccos}\, 2$.

解　$\mathrm{Arccos}\, 2 = -\mathrm{i}\mathrm{Ln}(2 \pm \sqrt{3}) = -\mathrm{i}(\ln(2 \pm \sqrt{3}) + 2k\pi\mathrm{i})$

$$= 2k\pi - \mathrm{i}\ln(2 \pm \sqrt{3}), \quad k = 0, \pm 1, \pm 2, \cdots.$$

类似地, 可以定义其他的反三角函数并导出它们的表达式. 例如, 反正弦函数与反正切函数分别为

$$\mathrm{Arcsin}\, z = -\mathrm{i}\mathrm{Ln}(\mathrm{i}z + \sqrt{1 - z^2}) = -\mathrm{i}\mathrm{Ln}(z + \sqrt{z^2 - 1}) + \frac{\pi}{2},$$

$$\mathrm{Arctan}\, z = \frac{\mathrm{i}}{2}\mathrm{Ln}\frac{\mathrm{i} + z}{\mathrm{i} - z}.$$

它们的性质与实变量反三角函数的性质相似.

至此, 可知所有所学的复变量初等函数都是以指数函数为基础的, 它们有些性质与实变量函数相近, 但要注意区分不同之处.

2.2.6　支点

多值解析函数是解析函数理论中的一个难点. 这里介绍支点的概念, 研究怎样通过限制自变量的变化范围, 得到多值函数的单值函数.

下面, 考虑函数 $w = \sqrt[n]{z}$. 由 1.1 节,

$$\sqrt[n]{z} = |z|^{\frac{1}{n}}\left(\cos\frac{\theta + 2k\pi}{n} + \mathrm{i}\sin\frac{\theta + 2k\pi}{n}\right),$$

$k = 0, 1, 2, \cdots, n - 1$, 其中 θ 是 z 的某一个辐角. $w = \sqrt[n]{z}$ 是 n 值函数, 对于点 $z = 0$, 在其充分小的邻域内, 任作一条简单连续闭曲线 L, 当动点 z 从 L 上

的一个点 z_0 出发沿 L 连续变动一周时, 由于 $\mathrm{Arg}\, z$ 的连续变化, $\sqrt[n]{z}$ 从它在 z_0 的值 $\sqrt[n]{z_0} = |z_0|^{\frac{1}{n}} \left(\cos \dfrac{\theta_0 + 2k_0\pi}{n} + \mathrm{i}\sin \dfrac{\theta_0 + 2k_0\pi}{n} \right)$ 连续变动到另外一个值 $\sqrt[n]{z_0} = |z_0|^{\frac{1}{n}} \left[\cos \left(\dfrac{\theta_0 + 2k_0\pi}{n} + \dfrac{2\pi}{n} \right) + \mathrm{i}\sin \left(\dfrac{\theta_0 + 2k_0\pi}{n} + \dfrac{2\pi}{n} \right) \right]$, 此时称原点 $z = 0$ 为 $\sqrt[n]{z}$ 的支点.

定义 2.8 一般地, 如果函数 $w = f(z)$ 在点 z_0 的去心邻域内是多值函数, 当动点 z 在 z_0 的充分小的去心邻域内绕点 z_0 旋转一周回到原来位置时, 函数值与原来的值不同, 则称点 z_0 为 $f(z)$ 的支点.

无穷远点有时也是支点.

定义 2.9 函数 $w = f(z)$ 在点 ∞ 的去心邻域 $\{z : |z| > R_0\}$ 上是多值函数, 当动点 z 在 $\{z : |z| > R_0\}$ 内绕点 ∞ 旋转一周回到原来位置时, 函数值与原来的值不同, 则称 ∞ 为 $f(z)$ 的支点.

除原点外, $\sqrt[n]{z}$ 还有一个支点 $z = \infty$, 并且也只有这两个支点. 任取一条不自交的曲线 L 连接 0 和 ∞, 考虑区域 $\mathbf{C}\backslash\{L\}$, 在这个区域内, 任意一点 z 沿着任意一条不穿越 L 的路线旋转一周回到原位置时, 显然 $\sqrt[n]{z}$ 的值不会改变. 多值函数 $\sqrt[n]{z}$ 在 $\mathbf{C}\backslash\{L\}$ 分解成若干个单值函数, 这里 L 称为割线.

若取负实轴 $L = (-\infty, 0]$ 为割线, $\sqrt[n]{z}$ 在区域 $\mathbf{C}\backslash\{L\}$ 的单值连续分支为

$$\sqrt[n]{z} = \sqrt[n]{|z|} \left(\cos \frac{\arg z + 2k\pi}{n} + \mathrm{i}\sin \frac{\arg z + 2k\pi}{n} \right), \quad k = 0, 1, 2, \cdots, n-1.$$

有一支在正实轴上取正实值, 即为 $\sqrt[n]{z}$ 的主值支, 可表示为

$$\sqrt[n]{z} = \sqrt[n]{|z|} \left(\cos \frac{\arg z}{n} + \mathrm{i}\sin \frac{\arg z}{n} \right) \quad (-\pi < \arg z < \pi).$$

对于多值函数, 可以先确定它们的支点, 然后在复平面 $\mathbf{C}$ 上以连接支点的曲线作割线, 可以分出函数的单值连续分支. 割线不同, 得到的单值分支就不同, 此时各分支的定义域也发生改变. 但是, 各分支的整体仍是该多值函数.

例 2-16 对于多值函数 $w = \mathrm{Ln}\, z$, 原点 $z = 0$ 和无穷远点 $z = \infty$ 都是它的支点. 取连接 0 和 ∞ 的负实半轴 L 作为割线, $L = (-\infty, 0]$, 设区域 $D = \mathbf{C}\backslash\{L\}$, 在区域 D 内, 得到该函数的无穷多个不同的单值连续分支函数

$$\mathrm{Ln}\, z = \ln|z| + \mathrm{i}\arg z + \mathrm{i}2k\pi, \quad k = 0, \pm 1, \pm 2, \cdots.$$

若取连接 0 和 ∞ 的正实半轴 L_0 作为割线, $L_0 = [0, -\infty)$, 这时在区域 $D_0 = \mathbf{C}\backslash\{L_0\}$ 上, 得到 $w = \mathrm{Ln}\, z$ 的无穷多个不同的单值连续分支函数

$$\mathrm{Ln}\, z = \ln|z| + \mathrm{i}\theta(z) + \mathrm{i}2k\pi, \quad k = 0, \pm 1, \pm 2, \cdots,$$

这里 $\theta(z)$ 是 z 位于 $(0, 2\pi)$ 内的辐角.

函数 $w = z^a = \mathrm{e}^{a \mathrm{Ln} z}(a \neq 0, \infty$ 为复常数$)$ 以 $z = 0$ 和无穷远点 $z = \infty$ 为支点. 根据例 2-16, 取连接 0 和 ∞ 的曲线 L 作为割线可以得到 $w = z^a = \mathrm{e}^{a \mathrm{Ln} z}$ 的各个单值连续分支.

例 2-17　确定 $f(z) = \sqrt{z-1}$ 的一个单值分支使得在 $z = 2$ 处的值为 1.

解　$f(z) = \sqrt{z-1}$ 的支点是 1 和 ∞, 取实轴上的区间 $(-\infty, 1]$ 为割线, 得到函数的两个连续单值分支,

$$\sqrt{z-1} = |z-1|^{1/2} \left(\cos \frac{\arg(z-1) + 2k\pi}{2} + \mathrm{i} \sin \frac{\arg(z-1) + 2k\pi}{2} \right),$$

这里 $k = 0, 1$. 为了使得在 $z = 2$ 处的值为 1, 只要取 $k = 0$. 故所求的单值分支是

$$f(z) = \sqrt{z-1} = |z-1|^{1/2} \left(\cos \frac{\arg(z-1)}{2} + \mathrm{i} \sin \frac{\arg(z-1)}{2} \right).$$

例 2-18　求函数 $f(z) = \mathrm{Ln} \dfrac{z-1}{z+1}(z \neq \pm 1)$ 的支点, 并确定一个单值分支使得该单值分支在在 $z = 2$ 处的值为 $\ln \dfrac{1}{3}$.

解　函数 $f(z) = \mathrm{Ln} \dfrac{z-1}{z+1}$ 可能的支点是 $1, -1, \infty$. 考虑以 1 为圆心、半径小于 1 的圆 L_1, 当 z 沿着 L_1 逆时针方向旋转一周时 $z - 1$ 的辐角增加 2π, 而 $z + 1$ 的辐角没有改变, 从而 $\dfrac{z-1}{z+1}$ 的辐角增加 2π, 于是 $f(z) = \mathrm{Ln} \dfrac{z-1}{z+1}$ 的虚部增加了 2π, 故 1 是支点. 类似地, -1 也是支点. 对于 ∞, 考虑圆 $|z| = R_0 > 1$, 当 z 沿着此圆逆时针旋转一周时, $z - 1$ 和 $z + 1$ 的辐角都增加 2π, 从而 $\dfrac{z-1}{z+1}$ 的辐角没有改变, 故 $f(z) = \mathrm{Ln} \dfrac{z-1}{z+1}$ 的值没有改变. 故 ∞ 不是支点.

取割线为实轴上的区间 $[-1, 1]$, 这时, $f(z) = \mathrm{Ln} \dfrac{z-1}{z+1}$ 在 $\mathbf{C} \backslash [-1, 1]$ 上的单值分支是

$$\mathrm{Ln} \frac{z-1}{z+1} = \ln \left| \frac{z-1}{z+1} \right| + \mathrm{i} \arg \frac{z-1}{z+1} + \mathrm{i} 2k\pi, \quad k = 0, \pm 1, \pm 2, \cdots,$$

在 $z = 2$ 处取 $\ln \dfrac{1}{3}$ 的单值分支为

$$\mathrm{Ln} \frac{z-1}{z+1} = \ln \left| \frac{z-1}{z+1} \right| + \mathrm{i} \arg \frac{z-1}{z+1}.$$

习 题 2

1. 判断下列命题的对错, 并给出证明或反例.

(1) 只有当 $a = 3\mathrm{i}$, $b = -3$ 和 $c = -\mathrm{i}$ 时,

$$f(x + \mathrm{i}y) = x^3 + ax^2y + bxy^2 + cy^3$$

在复平面 $\mathbf{C}$ 内解析;

(2) 区域 D 内的实值函数 $u(x, y)$ 是不解析的, 除非它是常值函数;

(3) 函数 $f(z) = x^2 - y^2 + x + \mathrm{i}(2xy + y)$ 是个解析函数, 而函数

$$g(z) = x^2 + y^2 + x + \mathrm{i}(2xy + y)$$

不是解析的;

(4) 若函数 $f(z)$ 和 $g(z)$ 在点 $a \in \mathbf{C}$ 满足 C-R 条件, 则函数 $f(z) + g(z)$ 和 $f(z) \cdot g(z)$ 也在点 a 满足 C-R 条件;

(5) 设 $z = x + \mathrm{i}y$, $\mathrm{e}^z > 0$ 当且仅当 $y = 2k\pi$ (k 是整数); $\mathrm{e}^z < 0$ 当且仅当 $y = (2k+1)\pi$ (k 是整数);

(6) 设 $z = x + \mathrm{i}y$, $|\mathrm{e}^{\mathrm{i}z}| > 0$ 当且仅当 $y > 0$, $\mathrm{e}^z < 0$ 当且仅当 $y < 0$;

(7) $|\sin z|^2 + |\cos z|^2 = 1$ 当且仅当 $z = x$ 是实数;

(8) 若 $f(z) = z^{\mathrm{i}} = \mathrm{e}^{\mathrm{i}\ln z}$ $(z \neq 0)$, 存在常数 $M > 0$, 使得 $|f(z)| < M (z \neq 0)$;

(9) 设 $z = r\mathrm{e}^{\mathrm{i}\theta}$, $\theta \in (-\pi, \pi)$, α 是一复常数, 则 $|z^\alpha| \leqslant |z|^{\mathrm{Re}\,\alpha} \mathrm{e}^{\pi|\mathrm{Im}\,\alpha|}$;

(10) 对于 $z \in \mathbf{C} \backslash \{0\}$, $\mathrm{Re}\,\sqrt{z} > 0$.

2. 证明函数 $f(z) = \begin{cases} \dfrac{\mathrm{Im}(z^2)}{\overline{z}}, & z \neq 0, \\ 0, & z = 0 \end{cases}$ 在原点满足 C-R 条件, 但不可导.

3. 证明函数 $f(z) = \begin{cases} \exp\left(-\dfrac{1}{z^4}\right), & z \neq 0, \\ 0, & z = 0 \end{cases}$ 在原点不连续但满足 C-R 条件.

4. 证明若 $f(z)$ 在 z_0 点可微, 则

$$f(z) = f(z_0) + f'(z_0)(z - z_0) + \lambda(z)(z - z_0),$$

其中当 $z \to z_0$ 时, $\lambda(z) \to 0$.

5. 判断下列函数的解析性.

(1) $2\overline{z} + \mathrm{i}$;

(2) $\dfrac{z}{\overline{z} + 2}$;

(3) $\dfrac{z^3 + 2z + \mathrm{i}}{z - 5}$;

(4) $\dfrac{|z| + z}{2}$;

(5) $|z|^2 + 2z$;

(6) $x^2 + y^2 + y - 2 + \mathrm{i}x$.

6. 证明, 若 $f(z), g(z)$ 在 z_0 点解析, $f(z_0) = g(z_0) = 0$, $g'(z_0) \neq 0$, 则

$$\lim_{z \to z_0} \frac{f(z)}{g(z)} = \frac{f'(z_0)}{g'(z_0)}.$$

7. 设函数 $f(z)$ 在原点的某邻域 U 内解析, 且对于任意的 z_1, $z_2 \in U$ 都有

$$f(z_1 + z_2) = f(z_1) + f(z_2).$$

证明 $f(z) = az$, 其中 a 为复常数.

8. 设函数 $f(z) = u(x, y) + iv(x, y)$ 在区域 D 内解析, $au(x, y) + bv(x, y)$ 是一个常数 (其中 a, b 是不全为零的实常数), 则 $f(z)$ 是常值函数.

9. 设函数 $f(z)$ 定义在单位圆盘 D 内, 且 $f^2(z)$ 和 $f^3(z)$ 都在 D 内解析. 判断 $f(z)$ 的解析性, 并给出证明或者反例.

10. 证明对数函数的性质.

(1) $\mathrm{Ln}(z_1 z_2) = \mathrm{Ln}\, z_1 + \mathrm{Ln}\, z_2$;　　　(2) $\mathrm{Ln}\dfrac{z_1}{z_2} = \mathrm{Ln}\, z_1 - \mathrm{Ln}\, z_2$;

(3) $\mathrm{Ln}\sqrt[n]{z} = \dfrac{1}{n}\mathrm{Ln}\, z$.

11. 证明下面的等式不成立.

(1) $\ln(z_1 z_2) = \ln z_1 + \ln z_2$;　　　(2) $\ln \dfrac{z_1}{z_2} = \ln z_1 - \ln z_2$;

(3) $\mathrm{Ln}\, z^n = n\mathrm{Ln}\, z$.

12. 指出下列推理中的错误.

命题: 对任意 $z \neq 0$, $\mathrm{Ln}(-z) = \mathrm{Ln}\, z$. 证明:

(1) 因为 $(-z)^2 = z^2$,

(2) 所以 $\mathrm{Ln}(-z)^2 = \mathrm{Ln}\, z^2$,

(3) 所以 $\mathrm{Ln}(-z) + \mathrm{Ln}(-z) = \mathrm{Ln}\, z + \mathrm{Ln}\, z$,

(4) 所以 $2\mathrm{Ln}(-z) = 2\mathrm{Ln}\, z$,

(5) 所以 $\mathrm{Ln}(-z) = \mathrm{Ln}\, z$.

这个命题是错误的, 称为 Bernoulli 诡论.

13. 导出反正弦函数的表达式

$$\mathrm{Arcsin}\, z = -i\mathrm{Ln}(iz + \sqrt{1 - z^2}) = -i\mathrm{Ln}(z + \sqrt{z^2 - 1}) + \frac{\pi}{2}.$$

14. 计算.

(1) $\mathrm{Ln}(2 + i)$;　　　　　　(2) $\ln(1 + i)$;　　　　　　(3) $(1 + i)^i$;

(4) $2^{(1 + \sqrt{3}i)}$;　　　　　　(5) $\sin\left(1 + \dfrac{\pi}{2}i\right)$;　　　　　　(6) $\mathrm{Arcsin}\, 1$.

15. 证明, 若 z_1, z_2 满足下列条件之一:

(1) $\operatorname{Re} z_1 > 0$, $\operatorname{Re} z_2 > 0$;　　　　　　　(2) $\operatorname{Im} z_1 < 0 < \operatorname{Im} z_2$;

(3) $\operatorname{Im}(z_1 z_2) > 0$, $\operatorname{Im} z_1 \geqslant 0$;　　　　(4) $\operatorname{Im}(z_1 z_2) > 0$, $\operatorname{Im} z_2 < 0$,

那么 $z_1^\alpha z_2^\alpha = (z_1 z_2)^\alpha$.

16. 设 $f(z)$ 是函数的 $(z + \mathrm{i})^{1/4}$ 的一个分支, 并且 $f(1) = -\sqrt[8]{2}\exp\left(\dfrac{\mathrm{i}\pi}{16}\right)$, 计算 $f(0)$ 和 $f(\mathrm{i})$.

17. 设 $f(z)$ 是函数的 $\sqrt[3]{z}$ 的主值分支, 计算 $f'(-1-\mathrm{i})$.

第 3 章 复变函数的积分理论

复变函数的积分理论是复变函数论的基础, 也是研究解析函数的一个重要工具. 本章讲述复变函数的积分理论, 主要内容为 Cauchy 定理、Cauchy 积分公式和高阶导数公式. 解析函数的一些看起来与积分理论无关的性质, 例如, 解析函数有任意阶导数等, 都是用积分来证明的. 二元调和函数和解析函数有密切的关系, 本章也讨论二元调和函数及其性质.

3.1 复变函数的积分

3.1.1 积分的定义

复变函数沿曲线的积分与积分曲线的方向有关. 设在复平面上有一条光滑曲线 Γ, 其端点为 α, β. 若规定从 α 到 β 的方向为曲线 Γ 的正方向, 则从 β 到 α 的方向为负方向. 设 Γ 的参数方程为 $z(t) = x(t) + \mathrm{i}y(t)$, $t_\alpha \leqslant t \leqslant t_\beta$, 一般选定参数增大的方向为正方向, 即选择 Γ 的起点为 $z(t_\alpha) = \alpha$, 终点为 $z(t_\beta) = \beta$; 若 Γ 为简单光滑闭曲线, 一般选定逆时针方向为 Γ 的正方向.

定义 3.1 设 Γ 是以 α 为起点、β 为终点的光滑或逐段光滑有向曲线. 函数 $f(z)$ 是曲线 Γ 上的连续函数. 在 Γ 上沿着由 α 到 β 的方向依次取分点 $\alpha = z_0, z_1, \cdots, z_{n-1}, z_n = \beta$, 将曲线 Γ 分成 n 个小弧段. 在 z_{k-1} 到 z_k 的弧段上任取一点 ς_k, $k = 1, 2, \cdots, n$, 作和式

$$S_n = \sum_{k=1}^{n} f(\varsigma_k)\Delta z_k, \tag{3.1}$$

其中 $\Delta z_k = z_k - z_{k-1}$. 设 $\delta = \max\limits_{1 \leqslant k \leqslant n} |\Delta z_k|$. 若无论曲线如何分割, 也无论 ς_k 如何取, 当 $\delta \to 0$ 时 (此时 $n \to +\infty$), S_n 有唯一确定的极限, 则称该极限值为函数 $f(z)$ 沿曲线 Γ 的积分, 记作 $\int_\Gamma f(z)\mathrm{d}z$, 即

$$\int_\Gamma f(z)\mathrm{d}z = \lim_{\delta \to 0} \sum_{k=1}^{n} f(\varsigma_k)\,\Delta z_k = \lim_{\delta \to 0} \sum_{k=1}^{n} f(\varsigma_k)\,(z_k - z_{k-1}).$$

若函数 $f(z)$ 沿曲线 Γ 的积分存在, 则称 $f(z)$ 沿 Γ 可积.

由上述定义可知, 复积分不仅与被积函数和起点终点有关, 还与积分路径有关.

3.1.2 积分存在的充分条件及积分的计算方法

由复变函数积分的定义 (定义 3.1) 可以看出, 它与二元实函数的第二类曲线积分 (对坐标的曲线积分) 的定义很相似. 实际上, 复变函数沿有向曲线的积分, 可以用第二类曲线积分计算.

定理 3.1 设 $f(z) = u(x,y) + iv(x,y)$ 在光滑或逐段光滑有向曲线 Γ 上连续, 则 $f(z)$ 沿 Γ 可积, 且

$$\int_\Gamma f(z)\mathrm{d}z = \int_\Gamma u\mathrm{d}x - v\mathrm{d}y + \mathrm{i}\int_\Gamma v\mathrm{d}x + u\mathrm{d}y. \tag{3.2}$$

证明 设 $\Delta z_k = \Delta x_k + \mathrm{i}\Delta y_k$, $\varsigma_k = \xi_k + \mathrm{i}\eta_k$, $k = 1,\ 2,\ \cdots,\ n$. 由式 (3.1) 可得

$$S_n = \sum_{k=1}^n f(\varsigma_k)\Delta z_k = \sum_{k=1}^n [u(\xi_k, \eta_k) + \mathrm{i}v(\xi_k, \eta_k)](\Delta x_k + \mathrm{i}\Delta y_k)$$

$$= \sum_{k=1}^n [u(\xi_k, \eta_k)\Delta x_k - v(\xi_k, \eta_k)\Delta y_k]$$

$$+ \mathrm{i}\sum_{k=1}^n [v(\xi_k, \eta_k)\Delta x_k + u(\xi_k, \eta_k)\Delta y_k]. \tag{3.3}$$

由于 $f(z)$ 在曲线 Γ 上连续, 故其实部 $u(x,y)$ 和虚部 $v(x,y)$ 也在 Γ 上连续. 当 $\delta \to 0$ 时,

$$\max_{1\leqslant k\leqslant n} |\Delta x_k| \leqslant \max_{1\leqslant k\leqslant n} |\Delta z_k| = \delta \to 0, \quad \max_{1\leqslant k\leqslant n} |\Delta y_k| \leqslant \max_{1\leqslant k\leqslant n} |\Delta z_k| = \delta \to 0.$$

所以根据第二类曲线积分存在的充分条件, 得到式 (3.3) 的极限存在. 由复变函数积分的定义和二元实变函数第二类曲线积分的定义, 式 (3.3) 两端取 $\delta \to 0$ 时的极限, 可得式 (3.2). 证毕.

式 (3.2) 可以按照如下形式记忆:

$$\int_\Gamma f(z)\mathrm{d}z = \int_\Gamma (u + \mathrm{i}v)(\mathrm{d}x + \mathrm{i}\mathrm{d}y) = \int_\Gamma (u\mathrm{d}x - v\mathrm{d}y) + \mathrm{i}(v\mathrm{d}x + u\mathrm{d}y).$$

定理 3.1 既可作为复积分存在的充分条件, 又可作为计算复积分的一种方法.

定理 3.2 设光滑有向曲线 Γ 的参数方程为

$$z = z(t) = x(t) + \mathrm{i}y(t), \quad t_\alpha \leqslant t \leqslant t_\beta,$$

方向为参数增大的方向. $z'(t)$ 在 (t_α, t_β) 上连续且不为零, $z'(t) = x'(t) + \mathrm{i}y'(t) \neq 0$. 设 $f(z)$ 在 Γ 上连续, 则

$$\int_\Gamma f(z)\mathrm{d}z = \int_{t_\alpha}^{t_\beta} f[z(t)]z'(t)\mathrm{d}t. \tag{3.4}$$

证明　由第二类曲线积分的计算公式, 得到

$$\int_\Gamma u\mathrm{d}x - v\mathrm{d}y = \int_{t_\alpha}^{t_\beta} [u(x(t),y(t))x'(t) - v(x(t),y(t))y'(t)]\mathrm{d}t,$$

$$\int_\Gamma v\mathrm{d}x + u\mathrm{d}y = \int_{t_\alpha}^{t_\beta} [v(x(t),y(t))x'(t) + u(x(t),y(t))y'(t)]\mathrm{d}t.$$

第一个式子加上第二个式子乘以 i, 并利用式 (3.2) 得到

$$\int_\Gamma f(z)\mathrm{d}z = \int_{t_\alpha}^{t_\beta} [u(x(t),y(t)) + \mathrm{i}v(x(t),y(t))](x'(t) + \mathrm{i}y'(t))\mathrm{d}t$$

$$= \int_{t_\alpha}^{t_\beta} f[z(t)]z'(t)\mathrm{d}t.$$

例 3-1　计算积分 $\int_\Gamma \mathrm{Re}z\,\mathrm{d}z$, 积分路径 Γ 为起点在坐标原点 O, 终点在 $1+\mathrm{i}$ 的有向直线段.

解法一　有向直线段 Γ 可表示为 $y = x$, $0 \leqslant x \leqslant 1$. 注意到被积函数 $f(z) = \mathrm{Re}\,z = x$, 于是 $u(x,y) = x$, $v(x,y) = 0$. 由式 (3.2) 得

$$\int_\Gamma \mathrm{Re}\,z\mathrm{d}z = \int_\Gamma x\mathrm{d}x + \mathrm{i}\int_\Gamma x\mathrm{d}y = \int_0^1 x\mathrm{d}x + \mathrm{i}\int_0^1 y\mathrm{d}y = \frac{1}{2}(1 + \mathrm{i}).$$

解法二　有向直线段 Γ 的参数方程为

$$z = z(t) = (1 + \mathrm{i})t, \quad 0 \leqslant t \leqslant 1,$$

且 $z'(t) = 1 + \mathrm{i} \neq 0$. 由式 (3.4) 得

$$\int_\Gamma \mathrm{Re}\,z\mathrm{d}z = \int_0^1 \mathrm{Re}[(1 + \mathrm{i})t](1 + \mathrm{i})\mathrm{d}t = (1 + \mathrm{i})\int_0^1 t\mathrm{d}t = \frac{1}{2}(1 + \mathrm{i}).$$

例 3-2　设 Γ 是以 z_1 为起点, z_2 为终点的任一光滑有向曲线. 证明:

(1) $\int_\Gamma \mathrm{d}z = z_2 - z_1$;　　(2) $\int_\Gamma z\mathrm{d}z = \frac{1}{2}(z_2^2 - z_1^2)$.

证明　任取一条以 z_1 为起点, z_2 为终点的光滑有向曲线 Γ, 设 Γ 的参数方程为

$$z = z(t) = x(t) + \mathrm{i}y(t), \quad t_\alpha \leqslant t \leqslant t_\beta,$$

$$z_1 = z(t_\alpha) = x(t_\alpha) + \mathrm{i}y(t_\alpha),$$

$$z_2 = z(t_\beta) = x(t_\beta) + \mathrm{i}y(t_\beta).$$

由式 (3.4) 得

$$\int_{\Gamma} dz = \int_{t_\alpha}^{t_\beta} (x'(t) + iy'(t))dt = \int_{t_\alpha}^{t_\beta} dx(t) + i\int_{t_\alpha}^{t_\beta} dy(t)$$
$$= x(t_\beta) - x(t_\alpha) + iy(t_\beta) - iy(t_\alpha) = z_2 - z_1.$$

同理,

$$\int_{\Gamma} z dz = \int_{t_\alpha}^{t_\beta} (x(t) + iy(t))(x'(t) + iy'(t))dt$$
$$= \int_{t_\alpha}^{t_\beta} x(t)x'(t)dt - \int_{t_\alpha}^{t_\beta} y(t)y'(t)dt + i\left[\int_{t_\alpha}^{t_\beta} x(t)y'(t)dt - \int_{t_\alpha}^{t_\beta} y(t)x'(t)dt\right].$$

因为

$$\int_{t_\alpha}^{t_\beta} x(t)x'(t)dt = \frac{1}{2} x^2(t)\Big|_{t_\alpha}^{t_\beta} = \frac{1}{2}[x^2(t_\beta) - x^2(t_\alpha)],$$

$$\int_{t_\alpha}^{t_\beta} y(t)y'(t)dt = \frac{1}{2} y^2(t)\Big|_{t_\alpha}^{t_\beta} = \frac{1}{2}[y^2(t_\beta) - y^2(t_\alpha)],$$

$$\int_{t_\alpha}^{t_\beta} x(t)y'(t)dt = x(t)y(t)\Big|_{t_\alpha}^{t_\beta} - \int_{t_\alpha}^{t_\beta} y(t)x'(t)dt,$$

所以

$$\int_{\Gamma} z dz = \frac{1}{2}[x^2(t_\beta) - x^2(t_\alpha)] - \frac{1}{2}[y^2(t_\beta) - y^2(t_\alpha)] + i[x(t_\beta)y(t_\beta) - x(t_\alpha)y(t_\alpha)]$$
$$= \frac{1}{2}(z_2^2 - z_1^2).$$

例 3-3 计算积分 $\int_{\Gamma} \text{Re}\, z\, dz$, 其中 Γ 是逆时针方向的半圆 $|z| = 1, 0 \leqslant \arg z \leqslant \pi$ (起点为 1).

解 Γ 的参数方程可写成 $z = e^{i\theta} = \cos\theta + i\sin\theta, 0 \leqslant \theta \leqslant \pi$. 由式 (3.4) 和 Euler 公式得

$$\int_{\Gamma} \text{Re}\, z\, dz = \int_0^\pi \cos\theta\, i e^{i\theta} d\theta = i\int_0^\pi \frac{e^{i\theta} + e^{-i\theta}}{2} e^{i\theta} d\theta$$
$$= i\int_0^\pi \frac{e^{2i\theta} + 1}{2} d\theta = \frac{i}{2}\left(\int_0^\pi e^{2i\theta} d\theta + \int_0^\pi d\theta\right) = \frac{\pi i}{2}.$$

例 3-4 设 n 为整数. 证明积分

$$I_n = \int_{\Gamma} \frac{dz}{(z - z_0)^n} = \begin{cases} 2\pi i, & n = 1, \\ 0, & n \neq 1, \end{cases}$$

这里 Γ 表示以 z_0 为心、ρ 为半径的圆, 方向为逆时针.

证明　Γ 的参数方程为 $z = z_0 + \rho e^{i\theta}$, $0 \leqslant \theta \leqslant 2\pi$. 由式 (3.4), 当 $n = 1$ 时,

$$I_1 = \int_\Gamma \frac{\mathrm{d}z}{z - z_0} = \int_0^{2\pi} \frac{i\rho e^{i\theta}\mathrm{d}\theta}{\rho e^{i\theta}} = i\int_0^{2\pi} \mathrm{d}\theta = 2\pi i.$$

当 n 为不等于 1 的整数时,

$$\int_\Gamma \frac{\mathrm{d}z}{(z - z_0)^n} = \int_0^{2\pi} \frac{i\rho e^{i\theta}\mathrm{d}\theta}{\rho^n e^{in\theta}} = \frac{i}{\rho^{n-1}} \int_0^{2\pi} e^{-i(n-1)\theta}\mathrm{d}\theta$$

$$= \frac{i}{\rho^{n-1}} \left[\int_0^{2\pi} \cos(n-1)\theta\mathrm{d}\theta - i\int_0^{2\pi} \sin(n-1)\theta\mathrm{d}\theta \right]$$

$$= 0.$$

例 3-5　计算积分 $\displaystyle\int_\Gamma \overline{z}\mathrm{d}z$, 其中曲线 Γ 为

(1) 从原点到点 $z_1 = 2$ 的有向直线段 Γ_1 与从 z_1 到 $z_2 = 2 + i$ 的有向直线段 Γ_2 连接而成的折线;

(2) 从原点到 z_2 的有向直线段 Γ_3.

解　(1) 两条有向直线段的参数方程分别为

$$\Gamma_1 : z = z(t) = t, \quad 0 \leqslant t \leqslant 2,$$

$$\Gamma_2 : z = z(t) = 2 + it, \quad 0 \leqslant t \leqslant 1.$$

所以由式 (3.4) 得

$$\int_\Gamma \overline{z}\mathrm{d}z = \int_{\Gamma_1} \overline{z}\mathrm{d}z + \int_{\Gamma_2} \overline{z}\mathrm{d}z = \int_0^2 t\mathrm{d}t + \int_0^1 (2 - it)i\mathrm{d}t$$

$$= 2 + 2i + \frac{1}{2} = \frac{5}{2} + 2i.$$

(2) Γ_3 的参数方程为 $z = z(t) = (2 + i)t$, $0 \leqslant t \leqslant 1$, 于是

$$\int_{\Gamma_3} \overline{z}\mathrm{d}z = \int_0^1 (2 - i)t(2 + i)\mathrm{d}t = 5\int_0^1 t\mathrm{d}t = \frac{5}{2}.$$

例 3-6　沿下列路线计算积分 $\displaystyle\int_0^{3+i} z^2\mathrm{d}z$:

(1) 自原点到 $3 + i$ 的有向直线段;

(2) 自原点沿实轴至 3, 再由 3 铅直向上至 $3 + i$ 的折线.

解　(1) 直线段的参数方程为 $z = z(t) = (3 + i)t$, $0 \leqslant t \leqslant 1$, 于是

$$\int_0^{3+i} z^2\mathrm{d}z = \int_0^1 (3 + i)^2 t^2 (3 + i)\mathrm{d}t = \frac{1}{3}(3 + i)^3.$$

(2) 两条直线段的参数方程分别为

$$z = z(t) = t, \quad 0 \leqslant t \leqslant 3, \quad z = z(t) = 3 + \mathrm{i}t, \quad 0 \leqslant t \leqslant 1.$$

于是

$$\int_0^{3+\mathrm{i}} z^2 \mathrm{d}z = \int_0^3 t^2 \mathrm{d}t + \int_0^1 (3 + \mathrm{i}t)^2 \mathrm{i}\mathrm{d}t = \frac{1}{3}(3 + \mathrm{i})^3.$$

3.1.3 积分的性质

设函数 $f(z), g(z)$ 在光滑或逐段光滑有向曲线 Γ 上连续, 则复变函数的积分有下列与数学分析中的第二类曲线积分相类似的性质.

(1) $\displaystyle\int_\Gamma \alpha\, f(z)\mathrm{d}z = \alpha \int_\Gamma f(z)\mathrm{d}z$, α 是复常数;

(2) $\displaystyle\int_\Gamma [f(z) \pm g(z)]\mathrm{d}z = \int_\Gamma f(z)\mathrm{d}z \pm \int_\Gamma g(z)\mathrm{d}z$;

(3) $\displaystyle\int_\Gamma f(z)\mathrm{d}z = \int_{\Gamma_1} f(z)\mathrm{d}z + \int_{\Gamma_2} f(z)\mathrm{d}z + \cdots + \int_{\Gamma_n} f(z)\mathrm{d}z$, 其中 Γ 为由光滑曲线 $\Gamma_1, \Gamma_2, \cdots, \Gamma_n$ 连接而成的逐段光滑曲线;

(4) $\displaystyle\int_{\Gamma^-} f(z)\mathrm{d}z = -\int_\Gamma f(z)\mathrm{d}z$, 其中 Γ^- 表示与 Γ 方向相反的曲线;

(5) 设 Γ 的长度为 l, $f(z)$ 在 Γ 上可积, 且对 $\forall z \in \Gamma$, 有 $|f(z)| \leqslant M$, 则

$$\left| \int_\Gamma f(z)\mathrm{d}z \right| \leqslant \int_\Gamma |f(z)|\, \mathrm{d}s \leqslant M\, l,$$

这里 $\mathrm{d}s$ 为弧长微分.

性质 (1)~(4) 的证明由定义 3.1 不难得到. 现证性质 (5). 因 $|\Delta z_k|$ 是两点距离, Δs_k 是该两点间的弧长, 故 $|\Delta z_k| \leqslant \Delta s_k$. 这样

$$\left| \sum_{k=1}^n f(\varsigma_k)\Delta z_k \right| \leqslant \sum_{k=1}^n |f(\varsigma_k)|\, |\Delta z_k|$$

$$\leqslant \sum_{k=1}^n |f(\varsigma_k)|\, \Delta s_k \leqslant M \sum_{k=1}^n \Delta s_k = Ml.$$

两边对 $\delta \to 0$ 取极限即得.

例 3-7 证明 $\left| \displaystyle\int_\Gamma \frac{1}{z^2}\mathrm{d}z \right| \leqslant 2$, 积分路径 Γ 为连接 i 和 $2+\mathrm{i}$ 的有向直线段.

证明 Γ 的参数方程为 $z = 2t + \mathrm{i}$, $0 \leqslant t \leqslant 1$. 在曲线 Γ 上 $\dfrac{1}{z^2}$ 连续, 且

$$\left|\frac{1}{z^2}\right| = \frac{1}{|z|^2} = \frac{1}{4t^2+1} \leqslant 1,$$ 而直线之长为 2, 由性质 (5) 得到

$$\left|\int_\Gamma \frac{1}{z^2}\mathrm{d}z\right| \leqslant \int_\Gamma \left|\frac{1}{z^2}\right|\mathrm{d}s \leqslant \int_\Gamma \mathrm{d}s = 2.$$

3.2　Cauchy 定理及其应用

3.2.1　Cauchy 定理

从 3.1 节的例题中会发现, 当起点和终点相同时, 有的积分路径不同积分结果也不同, 如例 3-5, 而有的积分结果与从起点到终点的路径无关, 如例 3-6, 故提出下面的问题: 当函数 $f(z)$ 满足什么样的条件时, 积分值只与起点和终点有关, 而与从起点到终点的路径无关? 由积分的性质 (4), 这个问题等价于: 当函数 $f(z)$ 满足什么样的条件时, 它沿封闭曲线的积分为 0? 下面的 Cauchy 定理回答了这个问题.

定理 3.3 (Cauchy 定理)　设函数 $f(z)$ 在复平面上的单连通区域 D 内解析, Γ 为 D 内任一条光滑或逐段光滑简单闭曲线, 则

$$\int_\Gamma f(z)\mathrm{d}z = 0,$$

这里沿 Γ 的积分是按逆时针方向取的.

证明　这个定理的证明比较复杂, 分三步来进行. 第一步, 先证明在 D 内任一个三角形 $\triangle$ 上, $\displaystyle\int_\triangle f(z)\mathrm{d}z = 0$. 第二步, 证明在 D 内任一条简单闭折线 P 上, $\displaystyle\int_P f(z)\mathrm{d}z = 0$. 这一步的思想是添加辅助线, 并利用第一步的结果. 第三步, 证明在 D 内任一闭曲线 Γ 上, $\displaystyle\int_\Gamma f(z)\mathrm{d}z = 0$. 这一步的关键步骤是证明对任意曲线 Γ, 都存在一条完全位于 D 内的简单闭折线 P, 使得 $\left|\displaystyle\int_\Gamma f(z)\mathrm{d}z - \int_P f(z)\mathrm{d}z\right|$ 充分小.

第一步　设 Γ 为 D 内任一个三角形 $\triangle$, 记 $\triangle$ 为 $\triangle^{(0)}$, $\triangle$ 的周长为 l, 并设 $\left|\displaystyle\int_\triangle f(z)\mathrm{d}z\right| = M$. 要证明 $M = 0$.

在给定的三角形的每一边上取中点, 两两连接这些中点, 给定的三角形就被分成了四个全等的三角形, 将它们分别记为 $\triangle_1$, $\triangle_2$, $\triangle_3$, $\triangle_4$, 如图 3-1, 它们的周长都是 $\dfrac{l}{2}$. 考虑积分 $\displaystyle\int_{\triangle_1+\triangle_2+\triangle_3+\triangle_4} f(z)\mathrm{d}z$, 在沿每一条连接分点的线段上, 积分恰好按相反的方向取了两次, 由积分的性质 (4), 它们互相抵消, 因此

$$\int_{\triangle_1+\triangle_2+\triangle_3+\triangle_4} f(z)\mathrm{d}z = \int_\triangle f(z)\,\mathrm{d}z. \tag{3.5}$$

由于 $\left|\displaystyle\int_{\triangle} f(z)\,\mathrm{d}z\right| = M$, 根据式 (3.5), 四
个三角形 $\triangle_k(k = 1, 2, 3, 4)$ 中至少有一
个, 设为 $\triangle^{(1)}$, 使得

$$\left|\int_{\triangle^{(1)}} f(z)\,\mathrm{d}z\right| \geqslant \frac{M}{4}.$$

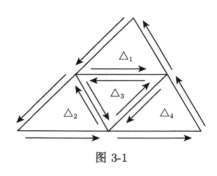

图 3-1

对于这个三角形 $\triangle^{(1)}$, 重复前面的过程,
得到一个周长为 $\dfrac{l}{2^2}$ 的三角形 $\triangle^{(2)}$, 满足

$$\left|\int_{\triangle^{(2)}} f(z)\mathrm{d}z\right| \geqslant \frac{M}{4^2}.$$

继续重复这个过程, 可以得到一个三角形序列

$$\triangle = \triangle^{(0)}, \triangle^{(1)}, \triangle^{(2)}, \triangle^{(3)}, \cdots, \triangle^{(n)}, \cdots,$$

其中 $\triangle^{(n)}$ 的周长为 $\dfrac{l}{2^n}$, 每一个包含后面一个, 且有不等式

$$\left|\int_{\triangle^{(n)}} f(z)\mathrm{d}z\right| \geqslant \frac{M}{4^n}, \quad n = 0, 1, 2, \cdots. \tag{3.6}$$

现在估计 $\left|\displaystyle\int_{\triangle^{(n)}} f(z)\mathrm{d}z\right|$. 因为三角形序列中每一个包含它后面的全部三角形,
而且当 $n \to +\infty$ 时, $\dfrac{l}{2^n} \to 0$, 所以根据闭集套定理 (定理 1.2), 存在唯一的一点
z_0, 它属于序列中所有的三角形区域. 这个点 z_0 在区域 D 内, 而函数 $f(z)$ 在 D 内
是解析的, 因此在点 z_0 函数 $f(z)$ 有一个有限的导数. 这样对任意的 $\varepsilon > 0$, 存在
$\delta = \delta(\varepsilon) > 0$, 使得当 $z \in D$ 并且 $0 < |z - z_0| < \delta$ 时, 有

$$\left|\frac{f(z) - f(z_0)}{z - z_0} - f'(z_0)\right| < \varepsilon,$$

上面不等式两端乘以 $|z - z_0|$, 得

$$|f(z) - f(z_0) - f'(z_0)(z - z_0)| < \varepsilon|z - z_0|. \tag{3.7}$$

对于以 z_0 为中心、δ 为半径的圆内的点 $z(\neq z_0)$, 式 (3.7) 成立, 且当 n 充分大
时, 三角形 $\triangle^{(n)}$ 都在上述圆内. 因此, 可以用式 (3.7) 来估计 $\left|\displaystyle\int_{\triangle^{(n)}} f(z)\mathrm{d}z\right|$. 由于
$\displaystyle\int_{\triangle^{(n)}} \mathrm{d}z = 0, \int_{\triangle^{(n)}} z\mathrm{d}z = 0$(见例 3-2), 所以

$$\int_{\triangle^{(n)}} f(z)\mathrm{d}z = \int_{\triangle^{(n)}} [f(z) - f(z_0) - f'(z_0)(z - z_0)]\mathrm{d}z. \tag{3.8}$$

当 z 位于三角形 $\triangle^{(n)}$ 上时, 根据三角形 $\triangle^{(n)}$ 上任一点 z 到此三角形内一点 z_0 的
距离小于 $\dfrac{l}{2^n}$, 并利用式 (3.7), 得到

$$|f(z) - f(z_0) - f'(z_0)(z - z_0)| < \varepsilon|z - z_0| < \frac{\varepsilon l}{2^n}.$$

又由式 (3.8), 有

$$\left| \int_{\triangle^{(n)}} f(z)\mathrm{d}z \right| < \varepsilon \cdot \frac{l}{2^n} \cdot \frac{l}{2^n} = \varepsilon \cdot \frac{l^2}{4^n}. \tag{3.9}$$

比较式 (3.6) 和式 (3.9) 可得

$$\frac{M}{4^n} < \varepsilon \frac{l^2}{4^n},$$

即

$$M < \varepsilon \cdot l^2.$$

由于 ε 任意小, 故 $M = 0$.

　　第二步　　设 Γ 为 D 内任一条简单闭折线 P. 用对角线把以 P 为边界的多角
形分成几个三角形, 如图 3-2 所示. 因为这时在每一条对角线上, 积分沿彼此相反
的方向恰好取了两次, 由积分的性质 (4), 它们互相抵消. 于是, 由第一步结果可得

$$\int_P f(z)\mathrm{d}z = 0.$$

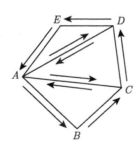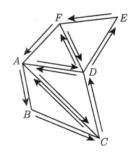

图 3-2

　　第三步　　设 Γ 为 D 内任一条光滑或逐段光滑简单闭曲线. 先证下列事实: 对
任意 $\varepsilon > 0$, 存在一条完全在 D 内的简单闭折线 P, 如图 3-3, 使得

$$\left| \int_{\Gamma} f(z)\mathrm{d}z - \int_P f(z)\mathrm{d}z \right| < \varepsilon. \tag{3.10}$$

也就是说, 积分 $\displaystyle\int_{\Gamma} f(z)\mathrm{d}z$ 的值可以用沿着在区域 D 内的简单闭折线 P 所得到的

积分值来逼近到任何精确程度.

事实上, 考虑区域 D 内的一个闭子域 $\overline{G}$, 使整个曲线 Γ 位于 G 内. 设 G 的边界与 Γ 间的最小距离为 ρ, 易知 $\rho > 0$. 于是以 Γ 上任意点为心、ρ 为半径的圆均全含于 $\overline{G}$ 内. 从而, Γ 上任意两点只要距离小于 ρ, 它们的连接线段必全在 $\overline{G}$ 内.

根据假设, 函数 $f(z)$ 在 $\overline{G}$ 上连续, 因而在 $\overline{G}$ 上一致连续, 故对于任意 $\varepsilon > 0$, 存在一个正数 $\delta_1 = \delta_1(\varepsilon) > 0$, 使得对于任意两个 $z', z'' \in \overline{G}$, 当 $|z' - z''| < \delta_1$ 时, 有不等式

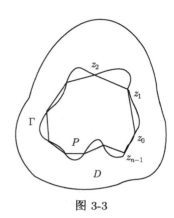

图 3-3

$$|f(z') - f(z'')| < \frac{\varepsilon}{2l}$$

成立, 其中 l 为 Γ 之长.

在 Γ 上依曲线正向取 n 个点 $z_0, z_1, z_2, \cdots, z_{n-1}$ 分 Γ 为 n 个小弧段 $\sigma_1, \sigma_2, \cdots, \sigma_n$, 使

$$\max_{1 \leqslant j \leqslant n} (\sigma_j \text{之长}) < \delta \leqslant \min\{\delta_1, \rho\}.$$

于是以 $z_0, z_1, \cdots, z_{n-1}$ 为顶点的简单多边形 P 全含于 $\overline{G}$ 内. P 的边 $r_1, r_2, \cdots, r_n$ 分别是 $\sigma_1, \sigma_2, \cdots, \sigma_n$ 所对的弦, 故有

$$\left| \int_{\Gamma} f(z)\mathrm{d}z - \int_{P} f(z)\mathrm{d}z \right| = \left| \sum_{j=1}^{n} \int_{\sigma_j} f(z)\mathrm{d}z - \sum_{j=1}^{n} \int_{r_j} f(z)\mathrm{d}z \right|$$

$$\leqslant \sum_{j=1}^{n} \left| \int_{\sigma_j} f(z)\mathrm{d}z - \int_{r_j} f(z)\mathrm{d}z \right|.$$

又由

$$\int_{\sigma_j} f(z_j)\mathrm{d}z = f(z_j)(z_j - z_{j-1}) = \int_{r_j} f(z_j)\mathrm{d}z$$

得

$$\left| \int_{\sigma_j} f(z)\mathrm{d}z - \int_{r_j} f(z)\mathrm{d}z \right|$$

$$\leqslant \left| \int_{\sigma_j} f(z) - f(z_j)\mathrm{d}z \right| + \left| \int_{r_j} f(z) - f(z_j)\mathrm{d}z \right|$$

$$\leqslant \sup_{z\in\sigma_j} |f(z) - f(z_j)| \cdot (\sigma_j 之长) + \sup_{z\in r_j} |f(z) - f(z_j)| \cdot (r_j 之长).$$

由于弧 σ_j 与弦 r_j 上任意两点的距离小于 δ, 所以

$$\sup_{z\in\sigma_j} |f(z) - f(z_j)| < \frac{\varepsilon}{2l}, \quad \sup_{z\in r_j} |f(z) - f(z_j)| < \frac{\varepsilon}{2l},$$

从而

$$\left| \int_{\sigma_j} f(z)\mathrm{d}z - \int_{r_j} f(z)\mathrm{d}z \right| < \frac{\varepsilon}{2l}(\sigma_j 之长 + r_j 之长) < \frac{\varepsilon}{l}(\sigma_j 之长),$$

因此

$$\left| \int_{\Gamma} f(z)\mathrm{d}z - \int_{P} f(z)\mathrm{d}z \right| < \frac{\varepsilon}{l} \cdot l = \varepsilon.$$

由第二步, 对于上面证明过程作的 P, 有

$$\int_{P} f(z)\mathrm{d}z = 0,$$

所以, 式 (3.10) 成为

$$\left| \int_{\Gamma} f(z)\mathrm{d}z \right| < \varepsilon.$$

由 ε 可以任意小, 得到 $\left| \int_{\Gamma} f(z)\mathrm{d}z \right| = 0$. 至此证毕.

推论 3.1   设函数 $f(z)$ 在复平面上的单连通区域 D 内解析, Γ 为 D 内任一光滑或逐段光滑闭曲线 (不必是简单的), 则

$$\int_{\Gamma} f(z)\mathrm{d}z = 0.$$

证明   因为 Γ 总可以看成区域 D 内有限多条简单闭曲线衔接而成, 所以推论 3.1 由复积分的基本性质 (3) 及 Cauchy 定理得到.

下面的推论回答了本节开始提出的问题.

推论 3.2   设函数 $f(z)$ 在复平面上的单连通区域 D 内解析, 则 $f(z)$ 在 D 内积分与路径无关, 即对 D 内任意两点 z_0 与 z_1, 积分

$$\int_{z_0}^{z_1} f(z)\mathrm{d}z$$

之值不依赖于 D 内连接起点 z_0 与终点 z_1 的曲线.

证明   设 Γ_1 与 Γ_2 是 D 内连接起点 z_0 与终点 z_1 的任意两条光滑或逐段光滑曲线, 则正方向曲线 Γ_1 与负方向曲线 Γ_2^- 就衔接成一条闭曲线 Γ. 由复积分性质 (3) 和推论 3.1, 就有

$$\int_{\Gamma} f(z)\mathrm{d}z = \int_{\Gamma_1} f(z)\mathrm{d}z + \int_{\Gamma_2^-} f(z)\mathrm{d}z = 0,$$

因而

$$\int_{\Gamma_1} f(z)\mathrm{d}z = \int_{\Gamma_2} f(z)\mathrm{d}z.$$

3.2.2 Cauchy 定理的推广

下面的定理可以看成推广的 Cauchy 定理, 它的条件比 Cauchy 定理弱.

定理 3.4 设 Γ 是一条光滑或逐段光滑简单闭曲线, D 为 Γ 的内部. 若函数 $f(z)$ 在 D 内解析, 在 $\overline{D} = D + \Gamma$ 上连续, 则

$$\int_{\Gamma} f(z)\mathrm{d}z = 0.$$

此定理的证明比较繁琐, 省略它的证明过程. 下面给出闭路变形原理.

定理 3.5 设函数 $f(z)$ 在多连通区域 D 内解析, Γ 及 Γ_1 为 D 内任两条简单闭曲线, Γ_1 在 Γ 内部, 且以 Γ 及 Γ_1 为边界的区域全含于 D. 则

$$\int_{\Gamma} f(z)\mathrm{d}z = \int_{\Gamma_1} f(z)\mathrm{d}z.$$

证明 作曲线 AA' 及 BB' 连接 Γ 及 Γ_1, 这样就形成两条封闭曲线 L_1 及 L_2, 如图 3-4. 由 Cauchy 定理得到

$$\int_{L_1} f(z)\mathrm{d}z = 0, \quad \int_{L_2} f(z)\mathrm{d}z = 0.$$

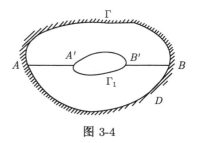

图 3-4

两式相加, 得

$$\int_{\Gamma} f(z)\mathrm{d}z = \int_{\Gamma_1} f(z)\mathrm{d}z.$$

这样就有: 一个解析函数 $f(z)$ 沿两条光滑或逐段光滑简单闭曲线的积分是相等的, 只要这两条曲线可以互变, 而且变形过程中不经过 $f(z)$ 不解析的点. 这一原理称为闭路变形原理.

Cauchy 定理还可以推广到多连通区域的情形. 设有 $n+1$ 条光滑或逐段光滑简单闭曲线 $\Gamma_0, \Gamma_1, \cdots, \Gamma_n$, 曲线 $\Gamma_1, \Gamma_2, \cdots, \Gamma_n$ 互相外离, 而它们都在曲线 Γ_0 内部. 曲线 Γ_0 以及 $\Gamma_1, \Gamma_2, \cdots, \Gamma_n$ 围成了一个有界 $n+1$ 连通区域 D, $\Gamma_0, \Gamma_1, \cdots, \Gamma_n$ 称为区域 D 的边界. 下面的定理可看作 Cauchy 定理在多连通区域上的推广.

定理 3.6 设区域 D 是由边界

$$\Gamma = \Gamma_0 + \Gamma_1^- + \Gamma_2^- + \cdots + \Gamma_n^-$$

所围成的有界多连通区域, 函数 $f(z)$ 在 D 内解析, 在 $\overline{D} = D + \Gamma$ 上连续, 则

$$\int_{\Gamma} f(z)\mathrm{d}z = 0.$$

这里的积分是沿 Γ 按关于区域 D 的正向取的, 也就是 Γ_0 按逆时针方向, $\Gamma_1, \Gamma_2, \cdots,$ Γ_n 按顺时针方向, 亦即当点沿着 Γ 的正方向运动时, 区域 D 总在它的左端, 所以上面的积分式又可写成

$$\int_{\Gamma_0} f(z)\mathrm{d}z + \int_{\Gamma_1^-} f(z)\mathrm{d}z + \cdots + \int_{\Gamma_n^-} f(z)\mathrm{d}z = 0$$

或

$$\int_{\Gamma_0} f(z)\mathrm{d}z = \int_{\Gamma_1} f(z)\mathrm{d}z + \cdots + \int_{\Gamma_n} f(z)\mathrm{d}z.$$

证明   取 $n+1$ 条互不相交且全在 D 内 (端点除外) 的光滑或逐段光滑简单曲线 $L_0, L_1, \cdots, L_n$ 作为割线, 将 $\Gamma_0, \Gamma_1, \cdots, \Gamma_n$ 顺次地连接起来, 并设想割线将区域 D 割破, 这时 D 就被分成了两个单连通区域 (图 3-5 是 $n=2$ 的情形), 得到的两个简单闭曲线, 记为 C_1 和 C_2, 显然,

$$\int_{C_j} f(z)\mathrm{d}z = 0, \quad j = 1, 2.$$

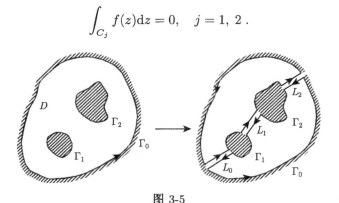

图 3-5

将这些等式相加, 因为沿着 $L_0, L_1, \cdots, L_n$ 的积分从相反的方向各取了一次, 在相加时互相抵消, 所以由复积分性质 (3), 得到

$$\int_{\Gamma} f(z)\mathrm{d}z = 0.$$

3.2.3   原函数与不定积分

Cauchy 定理研究了积分与路径无关的问题, 即在区域 D 内解析的函数 $f(z)$ 沿 D 内任一光滑或逐段光滑曲线 L 的积分只与其起点和终点有关, 与从起点到终点的路径无关. 因此, 当起点 z_0 固定时, 积分就在 D 内定义了一个变上限 z 的单值函数, 记作

$$F(z) = \int_{z_0}^{z} f(\varsigma)\mathrm{d}\varsigma.$$

对于这个积分有如下结论.

定理 3.7 若 $f(z)$ 在单连通区域 D 内解析, 则 $F(z)$ 是 D 内的解析函数, 且有 $F'(z) = f(z)$.

证明 设 z 为 D 内任一点, 以 z 为圆心作一个含于 D 内的小圆盘, 在小圆盘内取动点 $z + \Delta z$. 由积分与路径无关可得

$$F(z + \Delta z) - F(z) = \int_{z_0}^{z+\Delta z} f(\varsigma)\mathrm{d}\varsigma - \int_{z_0}^{z} f(\varsigma)\mathrm{d}\varsigma = \int_{z}^{z+\Delta z} f(\varsigma)\mathrm{d}\varsigma.$$

这里 $\displaystyle\int_{z}^{z+\Delta z} f(\varsigma)\mathrm{d}\varsigma$ 为沿从 z 到 $z + \Delta z$ 的有向线段积分. 因为

$$f(z) = f(z) \frac{1}{\Delta z} \int_{z}^{z+\Delta z} \mathrm{d}\zeta = \frac{1}{\Delta z} \int_{z}^{z+\Delta z} f(z)\mathrm{d}\varsigma,$$

所以

$$\frac{F(z + \Delta z) - F(z)}{\Delta z} - f(z) = \frac{1}{\Delta z} \int_{z}^{z+\Delta z} [f(\varsigma) - f(z)]\mathrm{d}\varsigma.$$

因为 $f(z)$ 在 D 内连续, 对于任给的 $\varepsilon > 0$, 只要以 z 为圆心的小圆盘足够小, 那么小圆盘里的一切 ς 均满足 $|f(\varsigma) - f(z)| < \varepsilon$, 于是有

$$\left| \frac{F(z + \Delta z) - F(z)}{\Delta z} - f(z) \right| = \left| \frac{1}{\Delta z} \int_{z}^{z+\Delta z} [f(\varsigma) - f(z)]\mathrm{d}\varsigma \right| < \varepsilon \frac{|\Delta z|}{|\Delta z|} = \varepsilon,$$

取极限 $\Delta z \to 0$, 由导数的定义可得

$$F'(z) = f(z), \quad z \in D.$$

下面给出原函数的概念.

设 $f(z)$ 及 $F(z)$ 是区域 D 内的函数, $F(z)$ 是 D 内的解析函数且在 D 内满足 $F'(z) = f(z)$, 那么函数 $F(z)$ 称为 $f(z)$ 在区域 D 内的一个不定积分或原函数.

除去可能相差一个常数外, 原函数是唯一确定的, 亦即若 $F(z)$ 和 $G(z)$ 都是 $f(z)$ 在 D 内的原函数, 则有 $F(z) - G(z) = \alpha$, 其中 α 是一复常数. 事实上, 由

$$[F(z) - G(z)]' = F'(z) - G'(z) = f(z) - f(z) = 0,$$

再由例 2-9 即得结论.

由此可知, 若 $F(z)$ 为 $f(z)$ 的一个原函数, 那么 $f(z)$ 的全体原函数就是 $F(z) + \alpha(\alpha$ 为复常数).

下面的结论类似于 Newton-Leibniz 公式.

定理 3.8　　如果 $f(z)$ 在单连通区域 D 内解析, $F(z)$ 为 $f(z)$ 的一个原函数, 那么

$$\int_{z_0}^{z} f(z)\mathrm{d}z = F(z) - F(z_0),$$

其中 z, z_0 为 D 内的两点.

　　证明　　因为 $\int_{z_0}^{z} f(z)\mathrm{d}z$ 也是 $f(z)$ 的一个原函数, 所以

$$\int_{z_0}^{z} f(z)\mathrm{d}z = F(z) + C.$$

当 $z = z_0$ 时, 得 $\int_{z_0}^{z_0} f(z)\mathrm{d}z = 0$, 于是由上式知 $C = -F(z_0)$, 因此

$$\int_{z_0}^{z} f(z)\mathrm{d}z = F(z) - F(z_0).$$

　　例 3-8　　计算下列积分.

(1) $\displaystyle\int_{|z|=r} \ln(1+z)\mathrm{d}z \, (0 < r < 1)$;

(2) $\displaystyle\int_C \frac{1}{z^2}\mathrm{d}z$, 其中 C 为右半圆: $|z| = 4$, $\operatorname{Re} z \geqslant 0$, 起点为 $-4\mathrm{i}$, 终点为 $4\mathrm{i}$;

(3) $\displaystyle\int_1^z \frac{1}{\varsigma}\mathrm{d}\varsigma$, 其中 $-\pi < \arg z < \pi$.

　　解　　(1) $\ln(1+z)$ 的支点为 $-1, \infty$, 所以它在闭圆盘 $|z| \leqslant r \, (0 < r < 1)$ 上单值解析. 由 Cauchy 积分定理得

$$\int_{|z|=r} \ln(1+z)\mathrm{d}z = 0.$$

(2) 因为 $\dfrac{1}{z^2}$ 在 $z \neq 0$ 解析, 所以

$$\int_C \frac{1}{z^2}\mathrm{d}z = -z^{-1}\Big|_{-4\mathrm{i}}^{4\mathrm{i}} = \frac{\mathrm{i}}{2}.$$

(3) 定义域 $-\pi < \arg z < \pi$ 是除去零点和负实轴的复平面, 在定义域内, 函数 $\ln z$ 是 $f(z) = \dfrac{1}{z}$ 的一个原函数, 而 $f(z) = \dfrac{1}{z}$ 在定义域内解析, 故由定理 3.8 得到

$$\int_1^z \frac{\mathrm{d}\varsigma}{\varsigma} = \ln z - \ln 1 = \ln z.$$

3.3 Cauchy 积分公式及其应用

3.3.1 Cauchy 积分公式

本节要给出的 Cauchy 积分公式和高阶导数公式是 Cauchy 定理的最重要的推论之一, 它是解析函数及其各阶导数的积分表示. 由 Cauchy 积分公式可以证明: 在区域内解析的函数具有任意阶导数. 解析函数的许多重要的性质, 都是由 Cauchy 积分公式和高阶导数公式推出的.

设函数 $f(z)$ 在区域 D 内解析, z_0 是 D 内的点. 显然函数 $\dfrac{f(z)}{z-z_0}$ 在点 z_0 不解析. 若曲线 Γ 是内部含于 D 的围绕 z_0 的一条光滑或逐段光滑闭曲线, 那么积分 $\displaystyle\int_\Gamma \dfrac{f(z)}{z-z_0}\mathrm{d}z$ 一般不为零. 例如 $\displaystyle\int_{|z|=1} \dfrac{1}{z}\mathrm{d}z = 2\pi\mathrm{i}$, 见例 3-4. 下面的定理给出计算该积分的一个公式.

定理 3.9 设函数 $f(z)$ 在区域 D 内解析, Γ 是内部含于 D 的一条光滑或逐段光滑简单闭曲线, z_0 是 Γ 所围内部的任意一点, 则有

$$f(z_0) = \frac{1}{2\pi\mathrm{i}}\int_\Gamma \frac{f(z)}{z-z_0}\mathrm{d}z. \tag{3.11}$$

证明 以 z_0 为圆心作半径为 r 的圆 C_r, 取 r 任意小, 使 C_r 及其内部含于 D. 由闭路变形原理知

$$\int_\Gamma \frac{f(z)}{z-z_0}\mathrm{d}z = \int_{C_r} \frac{f(z)}{z-z_0}\mathrm{d}z = \int_{C_r} \frac{f(z)-f(z_0)+f(z_0)}{z-z_0}\mathrm{d}z$$

$$= \int_{C_r} \frac{f(z)-f(z_0)}{z-z_0}\mathrm{d}z + 2\pi\mathrm{i}f(z_0).$$

为证式 (3.11), 只要证明上式右端第一个积分为零. 因为 $f(z)$ 在 z_0 连续, 所以对任意 $\varepsilon > 0$, 存在 $r = r(\varepsilon) > 0$, 使得当 $z \in C_r$ (此时 $|z-z_0| < r$) 时, 有

$$|f(z)-f(z_0)| < \frac{\varepsilon}{2\pi},$$

所以

$$\left|\int_{C_r} \frac{f(z)-f(z_0)}{z-z_0}\mathrm{d}z\right| \leqslant \int_{C_r} \frac{|f(z)-f(z_0)|}{|z-z_0|}\mathrm{d}s < \frac{\varepsilon}{2\pi r}\int_{C_r} \mathrm{d}s = \varepsilon.$$

这表明当 r 足够小的时候, $\displaystyle\int_{C_r} \frac{f(z)-f(z_0)}{z-z_0}\mathrm{d}z$ 的模就可以任意小. 由 ε 的任意性知该积分值为零. 于是就得到公式 (3.11).

公式 (3.11) 称为 Cauchy 积分公式, 简称 Cauchy 公式.

利用这个公式, 可以把解析函数 $f(z)$ 在曲线内部任意点的值用它边界上的值来表示. 也就是说, 解析函数在区域边界上的值如果确定了, 那么在区域内部任意点的值也就确定了.

定理 3.8 的条件可改为 "区域 D 的边界是光滑或逐段光滑简单闭曲线 Γ, $f(z)$ 在区域 D 内解析, 在 $\overline{D} = D + \Gamma$ 上连续, $z_0 \in D$."

例 3-9   设 Γ 为圆 $|z| = 4$, 计算

(1) $\displaystyle\int_{\Gamma} \frac{\cos z}{z} \mathrm{d}z$;   (2) $\displaystyle\int_{\Gamma} \frac{2}{z+1} \mathrm{d}z$;   (3) $\displaystyle\int_{\Gamma} \left(\frac{1}{z+1} + \frac{2}{z-3} + \frac{3}{z-5} \right) \mathrm{d}z$.

解   利用 Cauchy 积分公式得

(1) $\displaystyle\int_{\Gamma} \frac{\cos z}{z} \mathrm{d}z = 2\pi\mathrm{i} \cdot \cos 0 = 2\pi\mathrm{i}$;

(2) $\displaystyle\int_{\Gamma} \frac{2}{z+1} \mathrm{d}z = 2\pi\mathrm{i} \cdot 2 = 4\pi\mathrm{i}$;

(3) $\displaystyle\int_{\Gamma} \left(\frac{1}{z+1} + \frac{2}{z-3} + \frac{3}{z-5} \right) \mathrm{d}z = \int_{\Gamma} \frac{1}{z+1} \mathrm{d}z + \int_{\Gamma} \frac{2}{z-3} \mathrm{d}z + \int_{\Gamma} \frac{3}{z-5} \mathrm{d}z$
$$= 2\pi\mathrm{i} \cdot 1 + 2\pi\mathrm{i} \cdot 2 = 0 = 6\pi\mathrm{i}.$$

需要注意的是, 上式第三个积分中的被积函数 $\dfrac{3}{z-5}$ 在 Γ 内解析, 由 Cauchy 定理知其为零.

例 3-10   设 $r > 0$, 计算积分

$$I_1 = \int_{|z|=r} \operatorname{Re} z \mathrm{d}z, \quad I_2 = \int_{|z|=r} \operatorname{Im} z \mathrm{d}z.$$

解   在 $|z| = r$ 上, $z = r\mathrm{e}^{\mathrm{i}\theta}$, $z \cdot \overline{z} = r^2$, 于是

$$\operatorname{Re} z = \frac{z + \overline{z}}{2} = \frac{1}{2} \left(z + \frac{r^2}{z} \right),$$

这样,

$$I_1 = \int_{|z|=r} \operatorname{Re} z \mathrm{d}z = \frac{1}{2} \int_{|z|=r} z \mathrm{d}z = \frac{r^2}{2} \int_{|z|=r} \frac{\mathrm{d}z}{z}.$$

由 Cauchy 定理知第一个积分为零, 由 Cauchy 积分公式知第二个积分等于 $2\pi\mathrm{i}$, 所以 $I_1 = r^2\pi\mathrm{i}$.

同理可得 $I_2 = \displaystyle\int_{|z|=r} \operatorname{Im} z \mathrm{d}z = \frac{1}{2\mathrm{i}} \int_{|z|=r} z \mathrm{d}z - \frac{r^2}{2\mathrm{i}} \int_{|z|=r} \frac{\mathrm{d}z}{z} = -\pi r^2.$

3.3.2   高阶导数公式

一个解析函数不仅有一阶导数, 而且有各高阶导数, 它的导数值也可通过函数在边界上的值来表示. 这一点与实函数不同.

定理 3.10 在区域 D 内解析的函数 $f(z)$ 有任意阶导数, 且

$$f^{(n)}(z) = \frac{n!}{2\pi i} \int_{\Gamma} \frac{f(\varsigma)}{(\varsigma - z)^{n+1}} d\varsigma, \quad n = 1, 2, \cdots, \tag{3.12}$$

其中曲线 Γ 是内部含于 D 且围绕 z 的任一条光滑或逐段光滑简单闭曲线.

证明 当 $n = 1$ 时, 对区域 D 内的任意一点 z, 取 $\Delta z \neq 0$, 使 $z + \Delta z \in D$, 由 Cauchy 积分公式得

$$\frac{f(z + \Delta z) - f(z)}{\Delta z} = \frac{1}{2\pi i \Delta z} \left[\int_{\Gamma} \frac{f(\varsigma)}{\varsigma - z - \Delta z} d\varsigma - \int_{\Gamma} \frac{f(\varsigma)}{\varsigma - z} d\varsigma \right]$$

$$= \frac{1}{2\pi i} \int_{\Gamma} \frac{f(\varsigma)}{(\varsigma - z - \Delta z)(\varsigma - z)} d\varsigma$$

$$= \frac{1}{2\pi i} \left[\int_{\Gamma} \frac{f(\varsigma)}{(\varsigma - z)^2} d\varsigma + \int_{\Gamma} \frac{\Delta z f(\varsigma)}{(\varsigma - z)^2 (\varsigma - z - \Delta z)} d\varsigma \right].$$

因为 $f(z)$ 在 Γ 上连续, 所以在 Γ 上有界, 即存在正数 $M > 0$, 使得在 Γ 上有 $|f(z)| < M$. 设 d 是 z 到曲线 Γ 的最短距离, 取 $|\Delta z|$ 足够小, 使得 $|\Delta z| < \dfrac{d}{2}$, 那么 当 $\varsigma \in \Gamma$ 时, 有

$$|\varsigma - z| \geqslant d, \quad |\varsigma - z - \Delta z| \geqslant |\varsigma - z| - |\Delta z| > \frac{d}{2},$$

于是

$$\left| \frac{1}{2\pi i} \int_{\Gamma} \frac{\Delta z f(\varsigma)}{(\varsigma - z)^2 (\varsigma - z - \Delta z)} d\varsigma \right|$$

$$\leqslant \frac{1}{2\pi} \int_{\Gamma} \frac{|\Delta z| |f(\varsigma)|}{|\varsigma - z|^2 |\varsigma - z - \Delta z|} d\varsigma < \frac{|\Delta z| M l}{\pi d^3},$$

其中 l 是曲线 Γ 的长度. 由此可知, 当 $|\Delta z| \to 0$ 时,

$$\frac{1}{2\pi i} \int_{\Gamma} \frac{\Delta z f(\varsigma)}{(\varsigma - z)^2 (\varsigma - z - \Delta z)} d\varsigma \to 0.$$

从而

$$f'(z) = \lim_{\Delta z \to 0} \frac{f(z + \Delta z) - f(z)}{\Delta z} = \frac{1}{2\pi i} \int_{\Gamma} \frac{f(\varsigma)}{(\varsigma - z)^2} d\varsigma.$$

用相同的方法可以得到

$$f''(z) = \lim_{\Delta z \to 0} \frac{f'(z + \Delta z) - f'(z)}{\Delta z} = \frac{2!}{2\pi i} \int_{\Gamma} \frac{f(\varsigma)}{(\varsigma - z)^3} d\varsigma,$$

所以一个解析函数的导数仍是解析的. 用数学归纳原理可以证明解析函数 $f(z)$ 有任意阶导数, 且公式 (3.12) 成立.

若设 $f^{(0)}(z) = f(z)$, $0! = 1$, 则 Cauchy 积分公式

$$f(z) = \frac{1}{2\pi i} \int_\Gamma \frac{f(\zeta)}{\zeta - z} d\zeta$$

可理解为公式 (3.12) 中 $n = 0$ 的情形. 而公式 (3.12) 可由 Cauchy 积分公式左右两端形式对变量 z 求导数而得到.

公式 (3.12) 称为解析函数的高阶导数公式. 高阶导数公式常常用于求积分.

推论 3.3   设 $f(z) = u(x,y) + iv(x,y)$ 在区域 D 内解析, 则 $f(z)$ 的实部 $u(x,y)$ 和虚部 $v(x,y)$ 的任意阶偏导数都存在.

由定理 3.10 和式 (2.2), 可得推论 3.3.

例 3-11   设 Γ 为圆 $|z| = 2$, 计算

(1) $\int_\Gamma \frac{\cos \pi z}{(z-1)^4} dz$;   (2) $\int_\Gamma \frac{1}{(z+1)z^3} dz$;   (3) $\int_\Gamma \frac{e^z}{(z^2+1)^2} dz$.

解   (1) 由式 (3.12) 得

$$\int_\Gamma \frac{\cos \pi z}{(z-1)^4} dz = \frac{2\pi i}{(4-1)!} \cos^{(4-1)} \pi z \Big|_{z=1} = \frac{2\pi^4 i}{(4-1)!} \sin \pi = 0.$$

(2) 被积函数在 Γ 内的点 $z = -1$ 和 $z = 0$ 处不解析, 在 Γ 内作两个小圆

$$C_1 : |z+1| = r, \quad C_2 : |z| = R,$$

取 r, R 充分小, 使得 C_1, C_2 彼此外离, 且它们都在 Γ 的内部. 于是

$$\int_\Gamma \frac{1}{(z+1)z^3} dz = \int_{C_1} \frac{1}{(z+1)z^3} dz + \int_{C_2} \frac{1}{(z+1)z^3} dz$$

$$= \int_{C_1} \frac{\frac{1}{z^3}}{z+1} dz + \int_{C_2} \frac{\frac{1}{z+1}}{z^3} dz = 2\pi i \frac{1}{(-1)^3} + 2\pi i = 0.$$

(3) 被积函数在 $z = \pm i$ 处不解析, 作以 i 和 $-i$ 为中心的小圆 C_1, C_2, 它们互相外离, 且均含于 Γ. 于是

$$\int_\Gamma \frac{e^z}{(z^2+1)^2} dz = \int_{C_1} \frac{e^z}{(z^2+1)^2} dz + \int_{C_2} \frac{e^z}{(z^2+1)^2} dz,$$

而

$$\int_{C_1} \frac{e^z}{(z^2+1)^2} dz = \int_{C_1} \frac{e^z}{(z+i)^2} / (z-i)^2 dz$$

$$= \frac{2\pi i}{1!} \left[\frac{e^z}{(z+i)^2} \right]' \Big|_{z=i} = \frac{(1-i)e^i \pi}{2},$$

同理可得
$$\int_{C_2} \frac{\mathrm{e}^z}{(z^2+1)^2}\mathrm{d}z = \frac{-(1+\mathrm{i})\mathrm{e}^{-\mathrm{i}}\pi}{2}.$$

所以
$$\int_\Gamma \frac{\mathrm{e}^z}{(z^2+1)^2}\mathrm{d}z = \frac{\pi}{2}(1-\mathrm{i})(\mathrm{e}^{\mathrm{i}} - \mathrm{i}\mathrm{e}^{-\mathrm{i}}) = \mathrm{i}\sqrt{2}\pi\sin\left(1-\frac{\pi}{4}\right).$$

例 3-12 设 n 为非负整数. 在式 (3.11) 和 (3.12) 中取 $f(z) = (z^2-1)^n$ 得到
$$\frac{\mathrm{d}^n}{\mathrm{d}z^n}(z^2-1)^n = \frac{n!}{2\pi\mathrm{i}}\int_\Gamma \frac{(\varsigma^2-1)^n}{(\varsigma-z)^{n+1}}\mathrm{d}\varsigma, \quad n=0,1,2,\cdots,$$

这里曲线 Γ 是围绕 z 的任一条光滑或逐段光滑简单闭曲线. 于是, n 次勒让德 (Legendre) 多项式
$$P_n(z) = \frac{1}{n!\,2^n}\frac{\mathrm{d}^n}{\mathrm{d}z^n}(z^2-1)^n, \quad n=0,1,2,\cdots$$

可表示成
$$P_n(z) = \frac{1}{n!\,2^n}\frac{\mathrm{d}^n}{\mathrm{d}z^n}(z^2-1)^n = \frac{1}{2^{n+1}\pi\mathrm{i}}\int_\Gamma \frac{(\varsigma^2-1)^n}{(\varsigma-z)^{n+1}}\mathrm{d}\varsigma, \quad n=0,1,2,\cdots.$$

现计算 $P_n(1)$. 因为
$$\frac{(\varsigma^2-1)^n}{(\varsigma-1)^{n+1}} = \frac{(\varsigma-1)^n(\varsigma+1)^n}{(\varsigma-1)^{n+1}} = \frac{(\varsigma+1)^n}{\varsigma-1},$$

所以利用 Cauchy 积分公式 (3.11) 得
$$P_n(1) = \frac{1}{2^{n+1}\pi\mathrm{i}}\int_\Gamma \frac{(\varsigma+1)^n}{\varsigma-1}\mathrm{d}\varsigma = \frac{1}{2^{n+1}\pi\mathrm{i}}\cdot 2\pi\mathrm{i}(1+1)^n = 1, \quad n=0,1,2,\cdots.$$

同理可得
$$P_n(-1) = (-1)^n, \quad n=0,1,2,\cdots.$$

n 次勒让德多项式是一类特殊函数, 在某些特殊类型的常微分方程和数学物理方程的求解中有重要作用.

3.3.3 解析函数的一些性质

在有了 Cauchy 积分公式和高阶导数公式之后, 可以利用这些公式推导解析函数的一些重要性质.

定理 3.11 (Cauchy 不等式) 设 Γ 为以 z_0 为圆心、R 为半径的圆, 函数 $f(z)$ 在 Γ 内及其上解析. 若在 Γ 上 $|f(z)| \leqslant M$, 则 $f(z)$ 在 z_0 的导数满足不等式
$$\left|f^{(n)}(z_0)\right| \leqslant \frac{n!\,M}{R^n}, \quad n=0,1,2,\cdots. \tag{3.13}$$

证明　由高阶导数公式

$$f^{(n)}(z_0) = \frac{n!}{2\pi i} \int_\Gamma \frac{f(\varsigma)}{(\varsigma - z_0)^{n+1}} d\varsigma, \quad n = 0,\ 1,\ 2,\ \cdots$$

得到 (当 $n = 0$ 时即为 Cauchy 积分公式)

$$\left| f^{(n)}(z_0) \right| = \left| \frac{n!}{2\pi i} \int_\Gamma \frac{f(\varsigma)}{(\varsigma - z_0)^{n+1}} d\varsigma \right|$$

$$\leqslant \frac{n!}{2\pi} \int_\Gamma \left| \frac{f(\varsigma)}{(\varsigma - z_0)^{n+1}} \right| ds \leqslant \frac{n!}{2\pi} \frac{M}{R^{n+1}} 2\pi R = \frac{n!M}{R^n}.$$

定理 3.11 证毕.

上述定理说明: 在定理所给条件下, 函数 $f(z)$ 在 z_0 点的模及各阶导数的模, 可以用 $f(z)$ 在边界圆上的最大模来估计.

定义 3.2　若 $f(z)$ 在整个复平面上解析, 则称之为整函数.

下面的定理可看成 Cauchy 不等式的推论.

定理 3.12 (Liouville 定理)　有界整函数为常数.

证明　设 $f(z)$ 为有界整函数, 则 $f(z)$ 在整个复平面上解析且有界, 即存在 $M > 0$, 使得对复平面上的任一点 z, 有 $|f(z)| \leqslant M$. 任取 z_0, 在式 (3.13) 中取 $n = 1$, 得

$$|f'(z_0)| \leqslant \frac{M}{R}.$$

取 $R \to +\infty$ 得到 $f'(z_0) = 0$. 由 z_0 的任意性知 $f'(z) = 0, z \in \mathbf{C}$. 再由例 2-9 知 $f(z)$ 为常数.

设

$$P_n(z) = z^n + a_{n-1}z^{n-1} + \cdots + a_1 z + a_0, \quad n \geqslant 1$$

为 n 次多项式, 其中 $a_{n-1}, \cdots, a_1, a_0$ 为复常数. 显然 $P_n(z)$ 是整函数, 但无界. 下面推导当 $z \to \infty$ 时 $P_n(z)$ 的增长估计.

定理 3.13　设 n 次多项式 $P_n(z) = z^n + a_{n-1}z^{n+1} + \cdots + a_1 z + a_0$, 且设

$$A = \max\{\, 1,\ |a_{n-1}|,\ \cdots,\ |a_1|,\ |a_0| \,\},$$

则当 $|z| \geqslant 2nA$ 时, $|P_n(z)| \geqslant \dfrac{|z|^n}{2}$.

证明　因为

$$P_n(z) = z^n + a_{n-1}z^{n-1} + \cdots + a_1 z + a_0$$

$$= z^n \left(1 + \frac{a_{n-1}}{z} + \cdots + \frac{a_1}{z^{n-1}} + \frac{a_0}{z^n} \right), \tag{3.14}$$

而由三角不等式得

$$\left|1 + \frac{a_{n-1}}{z} + \cdots + \frac{a_1}{z^{n-1}} + \frac{a_0}{z^n}\right| \geqslant 1 - \left|\frac{a_{n-1}}{z} + \cdots + \frac{a_1}{z^{n-1}} + \frac{a_0}{z^n}\right|. \tag{3.15}$$

又当 $|z| \geqslant 2nA$ 时,

$$\left|\frac{a_{n-k}}{z^k}\right| \leqslant \frac{A}{|z|^k} \leqslant \frac{1}{2n}, \quad k = 1, 2, \cdots, n,$$

因此

$$\left|\frac{a_{n-1}}{z} + \cdots + \frac{a_1}{z^{n-1}} + \frac{a_0}{z^n}\right| \leqslant \frac{1}{2n} + \cdots + \frac{1}{2n} = \frac{1}{2}.$$

上式结合式 (3.14), (3.15) 得到

$$|P_n(z)| = |z|^n \left|1 + \frac{a_{n-1}}{z} + \cdots + \frac{a_1}{z^{n-1}} + \frac{a_0}{z^n}\right| \geqslant \frac{|z|^n}{2}.$$

定理 3.14 (代数基本定理) 任何 $n\ (\geqslant 1)$ 次代数方程至少有一根.

证明 设

$$P_n(z) = z^n + a_{n-1}z^{n-1} + \cdots + a_1 z + a_0, \quad n \geqslant 1.$$

需要证明上述方程至少有一个零点. 用反证法. 假设 $P_n(z)$ 没有零点, 那么 $\dfrac{1}{P_n(z)}$ 也是一个整函数, 由定理 3.13, 当 $|z| \geqslant 2nA$ 时,

$$\left|\frac{1}{P_n(z)}\right| \leqslant \frac{2}{|z|^n} \leqslant \frac{2}{(2nA)^n}.$$

而当 $|z| < 2nA$ 时, $\left|\dfrac{1}{P_n(z)}\right|$ 显然有界. 这样, $\dfrac{1}{P_n(z)}$ 为有界整函数. 由 Liouville 定理, $\dfrac{1}{P_n(z)}$ 为常数, 因此 $P_n(z)$ 为常数, 矛盾. 因此, $P_n(z)$ 至少有一个零点.

代数基本定理还可以用 Rouché 定理证明, 见例 5-22.

定理 3.15 (均值性质) 设函数 $f(z)$ 在圆 $C_R: |z - z_0| = R$ 内及其上解析, 则有

$$f(z_0) = \frac{1}{2\pi} \int_0^{2\pi} f(z_0 + Re^{it}) dt. \tag{3.16}$$

证明 在 Cauchy 积分公式

$$f(z_0) = \frac{1}{2\pi i} \int_{C_R} \frac{f(z)}{z - z_0} dz$$

中, 取圆 C_R 的参数方程为 $z = z_0 + Re^{it}, 0 \leqslant t \leqslant 2\pi$, 由积分的计算公式 (3.4) 得到

$$f(z_0) = \frac{1}{2\pi i} \int_0^{2\pi} \frac{f(z_0 + Re^{it})}{Re^{it}} i Re^{it} dt = \frac{1}{2\pi} \int_0^{2\pi} f(z_0 + Re^{it}) dt.$$

若将公式 (3.16) 改写成

$$f(z_0) = \frac{1}{2\pi R} \int_0^{2\pi} f(z_0 + Re^{it})\mathrm{d}s,$$

其中 $\mathrm{d}s$ 为弧长微分, $2\pi R$ 为以 R 为半径的圆周长, 则上述公式可解释为 $f(z)$ 在以 z_0 为心、R 为半径的圆上的积分平均, 等于其在圆心上的函数值. 因此式 (3.16) 称为均值公式.

定理 3.16　设函数 $f(z)$ 在圆 $C_R : |z - z_0| = R$ 内解析, 且在 z_0 点达到最大模, 即对任意 $z : |z - z_0| < R$, 有 $|f(z)| \leqslant |f(z_0)|$, 则 $f(z)$ 为常数.

证明　用反证法. 假设 $f(z)$ 不恒为常数, 则在此圆盘内存在一点 z_1, 使得 $|f(z_1)| < |f(z_0)|$. 取 $R_1 = |z_0 - z_1|$. 又假设, 在圆 $C_{R_1} : |z - z_0| = R_1$ 上的所有点 z, 都满足 $|f(z)| \leqslant |f(z_0)|$. 由 $f(z)$ 的连续性, 存在 C_{R_1} 上的一段包含点 z_1 的圆弧, 使得其上的所有点 z, 都有 $|f(z)| < |f(z_0)|$, 这与式 (3.16) 矛盾.

上述定理表明, 在圆盘内解析的函数 $f(z)$ 不能在圆心处达到最大模, 除非 $f(z)$ 为常数. 下面的定理可看成定理 3.16 的推广.

定理 3.17　若 $f(z)$ 在区域 D 内解析, 且在 D 内一点 z_0 达到最大模, 则 $f(z)$ 为常数.

定理 3.17 称为解析函数的最大模原理.

证明　由假设, 对任意 $z \in D$, 有 $|f(z)| \leqslant |f(z_0)|$. 首先证明 $|f(z)|$ 在 D 内为常数. 用反证法. 否则, 存在 $z_1 \in D$, 使得 $|f(z_1)| < |f(z_0)|$. 由区域的连通性, 存在一条 D 内的折线 Γ 连接 z_0 与 z_1. 在 Γ 上存在一点 t 满足下面的条件:

(1) 对所有 t 之前的点 z, 有 $|f(z)| = |f(t)|$;

(2) 存在 Γ 上的充分接近于 t 的点 z, 使得 $|f(z)| < |f(z_0)|$.

注意点 t 可能与 z_0 重合. 由 $f(z)$ 的连续性知 $|f(t)| = |f(z_0)|$. 由于区域是开集, 所以存在以 t 为中心的含于区域 D 中的圆盘. 由定理 3.16 知 $f(z)$ 在此圆盘内为常数, 与条件 (2) 矛盾.

由定理 3.17 易得下面的定理.

定理 3.18　设 $f(z)$ 在区域 D 内解析, 在 $\overline{D}$ 上连续, 则 $f(z)$ 在边界上达到最大模.

定理 3.19 (Morera 定理)　设 $f(z)$ 在区域 D 内连续, 并且对 D 内任一光滑或逐段光滑简单闭曲线 Γ, 有

$$\int_{\Gamma} f(z)\mathrm{d}z = 0, \tag{3.17}$$

则 $f(z)$ 在区域 D 内解析.

证明 由式 (3.17) 可知, 函数 $f(z)$ 沿区域 D 内任意一条曲线的积分与路径无关, 只与起点和终点有关. 设 $z_0 \in D$, 定义变上限函数

$$F(z) = \int_{z_0}^{z} f(z)\mathrm{d}z \quad (z \in D).$$

设 z 为 D 内任一点, 以 z 为圆心作一个含于 D 内的小圆盘, 在小圆盘内取动点 $z + \Delta z$. 由积分与路径无关可得

$$F(z + \Delta z) - F(z) = \int_{z_0}^{z+\Delta z} f(\varsigma)\mathrm{d}\varsigma - \int_{z_0}^{z} f(\varsigma)\mathrm{d}\varsigma = \int_{z}^{z+\Delta z} f(\varsigma)\mathrm{d}\varsigma.$$

这里 $\int_{z}^{z+\Delta z} f(\varsigma)\mathrm{d}\varsigma$ 为沿从 z 到 $z + \Delta z$ 的有向线段积分. 因为

$$f(z) = f(z)\frac{1}{\Delta z}\int_{z}^{z+\Delta z} \mathrm{d}\varsigma = \frac{1}{\Delta z}\int_{z}^{z+\Delta z} f(z)\mathrm{d}\varsigma,$$

所以

$$\frac{F(z + \Delta z) - F(z)}{\Delta z} - f(z) = \frac{1}{\Delta z}\int_{z}^{z+\Delta z} [f(\varsigma) - f(z)]\mathrm{d}\varsigma.$$

因为 $f(z)$ 在 D 内连续, 对于任给的 $\varepsilon > 0$, 只要以 z 为圆心的小圆盘足够小, 那么小圆盘里的一切 ς 均满足 $|f(\varsigma) - f(z)| < \varepsilon$, 于是有

$$\left|\frac{F(z + \Delta z) - F(z)}{\Delta z} - f(z)\right| = \left|\frac{1}{\Delta z}\int_{z}^{z+\Delta z} [f(\varsigma) - f(z)]\mathrm{d}\varsigma\right| < \varepsilon\frac{|\Delta z|}{|\Delta z|} = \varepsilon,$$

取极限 $\Delta z \to 0$, 由导数的定义可得

$$F'(z) = f(z), \quad z \in D.$$

因此 $F(z)$ 是解析的, 从而 $f(z)$ 是解析的. 定理证毕.

考虑函数 $f(z) = \begin{cases} \dfrac{1}{(z-1)^2}, & 0 < |z-1| < r, \\ 1, & z = 1, \end{cases}$ 对于 $0 < |z-1| < r$ 内的任一逐段光滑简单闭曲线 Γ, 应用 Cauchy 定理或者高阶导数公式, 都有 $\int_{\Gamma} f(z)\mathrm{d}z = 0$. 但是 $f(z)$ 在 $z = 1$ 不连续, 故不解析.

定理 3.19 在一定意义下是 Cauchy 定理的逆定理. 由此, 得到解析函数的一个充要条件.

定理 3.20 设函数 $f(z)$ 在单连通区域 D 内连续, 则 $f(z)$ 在区域 D 内解析的充分必要条件是对于 D 内任一逐段光滑简单闭曲线 Γ, 有

$$\int_{\Gamma} f(z)\mathrm{d}z = 0.$$

3.4　调 和 函 数

本节讨论调和函数及其性质.

设 $u(x) = u(x_1, \cdots, x_n)$ 在 $\mathbf{R}^n$ 中某区域有定义, 称

$$\Delta u = \frac{\partial^2 u}{\partial x_1^2} + \cdots + \frac{\partial^2 u}{\partial x_n^2} = 0 \tag{3.18}$$

为 n 维调和方程或 n 维 Laplace 方程, Δ 为 Laplace 算子. 若 $u(x)$ 满足式 (3.18), 则称 $u(x)$ 为调和函数. 当 $n = 3$ 时, 上述方程在 "数学物理方程" 课程中讨论, 而 $n = 2$ 的情形放在 "复变函数" 中讨论, 原因是此时的调和函数与解析函数之间有密切的关系.

3.4.1　调和函数的概念

设函数 $f(z) = u(x, y) + \mathrm{i}v(x, y)$ 在区域 D 内解析, 则实部 $u(x, y)$ 和虚部 $v(x, y)$ 满足 C-R 条件

$$\frac{\partial u}{\partial x} = \frac{\partial v}{\partial y}, \quad \frac{\partial u}{\partial y} = -\frac{\partial v}{\partial x}.$$

上述两个方程分别对 x 和 y 求偏导数, 得到

$$\frac{\partial^2 u}{\partial x^2} = \frac{\partial^2 v}{\partial y \partial x}, \quad \frac{\partial^2 u}{\partial y^2} = -\frac{\partial^2 v}{\partial x \partial y}.$$

由推论 3.3, $u(x, y)$ 和 $v(x, y)$ 有任意阶的连续偏导数, 从而有

$$\frac{\partial^2 u}{\partial x^2} = \frac{\partial^2 v}{\partial y \partial x} = \frac{\partial^2 v}{\partial x \partial y} = -\frac{\partial^2 u}{\partial y^2},$$

即

$$\frac{\partial^2 u}{\partial x^2} + \frac{\partial^2 u}{\partial y^2} = 0.$$

同理可得

$$\frac{\partial^2 v}{\partial x^2} + \frac{\partial^2 v}{\partial y^2} = 0.$$

这说明, 解析函数的实部和虚部满足二维 Laplace 方程.

定义 3.3　若二元实函数 $u(x, y)$ 在区域 D 内具有二阶连续偏导数, 且满足方程

$$\Delta u = \frac{\partial^2 u}{\partial x^2} + \frac{\partial^2 u}{\partial y^2} = 0, \tag{3.19}$$

则称 $u(x,y)$ 为区域 D 内的二元调和函数, 简称为调和函数. 方程 (3.19) 称为二维调和方程或二维 Laplace 方程, 而非齐次方程

$$\frac{\partial^2 u}{\partial x^2} + \frac{\partial^2 u}{\partial y^2} = f(x,y)$$

称为二维 Poisson 方程, 简称 Poisson 方程.

由定义 3.3 以及上面的推导, 得到下面的定理.

定理 3.21 在区域 D 内解析的函数 $f(z) = u(x,y) + \mathrm{i}v(x,y)$, 其实部 $u(x,y)$ 和虚部 $v(x,y)$ 都是 D 内的调和函数.

注意该定理的逆命题是不成立的, 即若 $u(x,y)$ 和 $v(x,y)$ 都是区域 D 内的调和函数, 则 $u(x,y) + \mathrm{i}v(x,y)$ 不一定是 D 内的解析函数, 因为 $u(x,y)$ 和 $v(x,y)$ 不一定满足 C-R 条件. 函数 $f(z) = \overline{z}$ 即反例.

定理 3.22 若 $u(x,y)$ 为调和函数, 则 $\dfrac{\partial}{\partial \overline{z}} \left(\dfrac{\partial u}{\partial z} \right) = 0$.

证明 因为 $u(x,y)$ 为调和函数, 所以

$$\Delta u = \frac{\partial^2 u}{\partial x^2} + \frac{\partial^2 u}{\partial y^2} = 0.$$

由

$$x = \frac{1}{2}(z + \overline{z}), \quad y = \frac{1}{2\mathrm{i}}(z - \overline{z})$$

得到

$$\frac{\partial x}{\partial z} = \frac{1}{2}, \quad \frac{\partial x}{\partial \overline{z}} = \frac{1}{2}, \quad \frac{\partial y}{\partial z} = \frac{1}{2\mathrm{i}}, \quad \frac{\partial y}{\partial \overline{z}} = -\frac{1}{2\mathrm{i}}.$$

利用复合函数求导法, 有

$$\frac{\partial u}{\partial z} = \frac{\partial u}{\partial x}\frac{\partial x}{\partial z} + \frac{\partial u}{\partial y}\frac{\partial y}{\partial z} = \frac{1}{2}\frac{\partial u}{\partial x} + \frac{1}{2\mathrm{i}}\frac{\partial u}{\partial y}.$$

于是

$$\begin{aligned}
\frac{\partial}{\partial \overline{z}}\frac{\partial u}{\partial z} &= \frac{\partial}{\partial x}\left(\frac{\partial u}{\partial z}\right)\frac{\partial x}{\partial \overline{z}} + \frac{\partial}{\partial y}\left(\frac{\partial u}{\partial z}\right)\frac{\partial y}{\partial \overline{z}} \\
&= \frac{1}{2}\frac{\partial}{\partial x}\left(\frac{\partial u}{\partial z}\right) + \frac{1}{2\mathrm{i}}\frac{\partial}{\partial y}\left(\frac{\partial u}{\partial z}\right) \\
&= \frac{1}{2}\left(\frac{1}{2}\frac{\partial^2 u}{\partial x^2} + \frac{1}{2\mathrm{i}}\frac{\partial^2 u}{\partial y \partial x}\right) - \frac{1}{2\mathrm{i}}\left(\frac{1}{2}\frac{\partial^2 u}{\partial x \partial y} + \frac{1}{2\mathrm{i}}\frac{\partial^2 u}{\partial y^2}\right) \\
&= \frac{1}{4}\left(\frac{\partial^2 u}{\partial x^2} + \frac{\partial^2 u}{\partial y^2}\right) = 0.
\end{aligned}$$

这个定理结合例 2-10 说明: 若 $u(x,y)$ 调和, 则 $\dfrac{\partial u}{\partial z}$ 解析.

定义 3.4 如果二元函数 $u(x,y)$ 和 $v(x,y)$ 都是区域 D 内的调和函数, 且满足 C-R 条件, 那么称 $v(x,y)$ 是 $u(x,y)$ 在区域 D 内的共轭调和函数.

要注意本定义中 $u(x,y)$ 和 $v(x,y)$ 的顺序是不能互换的, 读者可以想想其中的原因. 利用这个定义和解析函数的充分必要条件容易得到下面的定理.

定理 3.23 函数在区域 D 内解析的充分必要条件是其虚部是实部的共轭调和函数.

由定理 3.21 ~ 定理 3.23 可见, 调和函数与解析函数有着密切的关系. 很容易想到这样的问题: 如果已知解析函数的实部 (或虚部), 能否找到这个函数的虚部 (或实部)? 利用上面的定理会发现这是可以做到的. 设 $f(z) = u(x,y) + \mathrm{i}v(x,y)$ 在区域 D 内解析, 若 $u(x,y)$ 已知, 想求 $v(x,y)$, 则由定理 3.23,

$$\mathrm{d}v = \frac{\partial v}{\partial x}\mathrm{d}x + \frac{\partial v}{\partial y}\mathrm{d}y = -\frac{\partial u}{\partial y}\mathrm{d}x + \frac{\partial u}{\partial x}\mathrm{d}y,$$

所以

$$v(x,y) = \int_{(x_0,y_0)}^{(x,y)} -\frac{\partial u}{\partial y}\mathrm{d}x + \frac{\partial u}{\partial x}\mathrm{d}y + \alpha, \tag{3.20}$$

其中 $(x_0, y_0) \in D$, α 为任意实常数. 同理, 若已知 $v(x,y)$, 则

$$u(x,y) = \int_{(x_0,y_0)}^{(x,y)} \frac{\partial v}{\partial y}\mathrm{d}x - \frac{\partial v}{\partial x}\mathrm{d}y + \alpha.$$

例 3-13 已知解析函数 $f(z)$ 的实部 $u(x,y) = x^2 - y^2$, 且 $f(0) = \mathrm{i}$, 求函数 $f(z)$.

解 设函数 $f(z)$ 的虚部是 $v(x,y)$, 利用公式 (3.20), 注意到被积表达式是全微分, 积分与路线无关. 取积分路线从 $(0,0)$ 到 $(x,0)$ 再到 (x,y), 得

$$v(x,y) = \int_{(x_0,y_0)}^{(x,y)} -\frac{\partial u}{\partial y}\mathrm{d}x + \frac{\partial u}{\partial x}\mathrm{d}y + \alpha$$

$$= \int_0^x 2y_0\mathrm{d}x + \int_0^y 2x\mathrm{d}y + \alpha = 2xy + \alpha,$$

所以

$$f(z) = x^2 - y^2 + \mathrm{i}(2xy + \alpha).$$

由 $f(0) = \mathrm{i}$ 得 $\alpha = 1$, 于是

$$f(z) = x^2 - y^2 + \mathrm{i}2xy + \mathrm{i}.$$

对于解析函数 $f(z)$, 已知其实部 (或虚部) 时, 也可以先求 $f'(z)$ 再求出 $f(z)$, 也就求出了它的虚部 (或实部).

3.4.2 调和函数的性质

利用调和函数与解析函数的关系, 并利用解析函数的性质, 可得调和函数的一些性质.

设 $C: |z| = R, R > 0, D: |z| < R, \overline{D}: |z| \leqslant R$. $u(z) = u(x, y)$ 是 $\overline{D}$ 上的调和函数, 作解析函数 $f(z) = u(x, y) + \mathrm{i}v(x, y)$. 由 Cauchy 积分公式有

$$f(0) = \frac{1}{2\pi\mathrm{i}} \int_C \frac{f(\varsigma)}{\varsigma} \mathrm{d}\varsigma.$$

令 $\varsigma = R\mathrm{e}^{\mathrm{i}\theta}$, 则有

$$f(0) = \frac{1}{2\pi\mathrm{i}} \int_0^{2\pi} \frac{f(R\mathrm{e}^{\mathrm{i}\theta})}{R\mathrm{e}^{\mathrm{i}\theta}} \mathrm{i}R\mathrm{e}^{\mathrm{i}\theta} \mathrm{d}\theta = \frac{1}{2\pi} \int_0^{2\pi} f(r\mathrm{e}^{\mathrm{i}\theta}) \mathrm{d}\theta.$$

对比等式两端的实部, 就有如下定理.

定理 3.24 若 $u(z)$ 是闭圆盘 $\overline{D}$ 上的调和函数, 则有

$$u(0) = \frac{1}{2\pi} \int_0^{2\pi} u(R\mathrm{e}^{\mathrm{i}\theta}) \mathrm{d}\theta. \tag{3.21}$$

定理 3.24 称为调和函数的中值定理, 公式 (3.21) 称为调和函数的中值公式.

推论 3.4 若函数 $u(z)$ 是闭圆盘 $|z - z_0| \leqslant R(0 < R < +\infty)$ 上的调和函数, 则有

$$u(z_0) = \frac{1}{2\pi} \int_0^{2\pi} u(z_0 + R\mathrm{e}^{\mathrm{i}\theta}) \mathrm{d}\theta.$$

由定理 3.24 可知, 对于圆盘 $\overline{D}$ 上的调和函数 $u(z)$, 能用其在圆 C 上的值来描述其在圆心的值 $u(0)$, 自然要问能不能用这些值去表示函数在圆内任意一点的值? 为了回答这个问题, 先作一个分式线性变换.

取定区域 $D: |z| < R(0 < R < +\infty)$ 内的任意点 a, 首先作变换 $z_1 = \dfrac{z}{R}$ 将其映射为单位圆盘, 同时将点 a 映射为 $\dfrac{a}{R}$. 其次作变换 $z_2 = \dfrac{z_1 - \dfrac{a}{R}}{1 - \left(\dfrac{a}{R}\right)z_1}$ 将单位圆盘映射为自身, 且将 $\dfrac{a}{R}$ 变为 0, 最后作变换 $w = Rz_2$ 将单位圆盘映射为 $D: |z| < R$. 将上述变换复合起来, 就得到将 $D: |z| < R$ 映射为自身, 且将点 a 映射为 0 的分式线性变换

$$w = \frac{R^2(z - a)}{R^2 - \bar{a}z},$$

亦即

$$z = \frac{R^2(w + a)}{R^2 + \bar{a}w}.$$

$\bar{D}$ 上的调和函数 $u(z)$ 变成了调和函数 $u_1(w) = u\left(\dfrac{R^2(w+a)}{R^2 + \bar{a}w}\right)$. 利用定理 3.24 有

$$u_1(0) = \frac{1}{2\pi}\int_0^{2\pi} u_1(R\mathrm{e}^{\mathrm{i}\eta})\mathrm{d}\eta,$$

其中

$$R\mathrm{e}^{\mathrm{i}\eta} = \frac{R^2(R\mathrm{e}^{\mathrm{i}\theta} - a)}{R^2 - \bar{a}R\mathrm{e}^{\mathrm{i}\theta}},\quad u_1(0) = u(a),\quad u_1(R\mathrm{e}^{\mathrm{i}\eta}) = u(R\mathrm{e}^{\mathrm{i}\theta}).$$

于是

$$\mathrm{e}^{\mathrm{i}\eta} = \frac{R\mathrm{e}^{\mathrm{i}\theta} - a}{R - \bar{a}\mathrm{e}^{\mathrm{i}\theta}},$$

上式两端取对数, 再求微分, 得到

$$\mathrm{d}\eta = \left(\frac{R\mathrm{e}^{\mathrm{i}\theta}}{R\mathrm{e}^{\mathrm{i}\theta} - a} + \frac{\bar{a}\mathrm{e}^{\mathrm{i}\theta}}{R - \bar{a}\mathrm{e}^{\mathrm{i}\theta}}\right)\mathrm{d}\theta = \frac{R^2 - a\bar{a}}{|R\mathrm{e}^{\mathrm{i}\theta} - a|^2}\mathrm{d}\theta,$$

记 $a = r\mathrm{e}^{\mathrm{i}\varphi}$, 有

$$\mathrm{d}\eta = \frac{R^2 - r^2}{R^2 - 2Rr\cos(\theta - \varphi) + r^2}\mathrm{d}\theta.$$

综上可得如下定理.

定理 3.25　设函数 $u(z)$ 是闭圆盘 $\bar{D}$: $|z - z_0| \leqslant R$ 上的调和函数, 则当 $0 \leqslant r < R$ 时有

$$u(r\mathrm{e}^{\mathrm{i}\varphi}) = \frac{1}{2\pi}\int_0^{2\pi} u(R\mathrm{e}^{\mathrm{i}\theta})\frac{R^2 - r^2}{R^2 - 2Rr\cos(\theta - \varphi) + r^2}\mathrm{d}\theta. \tag{3.22}$$

公式 (3.22) 称为 Poisson 公式, 它是中值公式的推广.

将定理 3.25 与定理 3.24 条件中的 "函数 $u(z)$ 是圆盘 $\bar{D}$ 上的调和函数", 换成 "函数 $u(z)$ 是圆盘 $\bar{D}$ 上的连续函数, D 内的调和函数", 结论仍然成立.

利用解析函数的最大模原理可以推导出下面的定理.

定理 3.26　区域 D 内的调和函数 $u(z)$ 不可能在区域的内点取得最大值或最小值, 除非 $u(z)$ 为常数.

证明　设 $u(z)$ 在 D 内调和, 不恒为常数, 且在 D 的内点 z_0 达到最大值. 设 $|z - z_0| < \rho\,(0 < \rho < +\infty)$ 含于 D. 作 $|z - z_0| \leqslant \rho$ 上的解析函数 $f(z) = u(z) + \mathrm{i}v(z)$, 此时由于其实部不恒为常数, 所以 $f(z)$ 与 $\mathrm{e}^{f(z)}$ 都不恒为常数, 但 $\mathrm{e}^{f(z)}$ 在 z_0 达到最大模 $\mathrm{e}^{u(z_0)}$, 与解析函数的最大模原理矛盾. 考虑不恒为常数的解析函数 $\mathrm{e}^{-f(z)}$, 可证 $u(z)$ 在 D 内不能达到最小值.

称定理 3.26 为调和函数的极值原理.

习 题 3

1. 判断下列说法是否正确, 并给出证明或者反例.

(1) $I = \int_{|z|=r} |z-r||\mathrm{d}z| = 8r^2$;

(2) 若 $f(z)$ 是复平面 $\mathbf{C}$ 上的连续函数, 那么

$$I = \int_{|z|=r} \frac{f(z) - f(1/z)}{z} \mathrm{d}z = 0;$$

(3) 设 $p(z)$ 是 n 次复系数多项式, 那么

$$I = \int_{|z|=r} p(\overline{z})\mathrm{d}z = 2\pi\mathrm{i}p'(0);$$

(4) 若 $f(z)$ 是 $D = \{z : \operatorname{Re} z < 1\}$ 上的解析函数且对于任意 $z \in D$, $f(z) \neq 0$, 那么 $\ln|f(z)|$ 是调和的;

(5) 设 $D = \{z : -5 \leqslant \operatorname{Re} z, \operatorname{Lm} z \leqslant 5\}$, D_0 是一个包含 D 的区域. 那么不存在 D_0 上的解析函数 $f(z)$, 使得 $\max_{z \in D} |f(z)| = 5$, 且 $f''(1) = 1$;

(6) 如果 $f(z)$ 为复平面 $\mathbf{C}$ 上的解析函数, 且对于任意的 $r > 0$, 都有 $\int_0^{2\pi} |f(re^{\mathrm{i}\theta})| \, \mathrm{d}\theta \leqslant r^{\alpha}$, 其中 $\alpha > 0$ 是一个常数, 那么 $f(z) \equiv 0$;

(7) 函数 $f(z)$ 在区域 D 上解析当且仅当 $f(z)$ 和 $zf(z)$ 的实部和虚部都是调和的;

(8) 实值函数 $u(x,y)$ 在区域 D 上是调和的当且仅当 $u(x,-y)$ 在 D 上是调和的.

2. 证明若 $f(z)$ 在逐段光滑曲线 Γ 上连续, $|f(z)| \leqslant M, z \in \Gamma$, 则

$$\left| \int_\Gamma f(z)\mathrm{d}z \right| \leqslant M \cdot l(\Gamma),$$

这里 $l(\Gamma)$ 为 Γ 的长. 特别地,

$$\left| \int_\Gamma f(z)\mathrm{d}z \right| \leqslant \max_{z \in \Gamma} |f(z)| \cdot l(\Gamma).$$

3. 利用第 2 题的结果, 证明下面的估计式:

(a) 若 Γ 为圆周 $|z| = 3$, 则 $\left| \int_\Gamma \dfrac{\mathrm{d}z}{z^2 - \mathrm{i}} \right| \leqslant \dfrac{3\pi}{4}$;

(b) 若 γ 为由 $z = R(> 0)$ 到 $z = R + 2\pi\mathrm{i}$ 的直线段, 则

$$\left| \int_\gamma \frac{\mathrm{e}^{3z}}{1 + \mathrm{e}^z}\mathrm{d}z \right| \leqslant \frac{2\pi\mathrm{e}^{3R}}{\mathrm{e}^R - 1};$$

(c) 若 Γ 为圆 $|z| = 1$ 在第一象限的部分, 则 $\left| \int_\Gamma \ln z\mathrm{d}z \right| \leqslant \dfrac{\pi^2}{4}$;

(d) 若 γ 为由 0 到 i 的直线段, 则 $\left| \int_\gamma \mathrm{e}^{\sin z}\mathrm{d}z \right| \leqslant 1$.

4. 计算积分 $\int_\Gamma z\mathrm{d}z$, 其中 Γ 为: (1) 连接 0 和 $2+2\mathrm{i}$ 的直线段; (2) 自 0 沿实轴到 2, 然后自 2 沿铅直方向到 $2+2\mathrm{i}$ 的折线.

5. 计算下列积分.

(1) $\int_{|z|=2} \dfrac{\mathrm{e}^z + \sin z}{z}\mathrm{d}z;$ (2) $\int_{|z|=1} \dfrac{z^2\mathrm{e}^z}{2z+\mathrm{i}}\mathrm{d}z;$ (3) $\int_{|z|=1} \dfrac{2z+1}{z(z-1)^2}\mathrm{d}z;$

(4) $\int_{|z|=1} \dfrac{\mathrm{e}^{5z}}{z^3}\mathrm{d}z;$ (5) $\int_{|z|=2} \dfrac{\cos z}{z^3 + 9z}\mathrm{d}z;$ (6) $\int_{|z|=2} \dfrac{\sin z}{z^2(z-4)}\mathrm{d}z.$

6. 计算积分 $\int_\Gamma \dfrac{\mathrm{e}^z}{(z-1)(z-2)}\mathrm{d}z$, 其中 Γ 是

(1) $|z| = \dfrac{1}{2};$ (2) $|z-1| = \dfrac{1}{2};$ (3) $|z-2| = \dfrac{1}{2};$ (4) $|z| = 3.$

7. 设 Γ 为一条逐段光滑简单闭曲线, 证明对任意 $z_0 \notin \Gamma$,

$$\int_\Gamma \frac{f'(z)}{z-z_0}\mathrm{d}z = \int_\Gamma \frac{f(z)}{(z-z_0)^2}\mathrm{d}z.$$

8. 不做计算, 说明对 $0 \leqslant r < R$, 有

$$\frac{R^2 - r^2}{2\pi}\int_0^{2\pi} \frac{1}{R^2 + r^2 - 2rR\cos(t-\theta)}\mathrm{d}t = 1.$$

9. 设 $f(z) = \dfrac{1}{(1-z)^2}$, $0 < R < 1$. 证明 $\max\limits_{|z|=R}|f(z)| = \dfrac{1}{(1-R)^2}$, 并证明 $f^{(n)}(0) = (n+1)!$, 于是由 Cauchy 不等式有

$$(n+1)! \leqslant \frac{n!}{R^n(1-R)^2}.$$

10. 设 $f(z)$ 在单位圆盘内解析, $|f(z)| < \dfrac{1}{1-|z|}$. 证明

$$\left|f^{(n)}(0)\right| \leqslant \frac{n!}{R^n(1-R)^2}, \quad 0 < R < 1.$$

11. 求函数 $f(z) = z^2 + 3z - 1$ 在闭单位圆盘上的最大模.

12. 设 $f(z)$ 在区域 D 内解析, 不为常数, 且没零点, 证明 $f(z)$ 不可能在区域 D 内达到最小模.

13. 证明对任意多项式 $P_n(z) = z^n + a_{n-1}z^{n-1} + \cdots + a_1z + a_0$, 有

$$\max_{|z|=1}|P_n(z)| \geqslant 1.$$

提示: 考虑 $Q(z) = z^nP(1/z)$, 其中 $Q(z)$ 满足

$$Q(0) = 1, \quad \max_{|z|=1}|Q(z)| = \max_{|z|=1}|P_n(z)|.$$

14. 设 Γ 为一条逐段光滑简单闭曲线, 多项式 $P(z)$ 在 Γ 上没有零点. 证明 $P(z)$ 在 Γ 内的零点个数由下列公式给出

$$N = \frac{1}{2\pi i} \int_\Gamma \frac{P'(z)}{P(z)} dz.$$

提示: 首先证明 $\dfrac{P'(z)}{P(z)} = \sum_{k=1}^{n} \dfrac{1}{z - z_k}$, 这里 $z_1, z_2, \cdots, z_n$ 为 $P(z)$ 的所有零点.

15. 证明在整个复平面上有界的调和函数必恒为常数.

16. 验证函数 $v(x, y) = e^x(y \cos y + x \sin y) + x + y$ 调和, 并求一解析函数 $f(z) = u(x, y) + iv(x, y)$, 使 $f(0) = 0$.

17. 验证函数 $u(x, y) = x^3 - 3xy^2$ 是调和函数, 并求一解析函数, 使其实部为 $x^3 - 3xy$.

第 4 章 复变函数的级数理论

本章讨论复变函数的级数理论, 包括幂级数、Taylor 级数和 Laurent 级数. 这些内容是数学分析中级数理论的推广和发展, 并且是留数理论的基础.

4.1 一 般 理 论

4.1.1 复数项级数

先定义复数序列. 复数序列就是由无穷多个复数

$$z_1 = a_1 + \mathrm{i}b_1, \quad z_2 = a_2 + \mathrm{i}b_2, \quad \cdots, \quad z_n = a_n + \mathrm{i}b_n, \cdots$$

组成的序列. 这一序列简单记为 $\{z_n\}$.

定义 4.1 设 $\{z_n\}$ 是一个复数序列, $z_0 = a + \mathrm{i}b$ 是一个复常数. 若对于任意给定的 $\varepsilon > 0$, 可以找到一个正整数 $N = N(\varepsilon)$, 使得当 $n > N$ 时, 有

$$|z_n - z_0| < \varepsilon,$$

则说 $\{z_n\}$ 收敛于或有极限 z_0, 或者说 $\{z_n\}$ 是收敛序列, 并且收敛于 z_0. 记为

$$\lim_{n \to +\infty} z_n = z_0. \tag{4.1}$$

如果复数序列 $\{z_n\}$ 不收敛, 那么称 $\{z_n\}$ 发散, 或者说 $\{z_n\}$ 是发散序列.

例 4-1 证明当 $|z| < 1$ 时, $\lim\limits_{n \to +\infty} z^n = 0$.

证明 当 $z = 0$ 时, 结论显然成立. 对于 $z \neq 0$ 以及任意给定的 $\varepsilon > 0$, 由

$$|z^n| = |z|^n < \varepsilon,$$

即 $n \ln|z| < \ln \varepsilon$, 亦即 $n > \ln\varepsilon / \ln|z|$, 可知 $n > N = [\ln\varepsilon / \ln|z|] + 1$ 时, 有 $|z^n| < \varepsilon$. 因此当 $|z| < 1$ 时, $\lim\limits_{n \to +\infty} z^n = 0$.

显然, 当 $|z| > 1$ 时, 复数序列 $\{z^n\}$ 发散. 大家思考下, 当 $|z| = 1$ 时, $\{z^n\}$ 的敛散性.

一个复数序列 $\{z_n\}$ 对应于两个实数列 $\{a_n\}, \{b_n\}$, 它们的敛散性之间有如下关系.

定理 4.1 设 $z_n = a_n + \mathrm{i}b_n, n = 1, 2, \cdots, z_0 = a + \mathrm{i}b$, 则 $\lim\limits_{n \to +\infty} z_n = z_0$ 的充分必要条件是

$$\lim_{n \to +\infty} a_n = a, \qquad \lim_{n \to +\infty} b_n = b.$$

证明 必要性. 如果 $\lim\limits_{n \to +\infty} z_n = z_0$, 那么对于任意给定的 $\varepsilon > 0$, 可以找到正整数 $N = N(\varepsilon)$, 当 $n > N$ 时, 有

$$|(a_n + \mathrm{i}b_n) - (a + \mathrm{i}b)| < \varepsilon,$$

由

$$\left.\begin{array}{c} |a_n - a| \\ |b_n - b| \end{array}\right\} \leqslant |z_n - z_0|$$

可知, 当 $n > N$ 时,

$$|a_n - a| < \varepsilon, \quad |b_n - b| < \varepsilon,$$

于是

$$\lim_{n \to +\infty} a_n = a, \qquad \lim_{n \to +\infty} b_n = b.$$

充分性. 如果 $\lim\limits_{n \to +\infty} a_n = a$, $\lim\limits_{n \to +\infty} b_n = b$, 那么对于任意给定的 $\varepsilon > 0$, 可以找到正整数 $N = N(\varepsilon)$, 当 $n > N$ 时,

$$|a_n - a| < \frac{\varepsilon}{\sqrt{2}}, \quad |b_n - b| < \frac{\varepsilon}{\sqrt{2}}.$$

从而

$$|z_n - z_0| = |(a_n + \mathrm{i}b_n) - (a + \mathrm{i}b)| = \sqrt{(a_n - a)^2 + (b_n - b)^2} < \varepsilon,$$

所以

$$\lim_{n \to +\infty} z_n = z_0.$$

例如, 复数序列 $\left\{-1 + \mathrm{i}\dfrac{(-1)^n}{n}\right\}$, 由定理 4.1, 有

$$\lim_{n \to +\infty} \left(-1 + \mathrm{i}\frac{(-1)^n}{n}\right) = \lim_{n \to +\infty} (-1) + \mathrm{i} \lim_{n \to +\infty} \frac{(-1)^n}{n} = -1.$$

复数序列也可以解释为复平面上的点列. 复数序列 $\{z_n\}$ 收敛于 z_0 或者说有极限点 z_0 可以理解为: 任给 z_0 的一个邻域, 相应地可以找到一个正整数 N, 使得当 $n > N$ 时, z_n 在这个邻域内.

由定理 4.1, 可以把有关实数序列极限的运算理论推广到复数序列上.

给定一个复数序列 $\{z_n\}$, 称

$$z_1 + z_2 + \cdots + z_n + \cdots \tag{4.2}$$

为复数项级数, 记作 $\sum\limits_{n=1}^{+\infty} z_n$ 或 $\sum z_n$.

定义 4.2　复数项级数 $\sum\limits_{n=1}^{+\infty} z_n$ 的前 n 项和为

$$s_n = z_1 + z_2 + \cdots + z_n,$$

前 n 项和组成的复数序列 $\{s_n\}$ 称为部分和序列. 如果部分和序列收敛, 那么称级数 (4.2) 收敛; 如果部分和序列的极限是 S, 那么就说级数 (4.2) 的和是 S, 或者说级数 (4.2) 收敛于 S, 记为

$$\sum_{n=1}^{+\infty} z_n = S.$$

如果部分和序列发散, 那么就说级数 (4.2) 发散.

　　根据收敛级数的定义, 可以得出: 如果级数 $\sum\limits_{n=1}^{+\infty} z_n$ 收敛, 那么

$$\lim_{n \to +\infty} z_n = \lim_{n \to +\infty} (s_n - s_{n-1}) = 0,$$

即复数项级数 $\sum\limits_{n=1}^{+\infty} z_n$ 收敛的必要条件是 $\lim\limits_{n \to \infty} z_n = 0$, 显然, 收敛级数的各项必是有界的.

　　根据定理 4.1 可以得到下面的结果.

　　定理 4.2　设 $z_n = a_n + ib_n (n = 1, 2, \cdots)$, a_n 和 b_n 为实数, 则级数 $\sum\limits_{n=1}^{+\infty} z_n$ 收敛于 $S = a + ib\,(a, b$ 为实数$)$ 的充分必要条件为: 级数 $\sum\limits_{n=1}^{+\infty} a_n$ 收敛于 a, 级数 $\sum\limits_{n=1}^{+\infty} b_n$ 收敛于 b.

　　关于实数项级数的一些结果, 也可以不加改变地推广到复数项级数. 例如柯西收敛原理可以叙述为如下定理.

　　定理 4.3　级数 $\sum\limits_{n=1}^{+\infty} z_n$ 收敛的充分必要条件是: 任给 $\varepsilon > 0$, 可以找到一个正整数 $N > 0$, 使得当 $n > N, p = 1, 2, 3, \cdots$ 时,

$$|z_{n+1} + z_{n+2} + \cdots + z_{n+p}| < \varepsilon.$$

定义 4.3 若级数 $\sum\limits_{n=1}^{+\infty} |z_n|$ 收敛, 则称原级数 $\sum\limits_{n=1}^{+\infty} z_n$ 绝对收敛.

级数 $\sum\limits_{n=1}^{+\infty} |z_n|$ 的各项为非负实数, 因此, 正项级数的一切收敛性判别法, 都可用来判断复数项级数的绝对收敛性. 由于

$$\sum_{k=1}^{n} |a_k|, \sum_{k=1}^{n} |b_k| \leqslant \sum_{k=1}^{n} |z_k| = \sum_{k=1}^{n} \sqrt{a_k^2 + b_k^2} \leqslant \sum_{k=1}^{n} |a_k| + \sum_{k=1}^{n} |b_k|,$$

可见级数 $\sum\limits_{n=1}^{+\infty} z_n$ 绝对收敛的充分必要条件是: 级数 $\sum\limits_{n=1}^{+\infty} a_n$ 和 $\sum\limits_{n=1}^{+\infty} b_n$ 绝对收敛. 于是还可以推出, 如果级数 $\sum\limits_{n=1}^{+\infty} z_n$ 绝对收敛, 那么它一定收敛, 因为此时级数 $\sum\limits_{n=1}^{+\infty} a_n$ 和 $\sum\limits_{n=1}^{+\infty} b_n$ 收敛.

对于复数项级数的敛散性, 有如下的判定方法.

定理 4.4 如果级数 $\sum\limits_{n=1}^{+\infty} w_n$ 绝对收敛, 且存在某正整数 N, 对于一切 $n > N$, $|z_n| < |w_n|$, 那么级数 $\sum\limits_{n=1}^{+\infty} z_n$ 绝对收敛.

例如, 级数 $\sum\limits_{n=1}^{+\infty} e^{in} \cos n / n^2$, 由于 $|e^{in} \cos n / n^2| < n^{-2}$, 从而 $\sum\limits_{n=1}^{+\infty} e^{in} \cos n / n^2$ 收敛.

上述定理称为复数项级数收敛的比较判别法. 由复数项级数的柯西收敛原理 (定理 4.3), 定理 4.4 易证.

定理 4.5 设级数 $\sum\limits_{n=1}^{+\infty} z_n$ 的每一项都不为 0, 且有

$$\overline{\lim_{n \to +\infty}} \left| \frac{z_{n+1}}{z_n} \right| = A, \qquad \underline{\lim_{n \to +\infty}} \left| \frac{z_{n+1}}{z_n} \right| = a.$$

那么, 当 $A < 1$ 时, 级数绝对收敛; 当 $a > 1$ 时, 级数发散; 当 $a \leqslant 1 \leqslant A$ 时, 级数可能收敛可能发散.

推论 4.1 设级数 $\sum\limits_{n=1}^{+\infty} z_n$ 的每一项都不为 0, 且有

$$\lim_{n \to +\infty} \left| \frac{z_{n+1}}{z_n} \right| = A.$$

那么, 当 $A < 1$ 时, 级数绝对收敛; 当 $A > 1$ 时, 级数发散; 当 $A = 1$ 时, 级数可能收敛可能发散.

例 4-2　判断下列级数的敛散性.

(1) $\sum\limits_{n=1}^{+\infty} \dfrac{(n+1)(1+i)^n}{n!}$;　　　　(2) $\sum\limits_{n=1}^{+\infty} \dfrac{(1+i)^n}{n}$.

解　对于级数 $\sum\limits_{n=1}^{+\infty} \dfrac{(n+1)(1+i)^n}{n!}$, 由于

$$\lim_{n\to+\infty} \left| \frac{z_{n+1}}{z_n} \right| = \lim_{n\to+\infty} \sqrt{2}\frac{n+2}{(n+1)^2} = 0,$$

故级数绝对收敛;

对于级数 $\sum\limits_{n=1}^{+\infty} \dfrac{(1+i)^n}{n}$, 由于

$$\lim_{n\to+\infty} \left| \frac{z_{n+1}}{z_n} \right| = \lim_{n\to+\infty} \sqrt{2}\frac{n}{n+1} = \sqrt{2},$$

故级数发散.

定理 4.6　设级数 $\sum\limits_{n=1}^{+\infty} z_n$ 满足

$$\overline{\lim_{n\to+\infty}} \sqrt[n]{|z_n|} = A.$$

那么, 当 $A < 1$ 时, 级数绝对收敛; 当 $A > 1$ 时, 级数发散; 当 $A = 1$ 时, 级数可能收敛可能发散.

和实数项级数一样, 存在以下定理.

定理 4.7　一个绝对收敛的复数项级数的各项可以任意重排次序, 得到的新级数还是绝对收敛的且和不变; 两个绝对收敛的复数项级数 $\sum\limits_{n=1}^{+\infty} z_n'$ 及 $\sum\limits_{n=1}^{+\infty} z_n''$ 的和分别是 S' 和 S'', 那么级数

$$\sum_{n=1}^{+\infty} (z_1' z_n'' + z_2' z_{n-1}'' + \cdots + z_n' z_1'')$$

也绝对收敛, 并且它的和是 $S'S''$.

上式称为级数 $\sum\limits_{n=1}^{+\infty} z_n'$ 及 $\sum\limits_{n=1}^{+\infty} z_n''$ 的 Cauchy 乘积, 这一结果的证明与实数项级数的情形相同, 这里不作证明.

4.1.2 复变函数项级数

设函数 $f_n(z)$, $n = 1, 2, 3, \cdots$ 均在点集 E 上有定义. 无穷多个复变函数

$$f_1(z), f_2(z), \cdots, f_n(z), \cdots \tag{4.3}$$

组成的序列称为复变函数列, 记作 $\{f_n(z)\}_{n=1}^{+\infty}$ 或 $\{f_n(z)\}$.

定义 4.4 设函数 $\varphi(z)$ 在点集 E 上有定义. 如果对于 E 上每一点 z, 序列式 (4.3) 收敛于 $\varphi(z)$, 那么称序列式 (4.3) 收敛于 $\varphi(z)$, 或者序列有极限 $\varphi(z)$, 记作

$$\lim_{n \to +\infty} f_n(z) = \varphi(z).$$

用 ε-N 的说法描述上述定义就是: 任给 $\varepsilon > 0$, 以及给定的 $z \in E$, 存在正整数 $N = N(\varepsilon, z)$, 使得当 $n > N$ 时, 有

$$|f_n(z) - \varphi(z)| < \varepsilon.$$

给定一个复变函数列 $\{f_n(z)\}$, 其中 $f_n(z)$, $n = 1, 2, 3, \cdots$ 均在点集 E 上有定义, 称

$$f_1(z) + f_2(z) + \cdots + f_n(z) + \cdots \tag{4.4}$$

为复变函数项级数, 记作 $\sum\limits_{n=1}^{+\infty} f_n(z)$ 或 $\sum f_n(z)$.

定义 4.5 设复变函数项级数 (4.4) 的各项均在点集 E 上有定义, 且在 E 上存在一个函数 $f(z)$, 对于 E 上的每一点 z, 级数 (4.4) 均收敛于 $f(z)$, 那么称级数 (4.4) 在 E 上收敛于 $f(z)$, 或者说级数有和函数 $f(z)$, 记作

$$\sum_{n=1}^{+\infty} f_n(z) = f(z).$$

用 ε-N 的说法描述上述定义就是: 任给 $\varepsilon > 0$, 以及 $z \in E$, 存在正整数 $N = N(\varepsilon, z)$, 使得当 $n > N$ 时, 有

$$\left| \sum_{k=1}^{n} f_k(z) - f(z) \right| < \varepsilon.$$

定义 4.4 和定义 4.5 中的正整数 $N = N(\varepsilon, z)$, 一般来说, 不仅依赖于 ε, 而且依赖于 $z \in E$. 还有一种重要的情形是 $N = N(\varepsilon)$ 不依赖于 $z \in E$.

定义 4.6 设 $f_n(z)$, $n = 1, 2, \cdots$ 在点集 E 上有定义. 对于任意的 $\varepsilon > 0$, 可以找到一个与 ε 有关而与 z 无关的正整数 $N = N(\varepsilon)$, 使得当 $n > N$, $z \in E$ 时,

$$|f_n(z) - \varphi(z)| < \varepsilon$$

或

$$\left| \sum_{k=1}^{n} f_k(z) - f(z) \right| < \varepsilon,$$

那么就说序列 (4.3) 或级数 (4.4) 在 E 上一致收敛于 $\varphi(z)$ 或 $f(z)$.

显然, 一致收敛的序列或级数一定是收敛的, 但是收敛的序列或级数却不一定是一致收敛的. 例如, 函数列 $\{z^n\}$, 由例 4-1, 在 $|z| < 1$ 上, $\{z^n\}$ 收敛于 0, 注意到

$$f(z) = \lim_{n \to +\infty} z^n = \begin{cases} 0, & |z| < 1, \\ 1, & z = 1, \end{cases} \quad \text{故在 } |z| < 1 \text{ 上, } \{z^n\} \text{ 不是一致收敛的.}$$

定理 4.8 (Cauchy 一致收敛原理)　　序列 (4.3) 或级数 (4.4) 在 E 上一致收敛于 $\varphi(z)$ 或 $f(z)$ 的充分必要条件是: 任给 $\varepsilon > 0$, 可以找到一个与 ε 有关而与 z 无关的正整数 $N = N(\varepsilon)$, 使得当 $z \in E$, $n > N$, $p = 1, 2, \cdots$ 时,

$$|f_{n+p}(z) - f_n(z)| < \varepsilon$$

或

$$|f_{n+1}(z) + f_{n+2}(z) + \cdots + f_{n+p}(z)| < \varepsilon.$$

由这个收敛原理, 可以得到级数式 (4.4) 一致收敛的一种常用的判别法, 即 Weierstrass 判别法.

推论 4.2　　设 $f_n(z)$, $n = 1, 2, 3, \cdots$ 在点集 E 上有定义, 且级数

$$M_1 + M_2 + \cdots + M_n + \cdots$$

是一收敛的正项级数. 如果在 E 上有

$$|f_n(z)| \leqslant M_n \quad (n = 1, 2, 3, \cdots),$$

那么级数 $\displaystyle\sum_{n=1}^{+\infty} f_n(z)$ 在 E 上一致收敛.

在推论 4.2 中, 称正项级数 $\displaystyle\sum_{n=1}^{+\infty} M_n$ 为复变函数项级数 $\displaystyle\sum_{n=1}^{+\infty} f_n(z)$ 的优级数.

与实变函数项级数的情形一样, 可以得到下面的定理.

定理 4.9　　设复平面上的点集 E 表示区域、闭区域或简单曲线. 设 $f_n(z)$, $n = 1, 2, 3, \cdots$ 在 E 上连续, 且序列 (4.3) 或级数 (4.4) 在 E 上一致收敛于 $\varphi(z)$ 或 $f(z)$, 那么 $\varphi(z)$ 或 $f(z)$ 在 E 上连续.

定理 4.10　　设 $f_n(z)$, $n = 1, 2, 3, \cdots$ 在光滑或逐段光滑简单曲线 Γ 上连续, 且序列式 (4.3) 或级数式 (4.4) 在 Γ 上一致收敛于 $\varphi(z)$ 或 $f(z)$, 那么序列式 (4.3) 或

级数式 (4.4) 沿 Γ 可以逐项积分, 即

$$\lim_{n \to +\infty} \int_\Gamma f_n(z)\mathrm{d}z = \int_\Gamma \varphi(z)\mathrm{d}z,$$

$$\sum_{n=1}^{+\infty} \int_\Gamma f_n(z)\mathrm{d}z = \int_\Gamma f(z)\mathrm{d}z.$$

定义 4.7 设函数 $f_n(z)$, $n = 1, 2, 3, \cdots$ 在区域 D 内解析, 如果序列式 (4.3) 或级数式 (4.4) 在 D 内任一有界闭区域 (或在一紧集) 上分别一致收敛于函数 $\varphi(z)$ 和 $f(z)$, 那么称序列式 (4.3) 和级数式 (4.4) 在 D 中分别内闭 (或内紧) 一致收敛 于 $\varphi(z)$ 和 $f(z)$.

定理 4.11 序列式 (4.3) 或级数式 (4.4) 在圆盘 $K : |z - a| < R$ 内闭一致收 敛的充分必要条件是: 对于任意正数 ρ, 只要 $\rho < R$, 序列式 (4.3) 或级数式 (4.4) 就在闭圆盘 $\overline{K}_\rho : |z - a| \leqslant \rho$ 上一致收敛.

证明 必要性. 因为 $\overline{K}_\rho$ 就是 K 内有界闭集.

充分性. 因为圆盘 K 内的任意闭集 F, 总可以包含在 K 内的某个闭圆盘 $\overline{K}_\rho$ 上, 再由内闭一致收敛的定义即可得证.

在区域 D 内一致收敛的级数必在 D 内内闭一致收敛, 反之不一定成立. 例如, 级数 $1 + z + z^2 + \cdots + z^n + \cdots$, 当 $|z| < 1$ 时, 此级数收敛于 $\dfrac{1}{1-z}$ 但不一致收敛, 但它在单位圆盘 $|z| < 1$ 内却是内闭一致收敛的.

在研究复变函数列和复变函数项级数逐项求导的问题时, 考虑解析函数列和解 析函数项级数, 有下面的 Weierstrass 定理.

定理 4.12 设函数 $f_n(z)$, $n = 1, 2, 3, \cdots$ 在区域 D 内解析, 并且序列 $\{f_n(z)\}$ 或级数 $\sum\limits_{n=1}^{+\infty} f_n(z)$ 在 D 内分别内闭一致收敛于函数 $\varphi(z)$ 和 $f(z)$, 那么 $\varphi(z)$ 和 $f(z)$ 在 D 内解析, 且在 D 内有

$$\varphi^{(k)}(z) = \lim_{n \to +\infty} f_n^{(k)}(z), \quad k = 1, 2, 3, \cdots,$$

$$f^{(k)}(z) = \sum_{n=1}^{+\infty} f_n^{(k)}(z), \quad k = 1, 2, 3, \cdots.$$

证明 这里只证明级数的情形, 序列的情形由读者自己完成.

设 z_0 为 D 内任一点, 取 z_0 的一个邻域 N, 使其包含在区域 D 内. 若 Γ 为 N 内任意一条逐段光滑的简单闭曲线, 则由 Cauchy 定理得

$$\int_\Gamma f_n(z)\mathrm{d}z = 0, \quad n = 1, 2, \cdots.$$

又由假设知级数 $\sum\limits_{n=1}^{+\infty} f_n(z)$ 在 $\overline{N}$ 上一致收敛, 且 $f_n(z)$ 是连续的, 由定理 4.9 知 $f(z)$ 在 $\overline{N}$ 上连续, 且根据定理 4.10, 得

$$\int_\Gamma f(z)\mathrm{d}z = \sum_{n=1}^{+\infty} \int_\Gamma f_n(z)\mathrm{d}z = 0.$$

于是, 由 Morera 定理 (定理 3.18) 知 $f(z)$ 在 N 内解析, 即 $f(z)$ 在点 z_0 解析, 由于 z_0 的任意性, 故 $f(z)$ 在区域 D 内解析.

设 N 的边界为圆 K, K 也在区域 D 内. 于是

$$\sum_{n=1}^{+\infty} \frac{f_n(z)}{(z-z_0)^{k+1}}$$

在 K 上一致收敛于 $\dfrac{f(z)}{(z-z_0)^{k+1}}$, 由定理 4.10 和定理 3.9 可得

$$\frac{k!}{2\pi\mathrm{i}} \int_K \frac{f(z)}{(z-z_0)^{k+1}}\mathrm{d}z = \sum_{n=1}^{+\infty} \frac{k!}{2\pi\mathrm{i}} \int_K \frac{f_n(z)}{(z-z_0)^{k+1}}\mathrm{d}z,$$

即

$$f^{(k)}(z_0) = \sum_{n=1}^{+\infty} f_n^{(k)}(z_0), \quad k=1,2,3,\cdots.$$

4.1.3　幂级数

本节研究一类特别的解析函数项级数即幂级数. 具有

$$\sum_{n=0}^{+\infty} \alpha_n(z-z_0)^n$$
$$= \alpha_0 + \alpha_1(z-z_0) + \alpha_2(z-z_0)^2 + \cdots + \alpha_n(z-z_0)^n + \cdots \tag{4.5}$$

形式的复变函数项级数称为幂级数, 其中, z 是复变量, α_n 是复常数.

首先来研究幂级数的敛散性, 为此, 建立下述定理, 即 Abel 定理.

定理 4.13　如果幂级数式 (4.5) 在点 $z_1(\neq z_0)$ 收敛, 则它必在圆盘 $K : |z-z_0| < |z_1-z_0|$ 内绝对收敛且内闭一致收敛.

证明　设 z 为圆盘 K 内任意一点. 因为级数式 (4.5) 在点 z_1 收敛, 所以它的各项在点 z_1 必然有界, 即存在有限常数 M, 使得

$$|\alpha_n(z_1-z_0)^n| \leqslant M, \quad n=0,1,2,\cdots.$$

由于

$$\left| \alpha_n (z - z_0)^n \right| = \left| \alpha_n (z_1 - z_0)^n \left(\frac{z - z_0}{z_1 - z_0} \right)^n \right| \leqslant M \left| \frac{z - z_0}{z_1 - z_0} \right|^n,$$

而 $|z - z_0| < |z_1 - z_0|$, 故级数

$$\sum_{n=0}^{+\infty} M \left| \frac{z - z_0}{z_1 - z_0} \right|^n$$

收敛, 因而级数 $\displaystyle\sum_{n=0}^{+\infty} \alpha_n (z - z_0)^n$ 在圆盘 K 内绝对收敛.

对 K 内任一闭圆盘 $\overline{K}_\rho : |z - z_0| \leqslant \rho (0 < \rho < |z_1 - z_0|)$ 上的一切点来说, 有

$$\left| \alpha_n (z - z_0)^n \right| \leqslant M \left| \frac{z - z_0}{z_1 - z_0} \right|^n \leqslant M \left(\frac{\rho}{|z_1 - z_0|} \right)^n,$$

故在 $\overline{K}_\rho$ 上级数 $\displaystyle\sum_{n=0}^{+\infty} \alpha_n (z - z_0)^n$ 有收敛的优级数

$$\sum_{n=0}^{+\infty} M \left(\frac{\rho}{|z_1 - z_0|} \right)^n,$$

由推论 4.2, 它在 $\overline{K}_\rho$ 上绝对且一致收敛. 再由定理 4.11, 即得此级数在圆盘 K 内绝对且内闭一致收敛.

推论 4.3　若幂级数式 (4.5) 在点 $z_2 (\neq z_0)$ 发散, 则它在以 z_0 为心、通过 z_2 的圆周外部发散.

一个形如式 (4.5) 的幂级数在 $z = z_0$ 这一点总是收敛的, 当 $z \neq z_0$ 时, 可能出现三种情况:

第 1 种: 对于任意的 $z \neq z_0$, 级数 $\displaystyle\sum_{n=0}^{+\infty} \alpha_n (z - z_0)^n$ 均发散;

第 2 种: 对于任意的 z, 级数 $\displaystyle\sum_{n=0}^{+\infty} \alpha_n (z - z_0)^n$ 均收敛;

第 3 种: 存在一点 $z_1 \neq z_0$, 使得 $\displaystyle\sum_{n=0}^{+\infty} \alpha_n (z_1 - z_0)^n$ 收敛, 且在圆 $|z - z_0| = |z_1 - z_0|$ 内部绝对收敛, 另外, 又有一点 z_2 使得 $\displaystyle\sum_{n=0}^{+\infty} \alpha_n (z_2 - z_0)^n$ 发散, 且在圆 $|z - z_0| = |z_2 - z_0|$ 外部发散.

在第 3 种情况中, 可以找到一个有限正数 R, 使得级数 $\displaystyle\sum_{n=0}^{+\infty} \alpha_n (z - z_0)^n$ 在圆

$|z - z_0| = R$ 内部绝对收敛, 在该圆的外部发散, R 称为级数 $\displaystyle\sum_{n=0}^{+\infty} \alpha_n(z - z_0)^n$ 的收敛半径; 圆盘 $|z - z_0| < R$ 称为级数的收敛圆盘, 圆 $|z - z_0| = R$ 称为级数的收敛圆周.

定理 4.14　设级数 $\displaystyle\sum_{n=0}^{+\infty} \alpha_n(z - z_0)^n$ 的收敛半径是 R, 则有:

(1) 如果 $0 < R < +\infty$, 那么当 $|z - z_0| < R$ 时, 级数 $\displaystyle\sum_{n=0}^{+\infty} \alpha_n(z - z_0)^n$ 绝对收敛; 当 $|z - z_0| > R$ 时, 级数发散.

(2) 如果 $R = +\infty$, 那么级数在复平面上每一点都绝对收敛.

(3) 如果 $R = 0$, 那么级数在复平面上除去 $z = z_0$ 这一点外都发散.

一个幂级数在其收敛圆周上可能收敛、可能发散, 也可能既有收敛点又有发散点.

下面给出收敛半径的求法. 其方法有三种, 分别与下面三个式子相对应:

(1) D'Alembert 法则;

(2) Cauchy 法则;

(3) Cauchy-Hadamard 公式.

定理 4.15　如果幂级数 $\displaystyle\sum_{n=0}^{+\infty} \alpha_n(z - z_0)^n$ 的系数 α_n 满足下列条件之一:

(1) $\displaystyle\lim_{n \to +\infty} \left| \frac{\alpha_{n+1}}{\alpha_n} \right| = l$;

(2) $\displaystyle\lim_{n \to +\infty} \sqrt[n]{|\alpha_n|} = l$;

(3) $\displaystyle\overline{\lim_{n \to +\infty}} \sqrt[n]{|\alpha_n|} = l$,

则幂级数 $\displaystyle\sum_{n=0}^{+\infty} \alpha_n(z - z_0)^n$ 的收敛半径

$$R = \begin{cases} \dfrac{1}{l}, & l \neq 0,\ l \neq +\infty, \\ 0, & l = +\infty, \\ +\infty, & l = 0. \end{cases}$$

例 4-3　求下列各幂级数的收敛半径, 并讨论它们在收敛圆周上的敛散性.

(1) $\displaystyle\sum_{n=0}^{+\infty} z^n$;　(2) $\displaystyle\sum_{n=1}^{+\infty} \frac{z^n}{n}$;　(3) $\displaystyle\sum_{n=1}^{+\infty} \frac{z^n}{n^2}$.

解   对于上述三个级数, 用 D'Alembert 法则都可得 $\lim\limits_{n\to+\infty}\left|\dfrac{\alpha_{n+1}}{\alpha_n}\right|=1$, 故三个级数的收敛半径都是 1, 下面考虑它们在收敛圆周 $|z|=1$ 上的敛散性.

(1) $\sum\limits_{n=0}^{+\infty}z^n$ 在 $|z|=1$ 上, 由于 $\lim\limits_{n\to\infty}z^n\neq 0$, 故处处发散.

(2) $\sum\limits_{n=1}^{+\infty}\dfrac{z^n}{n}$ 在 $|z|=1$ 上, 当 $z=1$ 时发散; 对于 $z\neq 1$, 即 $z=\mathrm{e}^{\mathrm{i}\theta},\theta\in(0,2\pi)$,

$\left|\sum\limits_{k=1}^{n}z^k\right|=\left|\dfrac{1-z^{n+1}}{1-z}\right|\leqslant\dfrac{2}{|1-\mathrm{e}^{\mathrm{i}\theta}|}$, 从而对于任意给定的 $\varepsilon>0$, 取正整数 $N>\dfrac{2M}{\varepsilon}$,

这里 $M=\dfrac{2}{|1-\mathrm{e}^{\mathrm{i}\theta}|}$, 当 $n,m>N$ 时,

$$\left|\sum_{k=n+1}^{m}\frac{z^k}{k}\right|\leqslant M\left[\sum_{k=n+1}^{m}\left(\frac{1}{k}-\frac{1}{k+1}\right)+\left(\frac{1}{n+1}+\frac{1}{m+1}\right)\right]\leqslant\frac{2M}{n+1}<\varepsilon.$$

由定理 4.3, 当 $\theta\in(0,2\pi)$ 时, $\sum\limits_{n=1}^{+\infty}\dfrac{\mathrm{e}^{\mathrm{i}n\theta}}{n}$ 收敛. 故在 $|z|=1$ 上, 除去 $z=1$, $\sum\limits_{n=1}^{+\infty}\dfrac{z^n}{n}$ 处处收敛.

(3) $\sum\limits_{n=1}^{+\infty}\dfrac{z^n}{n^2}$ 在 $|z|=1$ 上, 处处绝对收敛, 故处处收敛.

例 4-4   求下列幂级数的收敛半径.

(1) $\sum\limits_{n=0}^{+\infty}\dfrac{z^n}{n!}$;   (2) $\sum\limits_{n=0}^{+\infty}n!z^n$;   (3) $1+z^2+z^4+z^9+\cdots$.

解   (1) $l=\lim\limits_{n\to+\infty}\left|\dfrac{\alpha_{n+1}}{\alpha_n}\right|=\lim\limits_{n\to+\infty}\dfrac{\dfrac{1}{(n+1)!}}{\dfrac{1}{n!}}=0$, 故 $R=+\infty$.

(2) $l=\lim\limits_{n\to+\infty}\sqrt[n]{|\alpha_n|}=\lim\limits_{n\to+\infty}\sqrt[n]{|n!|}=+\infty$, 故 $R=0$.

(3) 当 n 是平方数时, $\alpha_n=1$, 其他情形 $\alpha_n=0$, 因此有 $\sqrt[n]{|\alpha_n|}=1$ 或 0, 于是数列 $\left\{\sqrt[n]{|\alpha_n|}\right\}$ 的聚点是 0 和 1, 从而 $l=1$, $R=1$.

幂级数式 (4.5) 的和是在收敛圆盘内有定义的一个函数, 称它为和函数, 并且有下面的定理.

定理 4.16   幂级数 $\sum\limits_{n=0}^{+\infty}\alpha_n(z-z_0)^n$ 在其收敛圆盘 $K:|z-z_0|<R\,(0<R\leqslant$

+∞) 内绝对收敛, 而且内闭一致收敛, 其和函数

$$f(z) = \sum_{n=0}^{+\infty} \alpha_n (z - z_0)^n$$

在 $|z - z_0| < R$ 内解析, 在收敛圆盘内可以逐项积分或逐项微分, 其收敛半径不变, 特别地,

$$f^{(n)}(z) = n!\alpha_n + \frac{(n+1)!}{1!}\alpha_{n+1}(z - z_0) + \frac{(n+2)!}{2!}\alpha_{n+2}(z - z_0)^2 + \cdots,$$
$$n = 1, 2, 3, \cdots. \tag{4.6}$$

证明　由定理 4.14, 幂级数 $\sum\limits_{n=0}^{+\infty} \alpha_n (z - z_0)^n$ 在收敛圆盘内绝对收敛. 下面证明幂级数 $\sum\limits_{n=0}^{+\infty} \alpha_n (z - z_0)^n$ 在收敛圆盘内内闭一致收敛. 设 E 是该收敛圆盘内任一紧集, 存在 r, $0 < r < R$, 使得 E 包含在闭圆盘区域 $|z - z_0| \leqslant r$ 内. 当 $z \in E$ 时,

$$|\alpha_n (z - z_0)^n| \leqslant |\alpha_n| r^n.$$

因为 $\sum\limits_{n=0}^{+\infty} |\alpha_n| r^n$ 收敛, 所以级数 $\sum\limits_{n=0}^{+\infty} \alpha_n (z - z_0)^n$ 在 E 上一致收敛, 亦即该级数在收敛圆盘内内闭一致收敛. 又由 Weierstrass 定理 (即定理 4.12), $f(z)$ 在 $|z - z_0| < R$ 内解析且可以逐项微分, 有式 (4.6) 成立. 由定理 4.10, 可知 $f(z)$ 在收敛圆盘内可以逐项积分.

4.2　Taylor 级数

4.2.1　解析函数的 Taylor 展开式

从定理 4.16 可知, 任意一个具有非零收敛半径的幂级数, 在其收敛圆盘内收敛于一个解析函数. 下面的定理说明它的逆命题也是成立的.

定理 4.17　设函数 $f(z)$ 在圆盘 $K : |z - z_0| < R$ 内解析, 则在此圆盘内, $f(z)$ 可以展开为下面的幂级数

$$f(z) = f(z_0) + \frac{f'(z_0)}{1!}(z - z_0) + \frac{f''(z_0)}{2!}(z - z_0)^2 + \cdots$$
$$+ \frac{f^{(n)}(z_0)}{n!}(z - z_0)^n + \cdots. \tag{4.7}$$

证明   设 $z \in K$, 在 K 内以 z_0 为圆心作一圆周 Γ, 使 z 属于其内区域. 由 Cauchy 积分公式得

$$f(z) = \frac{1}{2\pi i} \int_\Gamma \frac{f(\varsigma)}{\varsigma - z} d\varsigma. \tag{4.8}$$

因为 ς 在 Γ 上, 而 z 在 Γ 内, 所以有 $\left| \dfrac{z - z_0}{\varsigma - z_0} \right| < 1$, 又因为

$$\frac{1}{\varsigma - z} = \frac{1}{\varsigma - z_0 - (z - z_0)} = \frac{1}{\varsigma - z_0} \cdot \frac{1}{1 - \dfrac{z - z_0}{\varsigma - z_0}} = \sum_{n=0}^{+\infty} \frac{(z - z_0)^n}{(\varsigma - z_0)^{n+1}}, \tag{4.9}$$

且上式右边级数在 Γ 上一致收敛, 把式 (4.9) 代入式 (4.8), 然后, 根据定理 4.10, 逐项积分, 得

$$f(z) = \alpha_0 + \alpha_1(z - z_0) + \cdots + \alpha_n(z - z_0)^n + \cdots, \tag{4.10}$$

其中

$$\alpha_n = \frac{1}{2\pi!} \int_C \frac{f(\varsigma)}{(\varsigma - z_0)^{n+1}} d\varsigma = \frac{f^{(n)}(z_0)}{n!}, \quad n = 0, 1, 2, \cdots.$$

上述定理中幂级数展开式 (4.10) 称为 $f(z)$ 在点 z_0 的 Taylor 展开式, 等式右边的级数称为 Taylor 级数.

把定理 4.16 与定理 4.17 结合起来, 可得如下定理.

定理 4.18   函数 $f(z)$ 在区域 D 解析的充分必要条件是它在 D 内任一点 z_0 的邻域内可展成 $z - z_0$ 的幂级数, 即 Taylor 级数.

定理 4.19   定理 4.17 中, 和函数的幂级数展开式是唯一的.

证明   设 $f(z)$ 另有展开式

$$f(z) = \alpha_0' + \alpha_1'(z - z_0) + \alpha_2'(z - z_0)^2 + \cdots + \alpha_n'(z - z_0)^n + \cdots,$$

逐项求导, 得

$$f'(z) = \alpha_1' + 2\alpha_2'(z - z_0) + 3\alpha_3'(z - z_0)^2 + \cdots + n\alpha_n'(z - z_0)^{n-1} + \cdots,$$
$$f''(z) = 2!\alpha_2' + 3!\alpha_3'(z - z_0) + 3 \times 4\alpha_4'(z - z_0)^2 + \cdots$$
$$+ n(n-1)\alpha_n'(z - z_0)^{n-2} + \cdots.$$

当 $z = z_0$ 时, 由上述三个式子分别得

$$\alpha_0' = f(z_0), \quad \alpha_1' = f'(z_0), \quad \alpha_2' = \frac{1}{2!} f''(z_0),$$

同理

$$\alpha_n' = \frac{1}{n!} f^{(n)}(z_0) = \alpha_n,$$

由此说明展开式是唯一的.

式 (4.7) 给出的 Taylor 级数仅限于点 z 在 Γ 的内部时成立, 而 Γ 在解析区域 D 的内部, 大小并无限制, 所以 Taylor 展开式在以 z_0 为心、通过与 z_0 最接近的 $f(z)$ 的奇点的圆内部皆成立, 由此可得如下定理.

定理 4.20 如果幂级数 $\sum\limits_{n=0}^{+\infty} \alpha_n(z-z_0)^n$ 的收敛半径 $R > 0$, 且

$$f(z) = \sum_{n=0}^{+\infty} \alpha_n(z-z_0)^n \quad (z \in K : |z-z_0| < R),$$

则 $f(z)$ 在收敛圆周 $|z-z_0| = R$ 上至少有一奇点.

证明 用反证法. 假设 $f(z)$ 在收敛圆周 $|z-z_0| = R$ 上每一点都解析, 则 $f(z)$ 在圆 $|z-z_0| = R$ 上解析, 根据函数在闭区域上解析的定义, 一定存在一个 $\rho > 0$, 使得 $f(z)$ 在圆盘 $|z-z_0| < R + \rho$ 内解析. 根据定理 4.17, $f(z)$ 在 $|z-z_0| < R + \rho$ 内可以展成幂级数且是唯一的, 这就与 R 是收敛半径相矛盾, 故定理得证.

根据这一定理, 可得到确定收敛半径 R 的又一方法: 设 $f(z)$ 在点 z_0 解析, z_1 是 $f(z)$ 的奇点中距离 z_0 最近的一个奇点, 则 $|z_1 - z_0|$ 为 $f(z)$ 在点 z_0 的邻域内的幂级数展开式的收敛半径. 本结论提供了一种解析函数展为 Taylor 展开式时收敛半径的简单求法. 例如, $\dfrac{1}{(z-1)(z-3)}$ 在 $z_0 = 0$ 点的 Taylor 展开式. 因 $z = 1$ 是 $\dfrac{1}{(z-1)(z-3)}$ 的奇点中离 $z_0 = 0$ 最近的奇点, 故收敛半径 $R = |1-0| = 1$. 而其 Taylor 展开式

$$\frac{1}{(z-1)(z-3)} = \frac{1}{z-3} - \frac{1}{z-1} = \frac{1}{1-z} - \frac{1}{3}\frac{1}{1-\dfrac{z}{3}}$$

$$= \sum_{n=0}^{+\infty} z^n - \frac{1}{3}\sum_{n=0}^{+\infty} \frac{z^n}{3^n} = \sum_{n=0}^{+\infty}\left(1 - \frac{1}{3^{n+1}}\right)z^n, \quad |z| < 1.$$

这里利用了已知 Taylor 展开式 $\dfrac{1}{1-z} = 1 + z + z^2 + \cdots + z^n + \cdots, |z| < 1$.

下面给出求 Taylor 展开式的方法及例子.

1. 直接展开法

求函数 $f(z)$ 在 z_0 的 Taylor 展开式, 可按照以下步骤进行:

(1) 求出 $f(z)$ 的各阶导数 $f^{(n)}(z), n = 0, 1, 2, \cdots$;

(2) 求出 $\alpha_n = \dfrac{f^{(n)}(z_0)}{n!}, n = 0, 1, 2, \cdots$;

(3) 写出 Taylor 展开式 $\sum\limits_{n=0}^{+\infty} \dfrac{f^{(n)}(z_0)}{n!}(z-z_0)^n$, 求出收敛圆盘.

例 4-5 求 e^z 在 $z_0 = 0$ 处的 Taylor 展开式.

解 由于 $f^{(n)}(z) = e^z$, 故 $f^{(n)}(0) = 1$, 所以有

$$\alpha_n = \frac{f^{(n)}(0)}{n!} = \frac{1}{n!}, \quad n = 0,1,2,\cdots.$$

所以 e^z 的 Taylor 展开式为

$$e^z = \sum_{n=0}^{+\infty} \frac{z^n}{n!} = 1 + z + \frac{z^2}{2!} + \cdots + \frac{z^n}{n!} + \cdots, \quad |z| < \infty.$$

例 4-6 求多值函数 $\mathrm{Ln}(1+z)$ 的主值支在 $z_0 = 0$ 的 Taylor 展开式.

解 函数 $\mathrm{Ln}(1+z)$ 以 $z = -1, \infty$ 为支点, 将 z 平面沿负实轴从 -1 到 ∞ 割破, 这样就可以在单位圆盘 $|z| < 1$ 内分出无穷多个单值解析分支,

$$\mathrm{Ln}(1+z) = \ln(1+1) + 2k\pi\mathrm{i}, \quad k = 1,2,\cdots.$$

考虑其主值支 $f_0(z) = \ln(1+z)$ 在单位圆盘的 Taylor 展开式. 首先计算 Taylor 系数.

$$f_0'(z) = \frac{1}{1+z}, \quad \cdots, \quad f_0^{(n)}(z) = (-1)^{n-1}\frac{(n-1)!}{(1+z)^n}, \quad \cdots,$$

所以其 Taylor 系数为

$$\alpha_n = \frac{(-1)^{n-1}}{n}, \quad n = 1,2,\cdots,$$

得到的展开式为

$$\ln(1+z) = z - \frac{z^2}{2} + \frac{z^3}{3} - \cdots + (-1)^{n-1}\frac{z^n}{n} + \cdots, \quad |z| < 1.$$

类似地, 对于任一分支, 有

$$\mathrm{Ln}(1+z) = z - \frac{z^2}{2} + \frac{z^3}{3} - \cdots + (-1)^{n-1}\frac{z^n}{n} + \cdots, \quad |z| < 1.$$

例 4-7 求 $(1+z)^\alpha (\alpha$ 为复常数) 的主值分支

$$f(z) = e^{\alpha \ln(1+z)}, \quad f(0) = 1$$

在 $z_0 = 0$ 点的 Taylor 展开式.

解 函数 $(1+z)^\alpha = e^{\alpha \mathrm{Ln}(1+z)}$ 的支点是 -1 和 ∞, 它的主值支 $(1+z)^\alpha = e^{\alpha \ln(1+z)}$ 在 $|z| < 1$ 内解析. 首先计算 $n(n \geqslant 1)$ 阶导数,

$$f'(z) = e^{\alpha \ln(1+z)}\frac{\alpha}{1+z} = \alpha e^{(\alpha-1)\ln(1+z)}, \cdots,$$

$$f^{(n)}(z) = \alpha(\alpha - 1) \cdots (\alpha - n + 1) e^{(\alpha - n)\ln(1+z)}.$$

因此在 $z_0 = 0$ 处, Taylor 系数

$$\alpha_n = \frac{\alpha(\alpha - 1) \cdots (\alpha - n + 1)}{n!} \quad (n \geqslant 1),$$

从而 $(1 + z)^\alpha$ 的主值支展开式为

$$(1+z)^\alpha = 1 + \alpha z + \frac{\alpha(\alpha - 1)}{2!} z^2 + \cdots + \frac{\alpha(\alpha - 1)(\alpha - 2)\cdots(\alpha - n + 1)}{n!} z^n + \cdots.$$

特别地, 当 $\alpha = \pm 1$ 时,

$$\frac{1}{1+z} = 1 - z + z^2 + \cdots + (-1)^n z^n + \cdots, \quad |z| < 1.$$

$$\frac{1}{1-z} = 1 + z + z^2 + \cdots + z^n + \cdots, \quad |z| < 1.$$

2. 间接展开法

根据幂级数展开式的唯一性, 可得几个初等函数在 $z_0 = 0$ 的展开式.

$$e^z = \sum_{n=0}^{+\infty} \frac{z^n}{n!} = 1 + z + \frac{z^2}{2!} + \cdots + \frac{z^n}{n!} + \cdots, \quad |z| < +\infty;$$

$$\ln(1+z) = z - \frac{z^2}{2} + \frac{z^3}{3} - \cdots + (-1)^{n-1}\frac{z^n}{n} + \cdots, \quad |z| < 1;$$

$$(1+z)^\alpha = 1 + \alpha z + \frac{\alpha(\alpha - 1)}{2!} z^2 + \cdots$$
$$+ \frac{\alpha(\alpha - 1)(\alpha - 2)\cdots(\alpha - n + 1)}{n!} z^n + \cdots, \quad |z| < 1.$$

对于比较复杂的函数, 在实际计算中运用已知公式, 通过四则运算、变量代换、逐项求导、逐项求积分等方法来计算往往更加简便.

例 4-8   求 $\sin z$, $\cos z$ 在 $z_0 = 0$ 处的 Taylor 展开式.

解   利用例 4-5 的结果, 求 $\sin z$ 和 $\cos z$ 的 Taylor 展开式. 由于

$$\cos z = \frac{e^{iz} + e^{-iz}}{2} = \frac{1}{2}\sum_{n=0}^{+\infty} \frac{(iz)^n}{n!} + \frac{1}{2}\sum_{n=0}^{+\infty} \frac{(-iz)^n}{n!},$$

注意到上式右边的级数奇次方项互相抵消, 故得

$$\cos z = \sum_{n=0}^{+\infty} \frac{(-1)^n z^{2n}}{(2n)!}, \quad |z| < +\infty.$$

同理运用公式 $\sin z = \dfrac{e^{iz} - e^{-iz}}{2i}$, 可得

$$\sin z = \sum_{n=0}^{+\infty} \frac{(-1)^n z^{2n+1}}{(2n+1)!}, \quad |z| < +\infty.$$

例 4-9　求 $\sqrt{z+i}\left(\sqrt{i} = \dfrac{1+i}{\sqrt{2}}\right)$ 在 $z_0 = 0$ 处的展开式.

解　$\sqrt{z+i}$ 的支点为 $-i$ 和 ∞, 故其指定分支在 $|z| < 1$ 内单值解析.

$$\sqrt{z+i} = \sqrt{i}\sqrt{1 + \frac{z}{i}} = \sqrt{i}\left(1 + \frac{z}{i}\right)^{\frac{1}{2}}$$

$$= \frac{1+i}{\sqrt{2}}\left[1 + \frac{1}{2}\cdot\frac{z}{i} + \frac{\frac{1}{2}\left(\frac{1}{2} - 1\right)}{2!}\left(\frac{z}{i}\right)^2 + \cdots\right]$$

$$= \frac{1+i}{\sqrt{2}}\left(1 - \frac{i}{2}z + \frac{1}{8}z^2 + \cdots\right), \quad |z| < 1,$$

故其一般表达式为

$$\sqrt{z+i} = \frac{1+i}{\sqrt{2}}\left(1 - \frac{i}{2}z - \sum_{n=2}^{+\infty}\frac{1\cdot 3\cdots(2n-3)}{2\cdot 4\cdots(2n)}i^n z^n\right), \quad |z| < 1.$$

本例题计算过程中用到了例 4-7 的结果.

例 4-10　将函数 $f(z) = \dfrac{z}{z+2}$ 按 $z-1$ 的幂展开.

解　$f(z) = \dfrac{z}{z+2} = 1 - \dfrac{2}{z+2} = 1 - \dfrac{2}{(z-1)+3}$

$$= 1 - \frac{2}{3}\frac{1}{1 + \dfrac{z-1}{3}} = 1 - \frac{2}{3}\sum_{n=0}^{+\infty}(-1)^n\left(\frac{z-1}{3}\right)^n$$

$$= \frac{1}{3} - \frac{2}{3}\sum_{n=1}^{+\infty}\left(-\frac{1}{3}\right)^n(z-1)^n, \quad |z-1| < 3.$$

本例题利用已知结果 $\dfrac{1}{1-z} = \sum\limits_{n=1}^{+\infty} z^n, |z| < 1$.

例 4-11　求 $\dfrac{1}{z^2}$ 在 $z = -1$ 处的 Taylor 展开式.

解　$\dfrac{1}{z} = \dfrac{1}{z+1-1} = -\dfrac{1}{1-(z+1)}$

$$= -1 - (z+1) - (z+1)^2 - \cdots - (z+1)^n - \cdots, \quad |z+1| < 1.$$

两边求导, 得

$$\frac{1}{z^2} = 1 + 2(z+1) + 3(z+1)^2 + \cdots + n(z+1)^{n-1} + \cdots, \quad |z+1| < 1.$$

4.2.2 零点

定义 4.8 设函数 $f(z)$ 在 z_0 的邻域 N 内解析, 且 $f(z_0) = 0$, 则称点 z_0 为解析函数 $f(z)$ 的零点.

设 $f(z)$ 在 N 内的 Taylor 展开式为

$$f(z) = f'(z_0)(z - z_0) + \frac{f''(z_0)}{2!}(z - z_0)^2 + \cdots + \frac{f^{(n)}(z_0)}{n!}(z - z_0)^n + \cdots,$$

可能出现两种情形:

(1) 当 $n = 1, 2, 3, \cdots$ 时, $f^{(n)}(z_0) = 0$, 那么 $f(z)$ 在 N 内恒等于零;

(2) 如果 $f'(z_0) = f''(z_0) = \cdots = f^{(m-1)}(z_0) = 0$, $f^{(m)}(z_0) \neq 0$, 则称 z_0 为 $f(z)$ 的 m 阶零点, 按照 $m = 1$ 或 $m > 1$, 也说 z_0 为 $f(z)$ 的单零点或 m 阶零点. 此时, 在 z_0 的邻域 N 内,

$$\begin{aligned} f(z) &= \frac{f^{(m)}(z_0)}{m!}(z - z_0)^m + \frac{f^{(m+1)}(z_0)}{(m+1)!}(z - z_0)^{m+1} + \cdots \\ &= (z - z_0)^m \left[\frac{f^{(m)}(z_0)}{m!} + \frac{f^{(m+1)}(z_0)}{(m+1)!}(z - z_0) + \cdots \right] \\ &= (z - z_0)^m \varphi(z), \end{aligned}$$

其中, $\varphi(z_0) \neq 0$ 且 $\varphi(z)$ 在 z_0 解析. 反之易证, 若 $f(z) = (z - z_0)^m \varphi(z)$, $\varphi(z_0) \neq 0$ 且 $\varphi(z)$ 在 z_0 解析, 则 z_0 为函数 $f(z)$ 的 m 阶零点, 综合上述结果, 可得下面的定理.

定理 4.21 设函数 $f(z)$ 在 z_0 解析, 且不恒为零, 则 $f(z)$ 以点 z_0 为 m 阶零点的充分必要条件是: 在 z_0 的某个邻域内,

$$f(z) = (z - z_0)^m \varphi(z),$$

其中, $\varphi(z_0) \neq 0$ 且 $\varphi(z)$ 在 z_0 解析.

一个实变可微函数的零点不一定是孤立的, 但在复变函数中, 有下面的定理.

定理 4.22 设函数 $f(z)$ 在 z_0 解析, 且 z_0 是它的一个零点, 那么或者 $f(z)$ 在 z_0 的一个邻域内恒等于零, 或者存在着 z_0 的一个邻域, z_0 是该邻域上的唯一零点.

定理 4.22 的后一性质称为零点的孤立性.

证明 设 $f(z)$ 在 z_0 解析, 且 $f(z_0) = 0$. 由定理 4.21, 在 z_0 的某个邻域 $N_\delta(z_0) = \{z : |z - z_0| < \delta\}$, $f(z) = (z - z_0)^m \varphi(z)$, $\varphi(z_0) \neq 0$ 且 $\varphi(z)$ 解析. 又根据 $\varphi(z)$ 的连续性, 存在 $0 < \delta_0 < \delta$, 使得 $\varphi(z)$ 在 $N_{\delta_0}(z_0)$ 没有零点, 从而 $f(z)$ 在 $N_{\delta_0}(z_0)$ 只有一个零点 z_0.

例 4-12 考察函数 $f(z) = z - \sin z$ 在点 $z = 0$ 的性质.

解 显然 $f(z)$ 在 $z = 0$ 解析, 且 $f(0) = 0$, 由 $\sin z$ 的 Taylor 展开式, 得

$$f(z) = z - \left(z - \frac{z^3}{3!} + \frac{z^5}{5!} - \cdots\right) = z^3\left(\frac{1}{3!} - \frac{z^2}{5!} + \cdots\right),$$

或者由

$$f'(z) = 1 - \cos z, \quad f'(0) = 1 - 1 = 0,$$
$$f''(z) = \sin z, \quad f''(0) = 0,$$
$$f'''(z) = \cos z, \quad f'''(0) = 1 \neq 0$$

可知, $z = 0$ 为 $f(z)$ 的三阶零点.

4.2.3 解析函数的唯一性

对于任何一个不加任何条件限制的复变函数, 不能从其定义域中某一部分的函数值来确定其他部分的值, 对于解析函数来说情况就完全不同了: 已知某一解析函数在定义区域内某些部分的值, 这个函数在该区域内其他部分的值就可以完全确定了. 作为 Taylor 展开式的唯一性的推论, 得到如下定理.

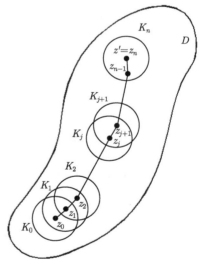

图 4-1

定理 4.23 设 $f(z)$ 是区域 D 内的解析函数, 如果 $f(z)$ 在 D 内的一个圆盘内恒等于零, 那么 $f(z)$ 在 D 内恒等于零.

证明 设在以 z_0 为心的圆盘 K_0 内 $f(z) \equiv 0$, K_0 含在 D 内. 下面证明在 K_0 以外任一点 $z' \in D$, $f(z') = 0$. 用一条含在 D 内的折线 L 连接 z_0 及 z', 见图 4-1, 则存在一个正数 δ 使得 L 上任一点与区域 D 的边界上任一点的距离都大于 δ. 在 L 上依次取 $z_0, z_1, z_2, \cdots$, $z_{n-1}, z_n = z'$, 使得 $z_1 \in K_0$, 而其他任意相邻两点的距离都小于 δ. 作每一点 z_j 的 δ 邻域 K_j, $j = 1, 2, \cdots, n$, 显然, 当 $j < n$ 时, $z_{j+1} \in K_j \subset D$. 由于 $f(z)$ 在 K_0 内恒等于零, 则 $f^{(n)}(z_1) = 0$, $n = 0, 1, 2, \cdots$, 这也就是说 $f(z)$ 在 K_1 内的 Taylor 展开式的系数都是零, 于是 $f(z)$ 在 K_1 内恒等于零. 一般地, 已经证明了 $f(z)$ 在 $K_j(j \leqslant n-1)$ 内恒等于零, 就可以推出它在 K_{j+1} 内恒等于零, 从而得到 $f(z') = 0$.

作为上述定理的推广, 得到解析函数的唯一性定理.

定理 4.24   设函数 $f(z)$ 及 $g(z)$ 在区域 D 内解析, 设 $z_n, n = 1, 2, \cdots$ 是 D 内彼此不同的点, 并且点列 $\{z_n\}$ 在 D 内有极限点. 如果 $f(z_n) = g(z_n), n = 1, 2, \cdots$, 那么在 D 内, $f(z) = g(z)$.

证明   用反证法. 假设此定理的结论不成立, 即在 D 内, 解析函数 $F(z) = f(z) - g(z)$ 不恒等于零. 由条件知 $F(z_n) = 0, n = 1, 2, \cdots$. 设 z_0 是点列 $\{z_n\}$ 在 D 内的极限点, 因为 $F(z)$ 在点 z_0 连续, 可得 $F(z_0) = 0$, 可是此时找不到 z_0 的一个邻域, 在其中 z_0 是 $F(z)$ 的唯一零点, 这与零点的孤立性相矛盾, 定理得证.

注意, 在定理中 $\{z_n\}$ 的极限点在区域 D 内这个条件必不可少. 例如, 函数 $f(z) = \sin \dfrac{1}{1-z}$ 在 $|z| < 1$ 内解析, 它的零点 $z_n = 1 - \dfrac{1}{n\pi}, n = 1, 2, \cdots$, 且 $z_n \to 1 \, (n \to \infty)$, 但是 $f(z)$ 不恒为 0.

例如, 考虑是否存在函数 $f(z)$, 在原点解析且 $f\left(\dfrac{1}{n-1}\right) = f\left(\dfrac{1}{n}\right) = \dfrac{1}{n-1}$, 这里 $n = 0, \pm 1, \pm 2, \cdots$. 显然 $f_1(z) = z$ 在原点解析, 且 $f_1\left(\dfrac{1}{n-1}\right) = \dfrac{1}{n-1}$, 而 $f_2(z) = \dfrac{z}{1-z}$ 在原点解析, 且 $f_2\left(\dfrac{1}{n}\right) = \dfrac{1}{n-1}$. 由解析函数的唯一性, 不存在在原点解析的函数 $f(z)$ 满足 $f\left(\dfrac{1}{n-1}\right) = f\left(\dfrac{1}{n}\right) = \dfrac{1}{n-1}, n = 0, \pm 1, \pm 2, \cdots$.

解析函数唯一性定理揭示了函数在区域 D 内的局部值确定了函数在区域 D 内整体的值, 即局部与整体之间有着十分紧密的内在联系.

推论 4.4   设在区域 D 内解析的函数 $f(z)$ 及 $g(z)$ 在 D 内的某一子区域 (或一小段弧) 上相等, 则它们必在区域 D 内恒等; 一切在实轴上成立的恒等式, 只要恒等式两边在复平面上是解析的, 那么它在复平面上也成立.

例 4-13   试证明在复平面上解析, 在实轴上等于 $\sin x$ 的函数只可能是 $\sin z$.

证明   设函数 $f(z)$ 在复平面上解析, 在实轴上等于 $\sin x$, 那么在复平面上解析的函数 $f(z) - \sin z$ 在实轴上等于零, 由定理 4.23, 在复平面上, $f(z) - \sin z = 0$, 即 $f(z) = \sin z$.

4.3   Laurent 级数

4.3.1   解析函数的 Laurent 展开式

本节介绍解析函数的另一种重要的级数展开式 —— Laurent 展开式, 在此之前, 首先给出 Laurent 级数的定义.

定义 4.9 称形如

$$\sum_{n=-\infty}^{+\infty} \beta_n (z-z_0)^n \tag{4.11}$$

的级数为 Laurent 级数, 这里 $z_0, \beta_n, n = 0, \pm1, \pm2, \cdots$ 都是复常数.

把 Laurent 级数 (4.11) 写成下面的形式

$$\begin{aligned}
&\beta_0 + \beta_1(z-z_0) + \beta_2(z-z_0)^2 + \cdots + \beta_n(z-z_0)^n + \cdots \\
&+ \frac{\beta_{-1}}{z-z_0} + \frac{\beta_{-2}}{(z-z_0)^2} + \cdots + \frac{\beta_{-n}}{(z-z_0)^n} + \cdots \\
&= \sum_{n=0}^{+\infty} \beta_n(z-z_0)^n + \sum_{n=-1}^{-\infty} \beta_n(z-z_0)^n,
\end{aligned} \tag{4.12}$$

等式右边第 1 个级数即为幂级数, 设它在 $|z-z_0| < R$ 内绝对收敛且内闭一致收敛, 下面考虑第 2 个级数的收敛情况. 对第 2 个级数作代换

$$\varsigma = \frac{1}{z-z_0},$$

原级数成为 $\beta_{-1}\varsigma + \beta_{-2}\varsigma^2 + \cdots$, 设它的收敛区域为 $|\varsigma| < \frac{1}{r}, 0 < \frac{1}{r} \leqslant +\infty$, 换回到原来级数中, 即级数 $\sum_{n=-1}^{-\infty} \beta_n(z-z_0)^n$ 在 $|z-z_0| > r\,(0 \leqslant r < +\infty)$ 内绝对收敛且内闭一致收敛.

当式 (4.12) 中两级数都收敛时, 级数式 (4.11) 收敛, 且它的和函数等于式 (4.12) 中两级数的和函数相加. 根据以上讨论, 设第 1 个级数在 $|z-z_0| < R$ 内绝对收敛且内闭一致收敛, 设第 2 个级数在 $|z-z_0| > r$ 内绝对且内闭一致收敛, 则两个级数的和函数分别在两个收敛区域内解析. 当 $r < R$ 时, 式 (4.12) 中两级数都在圆环 $D: r < |z-z_0| < R$ 内绝对收敛且内闭一致收敛, 这时级数 $\sum_{n=-\infty}^{+\infty} \beta_n(z-z_0)^n$ 在圆环内绝对收敛并且内闭一致收敛, 且它的和函数是解析函数.

定理 4.25 设函数 $f(z)$ 在圆环 $D: r < |z-z_0| < R, 0 \leqslant r < R \leqslant +\infty$ 内解析, 那么在 D 内, 有

$$f(z) = \sum_{n=-\infty}^{+\infty} \alpha_n(z-z_0)^n, \tag{4.13}$$

这里

$$\alpha_n = \frac{1}{2\pi i} \int_\gamma \frac{f(z)}{(z-z_0)^{n+1}} dz, \quad n = 0, \pm1, \pm2, \cdots,$$

γ 是圆 $|z-z_0| = \rho, r < \rho < R$.

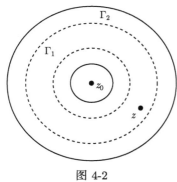

图 4-2

证明　设 z 是圆环 D 内任一点, 在 D 内作圆环 $D': R_1 < |z - z_0| < R_2$, 使得 $z \in D'$, 这里 $r < R_1 < R_2 < R$. 用 Γ_1 和 Γ_2 分别表示圆 $|z - z_0| = R_1$ 和 $|z - z_0| = R_2$, 如图 4-2 所示.

显然, $f(\varsigma)$ 在闭圆环 $\overline{D}'$ 上解析. 作圆 $c_{r_0} = \{z : |\varsigma - z| = r_0\}$ 使得 $c_{r_0} \subset D'$, 从而 $\dfrac{f(\varsigma)}{\varsigma - z}$ 在由 Γ_1, Γ_2 和 c_{r_0} 围成的区域解析, 由多连通区域上的 Cauchy 定理和 Cauchy 积分公式, 有

$$f(z) = \frac{1}{2\pi i} \int_{c_{r_0}} \frac{f(\varsigma)}{\varsigma - z} \mathrm{d}\varsigma = \frac{1}{2\pi i} \int_{\Gamma_2} \frac{f(\varsigma)}{\varsigma - z} \mathrm{d}\varsigma - \frac{1}{2\pi i} \int_{\Gamma_1} \frac{f(\varsigma)}{\varsigma - z} \mathrm{d}\varsigma. \tag{4.14}$$

当 $\varsigma \in \Gamma_2$ 时, $\left| \dfrac{z - z_0}{\varsigma - z_0} \right| < 1$, 级数

$$\frac{1}{\varsigma - z} = \frac{1}{\varsigma - z_0 - (z - z_0)} = \frac{1}{\varsigma - z_0} \cdot \frac{1}{1 - \dfrac{z - z_0}{\varsigma - z_0}}$$

$$= \sum_{n=0}^{+\infty} \frac{(z - z_0)^n}{(\varsigma - z_0)^{n+1}} \tag{4.15}$$

在 Γ_2 上一致收敛. 当 $\varsigma \in \Gamma_1$ 时, $\left| \dfrac{\varsigma - z_0}{z - z_0} \right| < 1$, 级数

$$-\frac{1}{\varsigma - z} = -\frac{1}{\varsigma - z_0 - (z - z_0)} = \frac{1}{z - z_0} \cdot \frac{1}{1 - \dfrac{\varsigma - z_0}{z - z_0}}$$

$$= \sum_{n=0}^{+\infty} \frac{(\varsigma - z_0)^n}{(z - z_0)^{n+1}} \tag{4.16}$$

在 Γ_1 上一致收敛. 把式 (4.15) 和式 (4.16) 代入式 (4.14), 便可以得到式 (4.13), 其中

$$\alpha_n = \frac{1}{2\pi i} \int_{\Gamma_2} \frac{f(\varsigma)}{(\varsigma - z_0)^{n+1}} \mathrm{d}\varsigma, \quad n = 0, 1, 2, \cdots,$$

$$\alpha_{-n} = \frac{1}{2\pi i} \int_{\Gamma_1} \frac{f(\varsigma)}{(\varsigma - z_0)^{-n+1}} \mathrm{d}\varsigma, \quad n = 0, 1, 2, \cdots.$$

由闭路变形原理, 上面的两个积分可以换成沿圆 γ 的积分, 定理得证.

式 (4.13) 称为函数 $f(z)$ 在圆环 $D : r < |z - z_0| < R$ 内的 Laurent 展开式.

定理 4.26　若函数 $f(z)$ 在圆环 $D : r < |z - z_0| < R(0 \leqslant r < R \leqslant +\infty)$ 内可展为 Laurent 级数, 则展开式是唯一的.

证明 设 $f(z)$ 另有展开式

$$f(z) = \sum_{n=-\infty}^{+\infty} \alpha'_n (z - z_0)^n,$$

用 $\dfrac{1}{(z - z_0)^{m+1}}$ 乘上式两边, 得

$$\frac{f(z)}{(z - z_0)^{m+1}} = \sum_{n=-\infty}^{+\infty} \alpha'_n \frac{1}{(z - z_0)^{m-n+1}}.$$

将上式沿圆环内任一绕点 z_0 的圆 Γ 逐项积分, 有

$$\int_\Gamma \frac{1}{(z - z_0)^{m-n+1}} \mathrm{d}z = \begin{cases} 2\pi\mathrm{i}, & m = n, \\ 0, & m \neq n. \end{cases}$$

于是

$$\int_\Gamma \frac{f(z)}{(z - z_0)^{m+1}} \mathrm{d}z = \sum_{n=-\infty}^{+\infty} \alpha'_n \int_\Gamma \frac{1}{(z - z_0)^{m-n+1}} \mathrm{d}z = \alpha'_m \cdot 2\pi\mathrm{i},$$

所以

$$\alpha'_n = \frac{1}{2\pi\mathrm{i}} \int_\Gamma \frac{f(z)}{(z - z_0)^{n+1}} \mathrm{d}z, \quad n = 0, \pm 1, \pm 2, \cdots,$$

即 $\alpha'_n = \alpha_n$, 两展开式系数相同, 唯一性得证.

由定理 4.25 可知, 圆环内解析的函数 $f(z)$ 在圆环 $D: r < |z - z_0| < R$ 内有 Laurent 展开式. 当 $r = 0$ 且 $f(z)$ 在 z_0 解析, 且系数 $\alpha_{-n} = \dfrac{1}{2\pi\mathrm{i}} \int_\gamma \dfrac{f(z)}{(z - z_0)^{-n+1}} \mathrm{d}z = 0$ 时, $f(z)$ 在圆环 $D: 0 < |z - z_0| < R$ 内的 Laurent 展开式就是 $f(z)$ 在 z_0 的 Taylor 展开式. 与 Taylor 展开式一样, 若 $D: r < |z - z_0| < R$ 是 Laurent 展开式最大的收敛区域, 则 $f(z)$ 在圆 $|z - z_0| = r$ 和 $|z - z_0| = R$ 上都有奇点.

求圆环内解析函数的 Laurent 展开式时, 可以通过计算 Laurent 展开式的系数来获得, 然而从计算公式来看, 这要涉及复积分的计算, 这个计算通常是很复杂的, 因此一般不采用直接计算的方法, 而是采用代换运算, 从下面的例题来介绍这个方法.

例 4-14 求函数 $f(z) = \dfrac{1}{(z-1)(z-2)}$ 在下列区域内的 Laurent 展开式.

(1) $|z| < 1$;   (2) $1 < |z| < 2$;   (3) $2 < |z| < +\infty$.

解 函数 $f(z)$ 在 z 平面上有两个奇点: $z = 1$ 及 $z = 2$, 因此 z 平面被分成了 (1), (2), (3) 三个互不相交的解析区域. 首先, 将 $f(z)$ 分解成部分分式

$$f(z) = \frac{1}{z-2} - \frac{1}{z-1}.$$

(1) 在圆盘 $|z| < 1$ 内, $|z| < 1$, $\left|\dfrac{z}{2}\right| < 1$, 应用 $\dfrac{1}{1-z} = \sum\limits_{n=0}^{+\infty} z^n (|z| < 1)$, 得

$$f(z) = \frac{1}{1-z} - \frac{1}{2\left(1 - \dfrac{z}{2}\right)} = \sum_{n=0}^{+\infty} \left(1 - \frac{1}{2^{n+1}}\right) z^n,$$

即 $f(z)$ 在 $|z| < 1$ 内的 Taylor 展开式, 是 Laurent 展开式的特殊情况.

(2) 在圆环 $1 < |z| < 2$ 内, $\left|\dfrac{1}{z}\right| < 1$, $\left|\dfrac{z}{2}\right| < 1$, 故

$$f(z) = -\frac{1}{2\left(1 - \dfrac{z}{2}\right)} - \frac{1}{z\left(1 - \dfrac{1}{z}\right)}$$

$$= -\frac{1}{2} \sum_{n=0}^{+\infty} \left(\frac{z}{2}\right)^n - \frac{1}{z} \sum_{n=0}^{+\infty} \left(\frac{1}{z}\right)^n$$

$$= -\sum_{n=0}^{+\infty} \frac{z^n}{2^{n+1}} - \sum_{n=0}^{+\infty} \frac{1}{z^{n+1}}.$$

(3) 在圆环 $2 < |z| < +\infty$ 内, $\left|\dfrac{1}{z}\right| < 1$, $\left|\dfrac{2}{z}\right| < 1$, 故

$$f(z) = \frac{1}{z\left(1 - \dfrac{2}{z}\right)} - \frac{1}{z\left(1 - \dfrac{1}{z}\right)}$$

$$= \frac{1}{z} \sum_{n=0}^{+\infty} \left(\frac{2}{z}\right)^n - \frac{1}{z} \sum_{n=0}^{+\infty} \left(\frac{1}{z}\right)^n = \sum_{n=2}^{+\infty} \frac{2^{n-1} - 1}{z^n}.$$

例 4-15　求函数 $f(z) = \dfrac{1}{(z-1)(z-2)}$ 在其奇点的去心邻域内的 Laurent 展开式.

解　由例 4-14, 函数 $f(z)$ 的奇点为 $z = 1$ 及 $z = 2$, 现在分情况讨论.

(1) 在去心邻域 $0 < |z - 1| < 1$ 内,

$$f(z) = \frac{-1}{z-1} + \frac{1}{z-2} = -\frac{1}{z-1} + \frac{1}{(z-1) - 1} = -\frac{1}{z-1} - \sum_{n=0}^{+\infty} (z-1)^n;$$

(2) 在去心邻域 $0 < |z - 2| < 1$ 内,

$$f(z) = \frac{1}{z-2} - \frac{1}{z-2+1} = \frac{1}{z-2} - \sum_{n=0}^{+\infty} (-1)^n (z-2)^n.$$

此外, 在圆环 $1 < |z-1| < +\infty$ 内, $\left|\dfrac{1}{z-1}\right| < 1$,

$$f(z) = -\frac{1}{z-1} + \frac{1}{z-1} \cdot \frac{1}{1 - \dfrac{1}{z-1}} = -\frac{1}{z-1} + \frac{1}{z-1} \sum_{n=0}^{+\infty} \left(\frac{1}{z-1}\right)^n$$

$$= \sum_{n=1}^{+\infty} \left(\frac{1}{z-1}\right)^{n+1};$$

而在圆环 $1 < |z-2| < +\infty$ 内, $\left|\dfrac{1}{z-2}\right| < 1$, 有

$$f(z) = \frac{1}{z-2} - \frac{1}{z-2+1} = \frac{1}{z-2} - \frac{1}{z-2} \cdot \frac{1}{1 + \dfrac{1}{z-2}}$$

$$= \frac{1}{z-2} - \frac{1}{z-2} \sum_{n=0}^{+\infty} (-1)^n \left(\frac{1}{z-2}\right)^n$$

$$= \sum_{n=1}^{+\infty} \left(-\frac{1}{z-2}\right)^{n+1}.$$

例 4-16 $\dfrac{\sin z}{z}$ 在 z 平面上有奇点 $z = 0$, 在去心邻域 $0 < |z| < +\infty$ 内有 Laurent 展开式

$$\frac{\sin z}{z} = \sum_{n=0}^{+\infty} \frac{(-1)^n z^{2n}}{2n+1} = 1 - \frac{z^2}{3!} + \frac{z^4}{5!} \cdots.$$

例 4-17 $e^{\frac{1}{z}}$ 在 $0 < |z| < \infty$ 内的 Laurent 展开式是

$$e^{\frac{1}{z}} = 1 + \frac{1}{z} + \frac{1}{2!} \frac{1}{z^2} + \cdots + \frac{1}{n!} \frac{1}{z^n} + \cdots.$$

4.3.2 孤立奇点

定义 4.10 若函数 $f(z)$ 在点 z_0 的邻域内除去点 z_0 外是解析的, 即 $f(z)$ 在去心圆域 $D : 0 < |z - z_0| < R, 0 < R \leqslant +\infty$ 内处处解析, 则点 z_0 称为 $f(z)$ 的孤立奇点.

定义 4.11 设函数 $f(z)$ 在点 z_0 的去心邻域内有 Laurent 展开式

$$f(z) = \sum_{n=-\infty}^{+\infty} \alpha_n (z - z_0)^n,$$

非负幂部分 $\displaystyle\sum_{n=0}^{+\infty} \alpha_n (z - z_0)^n$ 称为 $f(z)$ 在点 z_0 的正则部分, 负幂部分 $\displaystyle\sum_{n=1}^{+\infty} \alpha_{-n}(z-$

$z_0)^{-n}$ 称为 $f(z)$ 在点 z_0 的主要部分.

设 z_0 为函数 $f(z)$ 的孤立奇点, 根据 $f(z)$ 的 Laurent 展开式中含负数幂的情况, 可以把孤立奇点作如下分类:

(1) 如果 $f(z)$ 在点 z_0 的主要部分为零, 那么称 z_0 为 $f(z)$ 的可去奇点;

(2) 如果 $f(z)$ 在点 z_0 的主要部分为有限项, 设为

$$\frac{\alpha_{-1}}{z - z_0} + \cdots + \frac{\alpha_{-(m-1)}}{(z - z_0)^{m-1}} + \frac{\alpha_{-m}}{(z - z_0)^m},$$

那么称 z_0 为 $f(z)$ 的 m 阶极点, 一阶极点称为单极点;

(3) 如果 $f(z)$ 在点 z_0 的主要部分为无限多项, 那么称 z_0 为 $f(z)$ 的本性奇点.

例如, 0 分别是 $\frac{\sin z}{z}$, $\frac{\sin z}{z^2}$, $\mathrm{e}^{\frac{1}{z}}$ 的可去奇点、单极点、本性奇点.

下面介绍上述各类孤立奇点的判别方法, 首先来看可去奇点.

如果 z_0 为 $f(z)$ 的可去奇点, 则有

$$f(z) = \alpha_0 + \alpha_1(z - z_0) + \alpha_2(z - z_0)^2 + \cdots, \quad 0 < |z - z_0| < R.$$

若将 $f(z)$ 在点 z_0 的值加以适当的定义, 上式左边与右边在 $|z - z_0| < R$ 内相等, 而右边在点 z_0 解析, 从而 $f(z)$ 在点 z_0 解析, 这就是将 z_0 称为 $f(z)$ 的可去奇点的原因.

定理 4.27　若 z_0 为 $f(z)$ 的孤立奇点, 则下列三条是等价的:

(1) z_0 为 $f(z)$ 的可去奇点;

(2) $\lim\limits_{z \to z_0} f(z) = \alpha_0$;

(3) $f(z)$ 在点 z_0 的某去心邻域内有界.

证明　只要能证明 (1) 能推出 (2), (2) 能推出 (3), (3) 能推出 (1) 就行了.

(1)$\Rightarrow$(2)　由 (1) 知, 在 $0 < |z - z_0| < R$ 内, 有

$$f(z) = \alpha_0 + \alpha_1(z - z_0) + \alpha_2(z - z_0)^2 + \cdots,$$

所以有

$$\lim_{z \to z_0} f(z) = \alpha_0.$$

(2)$\Rightarrow$(3)　当 $z \to z_0$ 时 $f(z) \to \alpha_0$, 从而对于 $\varepsilon = \dfrac{|\alpha_0| + 1}{2}$, 存在 ρ, $0 < \rho < R$, 即当 $0 < |z - z_0| < \rho$ 时, 有 $f(z) < |\alpha_0| + \dfrac{|\alpha_0| + 1}{2}$. 即在 z_0 的去心邻域 $0 < |z - z_0| < \rho$ 内, $f(z)$ 有界.

(3)⇒(1) 设 $f(z)$ 在点 z_0 的去心邻域 $K : 0 < |z - z_0| < \rho$ 内有 $|f(z)| < M$, $f(z)$ 在点 z_0 的主要部分为

$$\frac{\alpha_{-1}}{z - z_0} + \cdots + \frac{\alpha_{-n}}{(z - z_0)^n} + \cdots,$$

$$\alpha_{-n} = \frac{1}{2\pi i} \int_{\Gamma} \frac{f(\varsigma)}{(\varsigma - z_0)^{-n+1}} d\varsigma, \quad n = 1, 2, 3, \cdots.$$

Γ 为含于 K 内的圆 $|\varsigma - z_0| = \rho_0$, 且 ρ_0 可以充分小, 于是由

$$|\alpha_{-n}| = \left| \frac{1}{2\pi i} \int_{\Gamma} \frac{f(\varsigma)}{(\varsigma - z_0)^{-n+1}} d\varsigma \right| \leqslant \frac{1}{2\pi} \cdot \frac{M}{\rho_0^{-n+1}} 2\pi \rho_0 = M \rho_0^n$$

可知, 当 $n = 1, 2, 3, \cdots$ 时, $\alpha_{-n} = 0$, 即 $f(z)$ 在点 z_0 的主要部分为零, z_0 为 $f(z)$ 的可去奇点.

与可去奇点类似, 极点的判定也有与上述定理类似的结论.

定理 4.28 若 z_0 为 $f(z)$ 的孤立奇点, 则下列四条是等价的:

(1) z_0 是 $f(z)$ 的 m 阶极点;

(2) $f(z)$ 在点 z_0 的某去心邻域 $K : 0 < |z - z_0| < R$ 内能表示成

$$f(z) = \frac{\varphi(z)}{(z - z_0)^m},$$

其中 $\varphi(z)$ 在点 z_0 解析且 $\varphi(z_0) \neq 0$;

(3) $\lim\limits_{z \to z_0} (z - z_0)^m f(z) = \alpha_{-m} \neq 0$;

(4) $g(z) = \dfrac{1}{f(z)}$ 以点 z_0 为 m 阶零点 (可去奇点当作解析点看).

证明 (1)⇒(2) 由 (1) 知, $f(z)$ 在点 z_0 的某去心邻域 $K : 0 < |z - z_0| < R$ 内能表示成

$$f(z) = \frac{\alpha_{-m}}{(z - z_0)^m} + \cdots + \frac{\alpha_{-1}}{z - z_0} + \alpha_0 + \alpha_1 (z - z_0) + \cdots = \frac{\varphi(z)}{(z - z_0)^m},$$

其中

$$\varphi(z) = \alpha_{-m} + \alpha_{-m+1}(z - z_0) + \cdots + \alpha_{-1}(z - z_0)^{m-1} + \sum_{n=0}^{+\infty} \alpha_n (z - z_0)^{n+m},$$

其收敛半径为 R, 故 $\varphi(z)$ 在点 z_0 解析, 且 $\varphi(z_0) = \alpha_{-m} \neq 0$.

(2)⇒(3) 由上面证明显然可以得到.

(3)⇒(1)   函数 $(z-z_0)^m f(z)$ 在 $K : 0 < |z-z_0| < R$ 中以 z_0 为孤立奇点, 由 (3) 知, z_0 为它的可去奇点, 定义函数 $\varphi(z)$ 为

$$\varphi(z) = \begin{cases} (z-z_0)^m f(z), & 0 < |z-z_0| < R, \\ \alpha_{-m}, & z = z_0, \end{cases}$$

则 $\varphi(z)$ 在点 z_0 是解析的, 在 $|z-z_0| < R$ 内有 Taylor 展开式

$$\varphi(z) = \alpha_{-m} + \alpha_{-m+1}(z-z_0) + \cdots + \alpha_{-1}(z-z_0)^{m-1} + \sum_{n=0}^{+\infty} \alpha_n (z-z_0)^{n+m},$$

于是, 当 $0 < |z-z_0| < R$ 时, 有

$$f(z) = \frac{\varphi(z)}{(z-z_0)^m} = \frac{\alpha_{-m}}{(z-z_0)^m} + \cdots + \frac{\alpha_{-1}}{z-z_0} + \alpha_0 + \alpha_1(z-z_0) + \cdots,$$

即得到了 (1).

又因为明显有 (2)⇔(4), 所以定理得证.

例 4-18   求下列函数的孤立奇点, 并判断类别.

(1) $\cot z$;   (2) $\dfrac{e^z}{z^4}$;   (3) $z^{-4}\sin^2 z$;   (4) $f(z) = \dfrac{z\cos(\pi z/2)}{(z-1)(z^2+4)^5 \sin^3 z}$.

解   (1) 由 $\lim\limits_{z\to 0}(z-n\pi)\cot z = 1$, 可知 $z = n\pi, n = 0, \pm 1, \pm 2, \cdots$ 是 $\cot z$ 的单极点.

(2) 0 是 $\dfrac{e^z}{z^4}$ 的 4 阶极点.

(3) 由于 $\lim\limits_{z\to 0} z^2 \dfrac{\sin^2 z}{z^4} = 1$, 因此 0 是 $z^{-4}\sin^2 z$ 的 2 阶级点.

(4) 对于函数

$$f(z) = \frac{z\cos(\pi z/2)}{(z-1)(z^2+4)^5 \sin^3 z},$$

0 是 2 阶极点, $k\pi(k \neq 0$ 是整数) 是 3 阶极点, $\pm 2i$ 是 5 阶极点, 而 1 是可去奇点.

下面的定理也可以作为极点的判别方法:

定理 4.29   设函数 $f(z)$ 在 $0 < |z-z_0| < R, 0 < R \leqslant +\infty$ 内解析, 那么 z_0 是 $f(z)$ 的极点的充要条件是

$$\lim_{z\to z_0} f(z) = \infty.$$

证明过程留给读者.

最后给出本性奇点的判别方法.

定理 4.30   若 z_0 为 $f(z)$ 的孤立奇点, 则下列三条是等价的:

(1) z_0 是 $f(z)$ 的本性奇点;

(2) 对于任何有限或无穷的复数 γ, 在 $0 < |z - z_0| < R$ 内一定有收敛于 z_0 的序列 $\{z_n\}$, 使得 $\lim\limits_{n \to +\infty} f(z_n) = \gamma$;

(3) 不存在有穷或无穷极限 $\lim\limits_{z \to z_0} f(z)$.

证明   (1)$\Rightarrow$(2)   如果 $\gamma = \infty$, 由于 z_0 不是 $f(z)$ 的可去奇点, $f(z)$ 必在 z_0 附近无界. 如果 γ 是有界复数, 只需证明, 对任意 $\varepsilon > 0$ 及 $\rho > 0 (\rho \leqslant R)$, 在 $0 < |z - z_0| < \rho$ 内, 总有一点 z', 使得 $|f(z') - \gamma| < \varepsilon$. 现在假设这一命题不成立, 即存在着两正数 ε_0 和 ρ_0, $\rho_0 \leqslant R$, 使得在 $0 < |z - z_0| < \rho_0$ 内, $|f(z) - \gamma| \geqslant \varepsilon_0$, 于是函数

$$g(z) = \frac{1}{f(z) - \gamma}$$

在 $0 < |z - z_0| < \rho_0$ 内解析、有界且不等于零, 因此 z_0 是 $g(z)$ 的可去奇点, $g(z)$ 可以表示成

$$g(z) = (z - z_0)^n \psi(z),$$

这里 n 是一个非负整数, 函数 $\psi(z)$ 在 $|z - z_0| < \rho_0$ 内解析且 $\lim\limits_{z \to z_0} \psi(z) \neq 0$. 由此可见, $z = z_0$ 是 $\dfrac{1}{g(z)}$ 的可去奇点或极点. 又因为在 $0 < |z - z_0| < \rho_0$ 内,

$$f(z) = \gamma + \frac{1}{g(z)},$$

所以 $f(z)$ 在 $z = z_0$ 有可去奇点或极点, 与假设矛盾, 故得证.

(2)$\Rightarrow$(3)   取 $\gamma_1 \neq \gamma_2$, 必有 $0 < |z_n^{(1)} - z_0| < R$, $0 < |z_n^{(2)} - z_0| < R$, 且 $z_n^{(1)} \to z_0$, $z_n^{(2)} \to z_0$, 使得

$$\lim_{n \to +\infty} f(z_n^{(1)}) = \gamma_1, \quad \lim_{n \to +\infty} f(z_n^{(2)}) = \gamma_2,$$

于是可以得到 (3).

(3)$\Rightarrow$(1)   假设 (1) 不成立, 则 z_0 是 $f(z)$ 的可去奇点或极点, 由定理 4.27 和定理 4.29 可得 $\lim\limits_{z \to z_0} f(z)$ 或者有限或者无穷, 与 (3) 矛盾, 故 (1) 得证.

下面用一个例子说明这个定理.

例 4-19   考虑函数 $f(z) = \mathrm{e}^{1/z}$. 0 是它的本性奇点. 对于任何一个复数 $\gamma \neq \infty$ 且 $\gamma \neq 0$, 取 $z_n = \dfrac{1}{\ln \gamma + 2n\pi \mathrm{i}}$, 则

$$z_n \to 0 \ (n \to \infty) \quad \text{且} \quad f(z_n) = \gamma \ (n = 1, 2, 3, \cdots);$$

当 $\gamma = \infty$ 时, 取 $z_n = \dfrac{1}{n}$, 则 $f(z_n) = \mathrm{e}^n \to \infty (n \to \infty)$; 当 $\gamma = 0$ 时, 取 $z_n = -\dfrac{1}{n}$, 有 $f(z_n) = \mathrm{e}^{-n} \to 0 (n \to \infty)$.

关于本性奇点, Picard 给出了一个更加深刻的定理.

定理 4.31　设函数 $f(z)$ 在 $0 < |z - z_0| < R, 0 < R \leqslant +\infty$ 内解析, 那么 z_0 是 $f(z)$ 的本性奇点的充分必要条件是对于任何复数 $\gamma \neq \infty$, 至多可能有一个例外, 在 $0 < |z - z_0| < R$ 内, 一定有一个收敛于 z_0 的序列 $\{z_n\}$, 使得 $f(z_n) = \gamma, n = 1, 2, 3, \cdots$.

例如, 函数 $f(z) = e^{1/z}$ 在本性奇点 0 的任何去心邻域内可以取遍所有非零复数, 0 是它唯一取不到的数.

4.3.3　解析函数在无穷远点的性质

定义 4.12　设函数 $f(z)$ 在区域 $R < |z| < +\infty, R \geqslant 0$ 内解析, 那么无穷远点称为 $f(z)$ 的孤立奇点.

例如, $z = \infty$ 是函数 $\cos z$ 的孤立奇点, 但不是 $\dfrac{1}{\cos z}$ 的孤立奇点. 事实上, $z_n = n\pi + \dfrac{\pi}{2}$ 是 $\dfrac{1}{\cos z}$ 的极点, 且 $z_n \to \infty\,(n \to \infty)$.

设点 ∞ 为 $f(z)$ 的孤立奇点, $f(z)$ 在区域 $R < |z| < +\infty$ 内有 Laurent 展开式

$$f(z) = \sum_{n=-\infty}^{+\infty} \alpha_n z^n. \tag{4.17}$$

作变换 $z' = \dfrac{1}{z}$, 于是

$$\varphi(z') = f\left(\frac{1}{z'}\right) = f(z).$$

按照 $R > 0$ 或 $R = 0$, 得到在 $0 < |z'| < \dfrac{1}{R}$ 或 $0 < |z'| < +\infty$ 内的解析函数 $\varphi(z') = f\left(\dfrac{1}{z'}\right)$, 其 Laurent 展开式是

$$\varphi(z') = \sum_{n=-\infty}^{+\infty} \frac{\alpha_n}{z'^n},$$

这里可以根据 $\varphi(z')$ 在原点的状态来规定函数 $f(z)$ 在无穷远点的状态. 如果 $z' = 0$ 是 $\varphi(z')$ 的可去奇点、(m 阶) 极点或本性奇点, 那么分别说 $z = \infty$ 是 $f(z)$ 的可去奇点、(m 阶) 极点或本性奇点.

规定 $\displaystyle\sum_{n=0}^{-\infty} \alpha_n z^n$ 和 $\displaystyle\sum_{n=1}^{+\infty} \alpha_n z^n$ 分别是级数式 (4.17) 的正则部分和主要部分, 这样就有下面的定义.

定义 4.13　(1) 如果 $f(z)$ 在点 $z = \infty$ 的主要部分为零, 那么称 z 为 $f(z)$ 的可去奇点;

(2) 如果 $f(z)$ 在点 $z = \infty$ 的主要部分为有限项, 设为

$$\alpha_1 z + \alpha_2 z^2 + \cdots + \alpha_m z^m,$$

那么称 z 为 $f(z)$ 的 m 阶极点, 称一阶极点为单极点;

(3) 如果 $f(z)$ 在点 $z = \infty$ 的主要部分为无限多项, 那么称 $z = \infty$ 为 $f(z)$ 的本性奇点.

根据以上的讨论, 可以把定理 4.27~定理 4.31 的结论搬到 $z = \infty$ 的情形.

定理 4.32 (对应于定理 4.27)　若点 $z = \infty$ 为函数 $f(z)$ 的孤立奇点, 则下列三条是等价的:

(1) z 为 $f(z)$ 的可去奇点;

(2) $\lim\limits_{z \to \infty} f(z) = \alpha_0$;

(3) $f(z)$ 在点 $z = \infty$ 的某去心邻域内有界.

定理 4.33 (对应于定理 4.28)　若点 $z = \infty$ 为函数 $f(z)$ 的孤立奇点, 则下列四条是等价的:

(1) $z = \infty$ 是 $f(z)$ 的 m 阶极点;

(2) $f(z)$ 在点 $z = \infty$ 的某去心邻域 $N - \{\infty\}$ 内能表示成

$$f(z) = z^m \mu(z),$$

其中 $\mu(z)$ 在 $N - \{\infty\}$ 内解析且 $\mu(\infty) \neq 0$;

(3) $\lim\limits_{z \to \infty} z^{-m} f(z) = \alpha_m \neq 0$;

(4) $g(z) = \dfrac{1}{f(z)}$ 以点 $z = \infty$ 为 m 阶零点 (令 $g(\infty) = 0$).

定理 4.34　设函数 $f(z)$ 在 $R < |z| < +\infty, R \geqslant 0$ 内解析, 那么 $z = \infty$ 是 $f(z)$ 的极点的充分必要条件是

$$\lim_{z \to \infty} f(z) = \infty.$$

定理 4.35 (对应于定理 4.30)　若点 $z = \infty$ 为函数 $f(z)$ 的孤立奇点, 则下列三条是等价的:

(1) $z = \infty$ 是 $f(z)$ 的本性奇点;

(2) 对于任何有限或无穷的复数 γ, 在 $R < |z| < +\infty$ 内一定有趋于无穷的序列 $\{z_n\}$, 使得 $\lim\limits_{n \to +\infty} f(z_n) = \gamma$;

(3) 不存在有穷或无穷极限 $\lim\limits_{z \to \infty} f(z)$.

利用上述判定定理可知, $z = \infty$ 分别是函数

$$\frac{1}{1+z}, \quad z^4 \sin \frac{1}{1+z}, \quad \mathrm{e}^z$$

的可去奇点、3 阶极点和本性奇点.

定理 4.31 也可以推广到 $z = \infty$ 是本性奇点的情形, 由读者完成该定理的叙述.

例 4-20　求函数 $f(z) = \mathrm{e}^{z+1/z}$ 的孤立奇点, 并判断类别.

解　$z = 0$ 和 $z = \infty$ 是函数的孤立奇点. 取 $z_n = \dfrac{1}{n}$, 则

$$f(z_n) = \mathrm{e}^{n+1/n} \to +\infty \quad (n \to +\infty).$$

取 $z_n = -\dfrac{1}{n}$, 则 $f(z_n) = \mathrm{e}^{-n-1/n} \to 0 (n \to +\infty)$, 即当 $z \to 0$ 时, 函数 $f(z) = \mathrm{e}^{z+1/z}$ 的极限不存在, 也不可能以 ∞ 为极限, 因而根据定理 4.29, 0 是本性奇点. 类似地, 可得 ∞ 是本性奇点.

4.3.4　整函数与亚纯函数

若函数 $f(z)$ 在整个复平面上解析, 则称 $f(z)$ 为整函数. 显然多项式是整函数, $\sin z, \cos z, \mathrm{e}^z$ 都是整函数.

设 $f(z)$ 为一整函数, 则 $z = \infty$ 是它唯一的孤立奇点, 在复平面上, $f(z)$ 围绕着无穷远点的 Laurent 展开式就是 Taylor 展开式

$$f(z) = \sum_{n=0}^{+\infty} \alpha_n z^n,$$

因此有如下定理.

定理 4.36　若 $f(z)$ 为一整函数, 则

(1) $f(z)$ 是常数的充分必要条件是 $z = \infty$ 为 $f(z)$ 的可去奇点;

(2) $f(z)$ 为 $n(n \geqslant 1)$ 次多项式 $a_0 + a_1 z + \cdots + a_n z^n$ 的充分必要条件是 $z = \infty$ 为 $f(z)$ 的 n 阶极点;

(3) $f(z)$ 为超越整函数 $\left(\text{即 } f(z) = \sum_{n=0}^{+\infty} a_n z^n,\text{ 其中有无穷多个 } a_n \neq 0\right)$ 的充分必要条件是 $z = \infty$ 为 $f(z)$ 的本性奇点.

证明　必要性. 由 (1), (2), (3) 的假设可知, 在 $f(z)$ 的 Laurent 展开式中, 正幂项的系数分别满足全部为零、有限个 (n 个) 不为零、无限个不为零, 从而可知 $z = \infty$ 分别为 $f(z)$ 的可去奇点、n 阶极点、本性奇点.

充分性. 设 $z = \infty$ 是 $f(z)$ 的可去奇点, 则 $\lim\limits_{z \to \infty} f(z)$ 为一个有限复数, 从而 $f(z)$ 有界, 根据 Liouville 定理, $f(z)$ 恒等于一个常数.

当 $z = \infty$ 是 $f(z)$ 的极点或本性奇点时, 根据定义 4.13, 函数 $f(z)$ 在 $z = \infty$ 的主要部分分别是

$$g(z) = \sum_{k=1}^{n} \alpha_k z^k \quad \text{或者} \quad g(z) = \sum_{k=1}^{+\infty} \alpha_k z^k,$$

那么 $z = \infty$ 就是 $F(z) = f(z) - g(z)$ 的可去奇点, 因此 $F(z) = \alpha$, α 为常数, 即 $f(z) = g(z) + \alpha$, 充分性得证.

如果 $z = \infty$ 是整函数 $f(z)$ 的本性奇点, 则 $f(z)$ 为超越整函数. 例如, $\sin z, \cos z,$ e^z 都是超越整函数. 如果 $z = \infty$ 是整函数 $f(z)$ 的本性奇点, 那么 $z = 0$ 是 $g(z) = f\left(\dfrac{1}{z}\right)$ 的本性奇点, 由定理 4.29, 在无穷远点的任何一个邻域内, 其函数值以任何一个给定的复数为极限, 由定理 4.30, 其函数值可以取到任何一个复数, 最多只有一个例外. 由此, 得到下面的 Picard 小定理.

定理 4.37 若 $f(z)$ 是一个整函数, 且取不到两个值 a 和 $b(a \neq b)$, 则 $f(z)$ 一定是常数.

定义 4.14 若函数 $f(z)$ 在有限复平面上除去极点外处处解析, 则称 $f(z)$ 为亚纯函数.

例如, 函数 $\dfrac{\mathrm{e}^z}{z^2}$ 是亚纯函数, $z = 0$ 是它的极点, $z = \infty$ 是本性奇点. 函数 $\dfrac{1}{\sin z}$ 是亚纯函数, $z_n = n\pi, n = 0, \pm 1, \pm 2, \cdots$ 是它的极点, 注意到这里 $z = \infty$ 不是孤立奇点, 因为 $z = \infty$ 的任何一个邻域都有极点, 所以无法谈论在无穷远点的类型.

有理函数

$$\frac{\alpha_0 + \alpha_1 z + \alpha_2 z^2 + \cdots + \alpha_n z^n}{\beta_0 + \beta_1 z + \beta_2 z^2 + \cdots + \beta_m z^m}, \quad \alpha_n \neq 0, \quad \beta_m \neq 0$$

是一个亚纯函数, 它在有限复平面上有有限个极点, 当 $n > m$ 时, ∞ 是它的极点; 当 $n \leqslant m$ 时, ∞ 是它的可去奇点, 然而, 亚纯函数不一定是有理函数, 因为它可能有无穷多个极点, 例如, $\dfrac{1}{\sin z}$ 是一个亚纯函数, 它有极点 $z = n\pi, n = 0, \pm 1, \pm 2, \cdots$. 那么亚纯函数满足什么条件才是有理函数呢, 下面的定理回答了这个问题.

定理 4.38 如果 $z = \infty$ 是亚纯函数 $f(z)$ 的可去奇点或极点, 那么 $f(z)$ 是有理函数.

证明 首先证明 $f(z)$ 在复平面上只有有限个极点. 假设 $f(z)$ 在复平面上有无穷多个极点. 由于 $z = \infty$ 是可去奇点或极点, 故存在 $R > 0$, $f(z)$ 在 $R < |z| < +\infty$ 内解析, 因此这无穷个极点有界, 且这些极点的极限点既不是极点 (极点是孤立的), 函数 $f(z)$ 也不可能在这点解析, 这与 $f(z)$ 是亚纯函数矛盾, 因此 $f(z)$ 在复平面上只有有限个极点.

设 $f(z)$ 的极点为 $z_1, z_2, \cdots, z_p$, 无穷远点是可去奇点或极点, 在每一个有限极点附近把 $f(z)$ 展成 Laurent 级数, 设在点 z_k 的主要部分是

$$h_k(z) = \frac{\alpha_{-1}^k}{z - z_k} + \frac{\alpha_{-2}^k}{(z - z_k)^2} + \cdots + \frac{\alpha_{-m_k}^k}{(z - z_k)^{m_k}}, \quad k = 1, 2, \cdots, p.$$

当无穷远点是极点时, 设 $f(z)$ 在这点的主要部分是

$$g(z) = a_1 z + a_2 z^2 + \cdots + a_q z^q;$$

当无穷远点是可去奇点时, 令 $g(z) \equiv 0$.

令

$$G(z) = f(z) - F(z),$$

其中 $F(z) = h_1(z) + h_2(z) + \cdots + h_p(z) + g(z)$ 为一个有理函数. 由于展开式的唯一性, $G(z)$ 在点 $z_1, \cdots, z_p$ 和 ∞ 附近的 Laurent 展开式都不包含主要部分, 因此, 函数 $G(z)$ 除去在点 $z_1, z_2, \cdots, z_p$ 与 ∞ 有可去奇点外, 在其余各点都解析. 令

$$G(z_k) = \lim_{z \to z_k} G(z) \quad (k = 1, 2, 3, \cdots, p),$$

则 $G(z)$ 为一个有界整函数, 由 Liouville 定理, $G(z) = \alpha$, α 为常数, 从而 $f(z) = F(z) + \alpha$. 定理得证.

定义 4.15 如果有限复平面上的亚纯函数 $f(z)$ 不是有理函数, 则称 $f(z)$ 为超越亚纯函数.

例如 $\mathrm{e}^{1/z}$, $\dfrac{1}{1 + \mathrm{e}^z}$ 都是超越亚纯函数. 容易验证, 除 0 外, $\mathrm{e}^{1/z}$ 的函数值可以取到任何复数, 而 $\dfrac{1}{1 + \mathrm{e}^z}$ 的函数值除 0 和 1 外, 可以取到任何复数.

定理 4.39 若 $f(z)$ 是一个亚纯函数, 且取不到三个不同的值 a, b, c, 则 $f(z)$ 一定是常数.

证明 令 $g(z) = \dfrac{1}{f(z) - a}$, 则 $g(z)$ 是整函数, 且取不到 $\dfrac{1}{b - a}$ 和 $\dfrac{1}{c - a}$. 由定理 4.37, 结论得证.

习 题 4

1. 判断下列说法是否正确, 并给出证明或者反例.

(1) 设 $f_n(z) = \dfrac{1}{1 + nz}$, 则 $\{f_n(z)\}$ 在包含 0 的任何闭区域都不一致收敛到 $f(z) = 0$;

(2) 设 $f_n(z) = z^3 - \dfrac{z}{n}$, $|z| < 1$, 则 $\{f_n(z)\}$ 在 $|z| < 1$ 内一致收敛到 $f(z) = z^3$;

(3) $\displaystyle\sum_{n=0}^{\infty} 3^{-n} z^n$ 在 $|z| < r (0 < r < 3)$ 内一致收敛;

(4) $\displaystyle\sum_{n=0}^{\infty} \dfrac{z^2}{(1 + z^2)^n}$ 在 $|1 + z^2| \neq 1$ 内收敛;

(5) 若级数 $\displaystyle\sum_{n=0}^{\infty} a_n z^n$ 的收敛半径是 R, 则 $\displaystyle\sum_{n=0}^{\infty} a_n z^{2n}$ 和 $\displaystyle\sum_{n=0}^{\infty} a_n^2 z^n$ 的收敛半径分别是 $\sqrt{R}$ 和 R^2;

(6) 令 $k > 1$ 是整数, 设 $|z| = 1$ 且 $z \neq \omega_j, j = 0, 1, 2, \cdots, k - 1$, 这里 $\omega_j, j = 0, 1,$ $2, \cdots, k - 1$ 是 1 的 k 次方根, 则级数 $\sum\limits_{n=1}^{\infty} \dfrac{z^{kn}}{n}$ 收敛;

(7) 存在 $|z| < 1$ 上的解析函数 $f(z)$ 满足 $f\left(\dfrac{1}{2n}\right) = f\left(\dfrac{1}{2n+1}\right) = \dfrac{1}{n}, n \geqslant 2$;

(8) 若 $f(z)$ 在 $|z| < 1$ 上解析, 且对于实数 $x (|x| < 1)$, 有 $f(x) = -f(-x)$, 那么在 $|z| < 1$ 内有 $f(z) = -f(-z)$;

(9) 设 $k \neq 1$ 是常数, $f(z)$ 是整函数且对于任意的 z 都有 $f(z) = f(kz)$, 那么 $f(z)$ 是常数;

(10) 若 $f(z)$ 是亚纯函数, 则 $f(z)$ 和 $f'(z)$ 有相同的极点, 且 $f'(z)$ 的极点的阶是 $f(z)$ 对应极点的阶加 1.

2. 证明: 若 $|z_0| < 1$, 则 $\lim\limits_{n \to \infty} z_0^n = 0$; 若 $|z_0| > 1$, 则序列 $\{z_0^n\}$ 发散.

3. 判断下列级数的敛散性.

(1) $\sum\limits_{n=0}^{\infty} \dfrac{3 + 2\mathrm{i}}{(n+1)^n}$;　　　　(2) $\sum\limits_{n=0}^{\infty} \left(\dfrac{1 + 2\mathrm{i}}{1 - \mathrm{i}}\right)^n$;　　　　(3) $\sum\limits_{n=1}^{\infty} \dfrac{n\mathrm{i}^n}{2n + 1}$;

(4) $\sum\limits_{n=1}^{\infty} \dfrac{(-1)^n n^3}{(1 + \mathrm{i})^n}$;　　(5) $\sum\limits_{n=1}^{\infty} \left(\mathrm{i}^n - \dfrac{1}{n^2}\right)$;　　(6) $\sum\limits_{n=1}^{\infty} \dfrac{(3 + \mathrm{i})^n}{n!}$;

(7) $\sum\limits_{n=0}^{\infty} \dfrac{3}{(1 + \mathrm{i})^k}$;　　　　(8) $\sum\limits_{n=16}^{\infty} \left(\dfrac{1}{2\mathrm{i}}\right)^n$.

4. 求下列幂级数的收敛半径.

(1) $\sum\limits_{n=0}^{\infty} n^3 z^n$;　　　　(2) $\sum\limits_{n=0}^{\infty} 2^n (z - 1)^n$;　　(3) $\sum\limits_{n=1}^{\infty} \dfrac{(3 - \mathrm{i})^n}{n^2} (z + 2)^n$;

(4) $\sum\limits_{n=0}^{\infty} \dfrac{(-1)^n n}{3^n} (z - \mathrm{i})^n$;　(5) $\sum\limits_{n=0}^{\infty} \dfrac{1 + (-1)^n}{3} z^n$;　(6) $\sum\limits_{n=0}^{\infty} \dfrac{z^{2n}}{4^n}$.

5. 求下列函数在点 z_0 邻域内的 Taylor 展开式.

(1) $\dfrac{1}{1 + z}, z_0 = 0$;　　　(2) $\mathrm{e}^{-z^2}, z_0 = 0$;　　　(3) $z^3 \sin 3z, z_0 = 0$;

(4) $2\cos z - \mathrm{i}\mathrm{e}^z, z_0 = 0$;　(5) $\dfrac{1 + z}{1 - z}, z_0 = \mathrm{i}$;　　(6) $\cos z, z_0 = \dfrac{\pi}{4}$;

(7) $\dfrac{z}{(1 - z)^2}, z_0 = 0$;　　(8) $\dfrac{z^2}{1 - z}, z_0 = \mathrm{i}$.

6. 找出下列函数的零点, 并给出阶数.

(1) $\sin^2 z$;　　　　　　(2) $1 - \dfrac{z^2}{2} - \cos z$;　　(3) $z^3 \sin 3z^2$;

(4) $\sin z - \sin 2$;　　(5) $\dfrac{1 + z^2}{1 - z}$;　　　　(6) $(1 - \mathrm{e}^z)\sin z$.

7. 证明: 若 $P(z)$ 为次数小于或等于 n 的多项式, 并且在 n 个互异的点 $z_1, z_2, \cdots, z_n$ 的函数值为 0, 则

$$P(z) = c(z - z_1)(z - z_2) \cdots (z - z_n),$$

这里 c 为复常数.

8. 设函数 $f(z)$, $g(z)$ 在区域 D 内解析, 且对于任意的 $z \in D$ 都有 $f(z)g(z) = 0$, 利用解析函数的唯一性定理证明: 在区域 D 内 $f(z) \equiv 0$ 或 $g(z) \equiv 0$.

9. 设函数 $f(z)$, $g(z)$ 在点 a 解析, 且都不为 0, $f^{(k)}(a) = 0 = g^{(k)}(a)$, 这里 $k = 0, 1, 2, \cdots, n-1$. 若 $g^{(n)}(a) \neq 0$, 则有

$$\lim_{z \to a} \frac{f(z)}{g(z)} = \frac{f^{(n)}(a)}{g^{(n)}(a)}.$$

10. 把下列函数在给定区域内展开成 Laurent 级数.

(1) $f(z) = \dfrac{z^2 - 2z + 3}{z - 2}$, $|z - 1| > 1$;

(2) $f(z) = \dfrac{z}{(z-1)(z-2)}$, $|z| < 1$, $1 < |z| < 2$, $|z| > 2$;

(3) $f(z) = \dfrac{\mathrm{e}^{1/z}}{z^2 - 1}$, $|z| > 1$;

(4) $\dfrac{1}{\mathrm{e}^{1-z}}$, $|z| > 1$.

11. 求下列函数在其奇点的去心圆环内的 Laurent 展开式.

(1) $f(z) = \dfrac{3z - 5}{z^2 + 5z + 6}$;   (2) $f(z) = \dfrac{z - 1}{(z^2 + 1)^2}$;

(3) $f(z) = \dfrac{1}{z} + \dfrac{1}{z - 2} + \dfrac{1}{(z+1)^2}$;   (4) $f(z) = \mathrm{e}^{\frac{1}{1-z}}$.

12. 设函数 $f(z)$ 在圆环域 $r_1 < |z - z_0| < r_2$ 内解析且有界, $|f(z)| \leqslant M$. 证明 $f(z)$ 在此圆环域内的 Laurent 展开式的系数 α_j 满足

$$|\alpha_j| \leqslant \frac{M}{r_2^j}, \quad |\alpha_{-j}| \leqslant M r_1^j, \quad j = 0, 1, 2, \cdots.$$

13. 求下列函数的孤立奇点, 并判断类别.

(1) $\dfrac{\sin(3z)}{z^2} - \dfrac{3}{z}$;   (2) $\sin \dfrac{1}{z}$;   (3) $\dfrac{z^3 + 1}{z^2(z+1)}$;   (4) $z^2 \mathrm{e}^{1/z}$.

14. 设函数 $f(z)$ 在 $0 < |z - z_0| < R(0 < R \leqslant +\infty)$ 内解析, 证明 z_0 是 $f(z)$ 的极点的充要条件是

$$\lim_{z \to z_0} f(z) = \infty.$$

15. 设函数 $f(z)$ 在区域 D 内除有限个极点 $z_1, z_2, \cdots, z_n$ 外解析, 极点的阶数分别为 $m_1, m_2, \cdots, m_n$. 证明: 存在区域 D 内的解析函数 $g(z)$ 使得

$$f(z) = (z - z_1)^{-m_1}(z - z_2)^{-m_2} \cdots (z - z_n)^{-m_n} g(z).$$

16. 求下列函数在 ∞ 的奇点类型.

(1) $z^2 + 3$;   (2) $\dfrac{\mathrm{i}z + 1}{z - 1}$;   (3) $\sin z$;   (4) $\dfrac{\mathrm{e}^z - 1}{z(z - 2)}$.

第 5 章 复变函数的留数理论

复变函数的留数理论与 Cauchy 积分理论和 Weierstrass 级数理论有密切的联系. 本章首先介绍留数的定义、留数定理, 然后讨论留数在定积分和广义积分计算中的应用, 最后应用留数理论来解决解析函数零点个数的问题.

5.1 留数定理及其推广

本节介绍在复变函数论中起重要作用的留数理论, 它不仅为实函数的定积分和广义积分的计算提供了新的方法, 而且还是第 6 章复变函数几何理论的基础.

5.1.1 留数的定义

根据 3.2 节的 Cauchy 定理, 如果函数 $f(z)$ 在点 z_0 解析, 那么总存在以 z_0 为圆心的圆 $\Gamma : |z - z_0| = r$, 使得

$$\int_{\Gamma} f(z)\mathrm{d}z = 0.$$

但是, 如果 $f(z)$ 在 z_0 不解析, 例如, z_0 为函数 $f(z)$ 的孤立奇点时, 上式就不一定成立, 例如, $\displaystyle\int_{|z|=1} \frac{1}{z}\mathrm{d}z = 2\pi\mathrm{i}$, 见例3-4. 这提示我们考虑这样的情况: 曲线 Γ 内部有有限个孤立奇点时 $f(z)$ 沿曲线 Γ 的积分.

设 z_0 为 $f(z)$ 的孤立奇点. 由定理 4.25, 函数 $f(z)$ 在 z_0 的某去心邻域 $D : 0 < |z - z_0| < R$ 内可以展开成 Laurent 级数

$$f(z) = \sum_{n=-\infty}^{+\infty} \alpha_n (z - z_0)^n,$$

且 $f(z)$ 沿曲线 Γ 的积分等于右端每一项积分的和. 于是, 对上式两端沿圆 $\Gamma : |z - z_0| = r \ (0 < r < R)$ 积分,

$$\int_{|z-z_0|=r} f(z)\mathrm{d}z = \sum_{n=-\infty}^{+\infty} \int_{|z-z_0|=r} \alpha_n (z - z_0)^n.$$

由例 3-4, 上式右端这些积分值除了 $\displaystyle\int_{\Gamma} \alpha_{-1}(z - z_0)^{-1}\mathrm{d}z = 2\pi\mathrm{i}\alpha_{-1}$ 之外, 其余都为

零. 于是

$$\alpha_{-1} = \frac{1}{2\pi i} \int_\Gamma f(z)\mathrm{d}z. \tag{5.1}$$

α_{-1} 是在积分过程中残留下来的系数, 把它定义为 $f(z)$ 在点 z_0 的留数, 也称残数, 记为 $\mathrm{Res}(f(z), z_0)$, 即

$$\mathrm{Res}(f(z), z_0) = \frac{1}{2\pi i} \int_\Gamma f(z)\mathrm{d}z.$$

当 $f(z)$ 在 z_0 解析时, 其 Laurent 展开式中不含负幂项, 于是 $\alpha_{-1} = 0$.

例 5-1　考虑函数 $f(z) = \cot z = \dfrac{\cos z}{\sin z}$. 因为

$$\sin z = 0 \Leftrightarrow z = k\pi, \quad k \text{ 为整数},$$

所以 $z = k\pi$ (k 为整数) 是 $f(z)$ 的孤立奇点. 对每一个孤立奇点 $z = k\pi$, 有

$$\lim_{z \to k\pi}(z - k\pi)\cot z = \lim_{z \to k\pi}(z - k\pi)\frac{\cos z}{\sin z} = \lim_{z \to k\pi}\frac{z - k\pi}{\sin z}\lim_{z \to k\pi}\cos z$$
$$= \lim_{z \to k\pi}\frac{1}{\cos z}\lim_{z \to k\pi}\cos z = 1,$$

这样每一个孤立奇点 $z = k\pi$ 的 Laurent 展开式中 $(z - k\pi)^{-1}$ 的系数 $\alpha_{-1} = 1$. 于是由式 (5.1) 得到

$$\int_\Gamma \cot z\mathrm{d}z = 2\pi i,$$

其中 Γ 为圆 $|z - k\pi| = r(0 < r < \pi)$.

5.1.2　留数定理

定理 5.1　设 D 是复平面上由光滑或逐渐光滑简单或复合闭曲线 Γ 围成的区域, 若函数 $f(z)$ 在 D 内除有限个孤立奇点 $z_1, z_2, \cdots, z_n$ 外处处解析, 且 $f(z)$ 在 Γ 上也解析, 则有

$$\int_\Gamma f(z)\mathrm{d}z = 2\pi i \sum_{k=1}^n \mathrm{Res}(f(z), z_k). \tag{5.2}$$

证明　作 D 内以 z_k 为圆心的圆 Γ_k, $k = 1, 2, \cdots, n$, 使它们互相外离且都含于 D 内. 由定理 3.5 得到

$$\int_\Gamma f(z)\mathrm{d}z = \sum_{k=1}^n \int_{\Gamma_k} f(z)\mathrm{d}z,$$

再由留数的定义就可以得到式 (5.1).

考虑特殊情形: $f(z)$ 在区域 D 内解析. 此时 $f(z)$ 在 D 内没有孤立奇点, 这样式 (5.2) 的右端为零, 这就是 Cauchy 定理. 于是, Cauchy 定理可以看成留数定理的特例.

公式 (5.2) 的左端是积分值, 右端是留数值. 留数定理的意义在于将积分值和留数值联系起来. 于是, 在定理 5.1 的条件下, 可以通过计算函数 $f(z)$ 沿封闭曲线 Γ 的积分来计算留数, 反之也可以通过计算留数来计算积分. 积分的计算一般来讲比较困难. 因此, 留数定理的意义在于提供了计算积分的一种方法, 即通过留数来计算积分.

应用留数定理计算积分的关键在于能否有效地计算留数值. 留数值可以通过定义来计算, 即将 $f(z)$ 在孤立奇点 z_0 的去心邻域内展开成 Laurent 级数, 取出 $(z - z_0)^{-1}$ 前的系数 α_{-1} 即为留数, 这种方法往往比较繁琐. 除定义外还有什么简单的方法计算留数? 因为留数是相对于孤立奇点而言的, 所以留数的计算方法也与孤立奇点的类型有关. 下面介绍几种情形下留数的计算方法.

5.1.3 留数的计算方法

情形 1 z_0 为函数 $f(z)$ 的可去奇点.

这种情形下, $f(z)$ 在 z_0 的去心邻域的 Laurent 展开式中不含负幂项, 故 $\text{Res}(f(z), z_0) = 0$.

例如, 由

$$\lim_{z \to 0} \frac{\sin z^2}{z^2(z-1)} = -1,$$

可知函数 $f(z) = \dfrac{\sin z^2}{z^2(z-1)}$ 在 $z_0 = 0$ 有可去奇点, 因此 $\text{Res}(f(z), 0) = 0$. 由留数定理,

$$\int_{|z|=r} f(z)\mathrm{d}z = \int_{|z|=r} \frac{\sin z^2}{z^2(z-1)}\mathrm{d}z = 0, \quad 0 < r < 1.$$

情形 2 z_0 为函数 $f(z)$ 的本性奇点.

这种情形下, 将 $f(z)$ 在 z_0 的去心邻域内展开成 Laurent 级数, 取出系数 α_{-1} 就是留数.

例如, 由

$$\sin \frac{1}{z} = \frac{1}{z} - \frac{1}{3!}\frac{1}{z^3} + \cdots, \quad |z| > 0,$$

得到

$$\text{Res}\left(\sin \frac{1}{z}, 0\right) = 1,$$

这样

$$\int_{|z|=r} \sin \frac{1}{z}\mathrm{d}z = 1, \quad \forall r > 0.$$

情形 3 z_0 为函数 $f(z)$ 的极点.

对于极点情形, 有以下几种计算方法.

定理 5.2　设 z_0 是 $f(z)$ 的 m 阶极点, 则有

$$\operatorname{Res}(f(z), z_0) = \frac{1}{(m-1)!} \lim_{z \to z_0} g^{(m-1)}(z), \tag{5.3}$$

其中 $g(z) = (z - z_0)^m f(z)$, $g^{(0)}(z) = g(z)$. Laurent 展开式中 $(z-z_0)^{-k}$ 前的系数为

$$\alpha_{-k} = \frac{1}{(m-k)!} \lim_{z \to z_0} g^{(m-k)}(z), \quad k = 1, 2, \cdots, m. \tag{5.4}$$

证明　因为 z_0 是 $f(z)$ 的 m 阶极点, 所以 $f(z)$ 在 z_0 点有 Laurent 展开式

$$f(z) = \sum_{n=-m}^{+\infty} \alpha_n (z - z_0)^n$$
$$= \alpha_{-m}(z-z_0)^{-m} + \cdots + \alpha_{-1}(z-z_0)^{-1} + \alpha_0 + \cdots.$$

对于 $k \in \{1, 2, \cdots, m\}$, 需要在上面的展开式中取出 $(z-z_0)^{-k}$ 前的系数 α_{-k}. 为此, 由 $g(z)$ 的定义得

$$g(z) = (z - z_0)^m f(z) = \sum_{n=-m}^{+\infty} \alpha_n (z - z_0)^{n+m}$$
$$= \alpha_{-m} + \cdots + \alpha_{-1}(z-z_0)^{m-1} + \alpha_0(z-z_0)^m + \cdots,$$

上面展开式中 $(z-z_0)^{m-k}$ 前的系数为 α_{-k}. 两端求 $m-k$ 阶导数得

$$g^{(m-k)}(z) = (m-k)!\alpha_{-k} + (m-k)!\alpha_{-(k-1)}(z - z_0) + \cdots,$$

上式右端除第一项为常数外, 其余各项均含有因子 $z - z_0$. 令 $z \to z_0$, 可得

$$\lim_{z \to z_0} g^{(m-k)}(z) = (m-k)!\alpha_{-k},$$

由此即得式 (5.4). 特别地, 式 (5.4) 中取 $k = 1$ 得

$$\alpha_{-1} = \frac{1}{(m-1)!} \lim_{z \to z_0} g^{(m-1)}(z).$$

当 $m = 1$, 即当 z_0 是 $f(z)$ 的 1 阶极点时,

$$\operatorname{Res}(f(z), z_0) = \lim_{z \to z_0} (z - z_0)f(z),$$

由此得式 (5.3).

定理 5.3　设函数 $f(z) = \dfrac{P(z)}{Q(z)}$, 其中 $P(z)$ 和 $Q(z)$ 都在 z_0 点解析, 且 $P(z_0) \neq 0$, $Q(z_0) = 0$, $Q'(z_0) \neq 0$, 则有

$$\operatorname{Res}(f(z), z_0) = \frac{P(z_0)}{Q'(z_0)}. \tag{5.5}$$

特别地, 当 $P(z) \equiv 1$ 时,

$$\operatorname{Res}\left(\frac{1}{Q(z)}, z_0\right) = \frac{1}{Q'(z_0)}.$$

证明 由所给条件可知 z_0 不是 $P(z)$ 的零点, 是 $Q(z)$ 的 1 阶零点, 从而为 $f(z)$ 的 1 阶极点, 而此时

$$(z - z_0)f(z) = (z - z_0)\frac{P(z)}{Q(z)} = \frac{P(z)}{\dfrac{Q(z) - Q(z_0)}{z - z_0}}.$$

所以由式 (5.4) 和导数的定义得

$$\operatorname{Res}(f(z), z_0) = \lim_{z \to z_0}(z - z_0)f(z) = \frac{P(z_0)}{Q'(z_0)}.$$

定理 5.4 设 $f(z)$ 在 z_0 有孤立奇点, 且为 $(z - z_0)$ 的偶函数, 即 $f(z - z_0) = f(z_0 - z)$, 则 $\operatorname{Res}(f(z), z_0) = 0$.

证明 若 $f(z)$ 在 z_0 有孤立奇点, 且为 $(z - z_0)$ 的偶函数, 则 $f(z)$ 在 z_0 的去心邻域的 Laurent 展开式中不含 $(z - z_0)$ 奇次幂项. 因此留数为零.

下面再看几个例子.

例 5-2 求函数 $f(z) = \dfrac{z}{z^2 - 1}$ 的孤立奇点和留数.

解 $f(z) = \dfrac{z}{z^2 - 1}$ 两个 1 阶极点 -1 和 1, 由式 (5.3) 得

$$\operatorname{Res}(f(z), -1) = \lim_{z \to -1}(z + 1)\frac{z}{z^2 - 1} = \lim_{z \to -1}\frac{z}{z - 1} = \frac{1}{2},$$

$$\operatorname{Res}(f(z), 1) = \lim_{z \to 1}(z - 1)\frac{z}{z^2 - 1} = \lim_{z \to 1}\frac{z}{z + 1} = \frac{1}{2}.$$

也可以利用式 (5.5) 来求留数.

$$\operatorname{Res}(f(z), -1) = \frac{z}{2z}\Big|_{z=-1} = \frac{1}{2}, \quad \operatorname{Res}(f, 1) = \frac{z}{2z}\Big|_{z=1} = \frac{1}{2}.$$

例 5-3 设 $a \neq 0, n$ 为自然数. 设函数

$$f(z) = \frac{\varphi(z)}{a^n + z^n},$$

其中 $\varphi(z)$ 在满足 $z_0^n + a^n = 0$ 的所有 z_0 处解析, 且 $\varphi(z_0) \neq 0$. 求 $\operatorname{Res}(f(z), z_0)$.

解 由 1.1 节知 $z_0^n + a^n = 0$ 共有 n 个互异的 n 次方根, 又由 $\varphi(z_0) \neq 0$ 知 z_0 是 $f(z)$ 的 1 阶极点. 由式 (5.4) 得

$$\operatorname{Res}(f(z), z_0) = \frac{\varphi(z_0)}{nz_0^{n-1}} = \frac{z_0\varphi(z_0)}{nz_0^n} = -\frac{z_0\varphi(z_0)}{na^n}.$$

特别地, 若 $\varphi(z) = 1$, 则

$$\text{Res}((a^n + z^n)^{-1}, z_k) = -\frac{z_k}{na^n},$$

其中 $z_k(k = 1, \cdots, n)$ 为 $(z^n + a^n)^{-1}$ 的单极点. 若 $\varphi(z) = z^{n-1}$, 则

$$\text{Res}\left(\frac{z^{n-1}}{z^n + a^n}, z_k\right) = \frac{1}{n}, \quad a \neq 1.$$

例 5-4　计算积分 $\int_\Gamma \frac{3z - 1}{z(z - 1)^2} \mathrm{d}z$, 其中 Γ 为圆 $|z| = 3$.

解　记 $f(z) = \frac{3z - 1}{z(z - 1)^2}$, 它在圆 $|z| = 3$ 的内部有两个极点, 0 是 $f(z)$ 的 1 阶极点, 1 是 $f(z)$ 的 2 阶极点. 由式 (5.3) 得

$$\text{Res}(f(z), 0) = \lim_{z \to 0} z\frac{3z - 1}{z(z - 1)^2} = -1,$$

$$\text{Res}(f(z), 1) = \frac{1}{(2 - 1)!} \lim_{z \to 1} \frac{\mathrm{d}}{\mathrm{d}z}\left[(z - 1)^2 \frac{3z - 1}{z(z - 1)^2}\right] = 1.$$

再由留数定理得到

$$\int_\Gamma \frac{3z - 1}{z(z - 1)^2} \mathrm{d}z = 2\pi\mathrm{i}\left[\text{Res}(f, 0) + \text{Res}(f, 1)\right] = 2\pi\mathrm{i}(-1 + 1) = 0.$$

对于极点情形, 除了可以用式 (5.3) 计算留数外, 还可以用求 Laurent 展开式的方法, 需要视情况而定.

例 5-5　设 $f(z) = \frac{z - \sin z}{z^6}$. 0 是分子的 3 阶零点 (由 Taylor 展开式可知), 是分母的 6 阶零点, 于是 0 是 $f(z)$ 的 3 阶极点, 但是用公式 (5.3) 计算这个留数很麻烦, 而利用 Laurent 展开式就比较简单. 因为

$$\frac{z - \sin z}{z^6} = \frac{1}{z^6}\left[z - \left(z - \frac{z^3}{3!} + \frac{z^5}{5!} - \cdots\right)\right] = \frac{1}{3!z^3} - \frac{1}{5!z} + \cdots,$$

所以

$$\text{Res}(f(z), 0) = \alpha_{-1} = -\frac{1}{5!}.$$

另外, 不难看出, 如果 m 不是 $f(z)$ 的极点 z_0 的阶数, 而是比实际阶数要高, 这时公式 (5.3) 仍然成立. 这一特点用在某些函数留数的运算中, 可以简化计算. 例如对于函数 $f(z) = \frac{z - \sin z}{z^6}$, 有

$$\text{Res}(f(z), 0) = \frac{1}{(6 - 1)!} \lim_{z \to 0}\left[z^6\left(\frac{z - \sin z}{z^6}\right)\right]^{(5)}$$

$$= \frac{1}{5!} \lim_{z \to 0} (-\cos z) = -\frac{1}{5!}.$$

例 5-6 考虑函数 $f_1(z) = (z \sin z)^{-1}$. $f_1(z)$ 在 $z_0 = 0$ 有 2 阶极点, 在 $z_k = k\pi$ (k 为不等于 0 的整数) 有 1 阶极点. 注意到 $f_1(z)$ 是偶函数, 所以由定理 5.4 知

$$\mathrm{Res}\left((z\sin z)^{-1}, 0\right) = 0.$$

因为距离 0 最近的极点为 $\pm\pi$, 所以, 若 $\Gamma : |z| = r, 0 < r < \pi$, 则

$$\int_\Gamma \frac{1}{z \sin z} \mathrm{d}z = 0.$$

再考虑函数 $f_2(z) = z^{-4} \sin z$. $f_2(z)$ 在 $z_0 = 0$ 有 3 阶极点, 在 $z_k = k\pi$ (k 为不等于 0 的整数) 有 1 阶极点. 因为

$$f_2(z) = \frac{1}{z^3}\left[1 - \left(\frac{z^2}{3!} - \frac{z^4}{5!} + \cdots\right)\right] = \frac{1}{z^3} + \frac{1}{3!z} + \cdots, |z| = 0,$$

所以

$$\mathrm{Res}\left(z^{-4} \sin z, 0\right) = \frac{1}{6},$$

于是

$$\int_\Gamma \frac{\sin z}{z^4} \mathrm{d}z = \frac{\pi \mathrm{i}}{3},$$

其中 $\Gamma : |z| = r, 0 < r < \pi$.

例 5-7 考虑函数 $f(z) = (1 + z + z^2 + z^3)^{-1}$. 因为

$$1 - z^4 = (1 - z)(1 + z + z^2 + z^3),$$

所以 $z_k = \mathrm{e}^{k\pi \mathrm{i}/2}$ ($k = 1, 2, 3$) 是 $f(z)$ 的 1 阶极点. 于是

$$\mathrm{Res}\left(f(z), z_k\right) = -\frac{\mathrm{e}^{k\pi \mathrm{i}/2}(1 - \mathrm{e}^{(k\pi \mathrm{i}/2)})}{4} = \mathrm{i}\frac{\mathrm{e}^{3k\pi \mathrm{i}}}{2} \sin \frac{k\pi}{4}.$$

例 5-8 求积分 $I = \displaystyle\int_{|z|=1} \frac{1 - \cos z}{z^m} \mathrm{d}z$, 其中 m 为整数.

解 积分值与 m 的取值有关. 下面对 m 的取值情况分别讨论.

情形 1 $m \leqslant 0$. $\dfrac{1 - \cos z}{z^m}$ 为解析函数, 由 Cauchy 定理得 $I = 0$.

由 $\cos z$ 的 Taylor 展开式知

$$1 - \cos z = \frac{z^2}{2!} - \frac{z^4}{4!} + \frac{z^6}{6!} - \cdots = \sum_{k=1}^\infty (-1)^{k-1} \frac{z^{2k}}{(2k)!},$$

从而

$$\frac{1 - \cos z}{z^m} = \sum_{k=1}^{\infty} (-1)^{k-1} \frac{z^{2k-m}}{(2k)!}. \tag{5.6}$$

情形 2　$m = 1, 2$. $z = 0$ 为被积函数的可去奇点, 因此 $I = 0$.

情形 3　$m \geqslant 3$. 若 m 为偶数, 则式 (5.6) 中不含 $\dfrac{1}{z}$, 故 $I = 0$; 若 m 为奇数, 由 $2k - m = -1$ 得 $k = \dfrac{m-1}{2}$, 这样 $\dfrac{1}{z}$ 前的系数为

$$\alpha_{-1} = (-1)^{\frac{m-3}{2}} \frac{1}{(m-1)!},$$

从而有

$$I = \frac{(-1)^{\frac{m-3}{2}} 2\pi \mathrm{i}}{(m-1)!}.$$

例 5-9　求积分

$$I_\alpha = \int_{|z|=1} \frac{\operatorname{Re} z}{z - \alpha} \mathrm{d}z, \quad |\alpha| \neq 1.$$

解　对 $|z| = 1$ 有 $\operatorname{Re} z = (z + z^{-1})/2$, 于是

$$I_\alpha = \frac{1}{2} \int_{|z|=1} f(z) \mathrm{d}z,$$

这里

$$f(z) = \frac{z^2 + 1}{z(z - \alpha)} = \begin{cases} \dfrac{z^2 + 1}{z^2}, & \alpha = 0, \\[3mm] \dfrac{z^2 + 1}{\alpha} \left(\dfrac{1}{z - \alpha} - \dfrac{1}{z} \right), & \alpha \neq 0. \end{cases}$$

当 $\alpha = 0$ 时, 因为 $f(z) = \dfrac{z^2 + 1}{z^2}$ 为偶函数, 所以

$$I_0 = \operatorname{Res}(f(z), 0) = 0.$$

当 $0 < |\alpha| < 1$ 时, 由

$$\operatorname{Res}(f(z), 0) = -\frac{1}{\alpha}, \quad \operatorname{Res}(f(z), \alpha) = \frac{\alpha^2 + 1}{\alpha},$$

利用留数定理得到

$$I_\alpha = \frac{2\pi \mathrm{i}}{2} \left[\operatorname{Res}(f(z), 0) + \operatorname{Res}(f(z), \alpha) \right] = \pi \alpha \mathrm{i}.$$

当 $|\alpha| > 1$ 时, 由 Cauchy 积分公式得

$$I_\alpha = \frac{1}{2} \int_{|z|=1} \frac{(z^2 + 1)/(z - \alpha)}{z} \mathrm{d}z = \frac{2\pi \mathrm{i}}{2} \left(-\frac{1}{\alpha} \right) = -\frac{\pi \mathrm{i}}{\alpha}.$$

5.1.4 无穷远点的留数

设 $f(z)$ 在无穷远点的去心邻域即 $R < |z| < +\infty$ 内解析. 取圆 $\Gamma : |z| = r, r > R$. 定义 $f(z)$ 在无穷远点的留数为

$$\text{Res}(f(z), \infty) = \frac{1}{2\pi i} \int_{\Gamma^-} f(z) \mathrm{d}z,$$

这里 Γ^- 表示积分曲线的方向是沿顺时针方向取.

因为 $f(z)$ 在 $R < |z| < +\infty$ 解析, 所以设 $f(z)$ 在此邻域内的 Laurent 展开式为

$$f(z) = \sum_{n=-\infty}^{+\infty} \alpha_n z^n. \tag{5.7}$$

这样

$$\frac{1}{2\pi i} \int_{\Gamma^-} f(z) \mathrm{d}z = \sum_{n=-\infty}^{+\infty} \frac{\alpha_n}{2\pi i} \int_{\Gamma^-} z^n \mathrm{d}z = -\alpha_{-1},$$

即

$$\text{Res}(f(z), \infty) = -\alpha_{-1}.$$

将式 (5.7) 中的 z 换成 $\dfrac{1}{z}$ 得到

$$\frac{1}{z^2} f\left(\frac{1}{z}\right) = \sum_{n=-\infty}^{+\infty} \frac{\alpha_n}{z^{n+2}} = \sum_{n=-\infty}^{+\infty} \frac{\alpha_{n-2}}{z^n}, \quad 0 < |z| < \frac{1}{R},$$

于是

$$\text{Res}\left(\frac{1}{z^2} f\left(\frac{1}{z}\right), 0\right) = \alpha_{-1}$$

这样

$$\text{Res}(f(z), \infty) = -\text{Res}\left(\frac{1}{z^2} f\left(\frac{1}{z}\right), 0\right). \tag{5.8}$$

定理 5.5 (留数定理的推广) 设函数 $f(z)$ 在复平面内除有限个 (有限的) 孤立奇点 $z_1, \cdots, z_n$ 外处处解析, 则有

$$\text{Res}(f(z), \infty) + \sum_{k=1}^{n} \text{Res}(f(z), z_k) = 0.$$

证明 取 r 充分大, 使得 $\Gamma : |z| = r$ 包含所有奇点 $z_1, \cdots, z_n$. 再以 $z_k (k = 1, \cdots, n)$ 为圆心作小圆 Γ_k, 使得它们都包含在 Γ 内且互相外离. 这样 $f(z)$ 在 Γ 及 $\Gamma_k (k = 1, \cdots, n)$ 所围成的 $n+1$ 连通区域内解析. 由定理 2.3 即得结论.

定理 5.5 提供了用留数定理计算积分的思想: 当封闭曲线内孤立奇点较多, 而封闭曲线外孤立奇点较少时, 可通过计算无穷远点的留数并应用定理 5.5 来计算曲线内孤立奇点的留数和.

例 5-10 求积分

$$I = \frac{1}{2\pi i} \int_{|z|=R} \frac{z^{2n+3m-1}}{(z^2+a)^n(z^3+b)^m} \mathrm{d}z,$$

其中 a,b 为非零复数, m,n 为正整数, $R > \max\left\{|a|^{1/2}, |b|^{1/3}\right\}$.

解 被积函数

$$f(z) = \frac{z^{2n+3m-1}}{(z^2+a)^n(z^3+b)^m}$$

在 z^2+a 的两个零点 (设为 z_1, z_2) 处有 n 阶极点, 在 z^3+b 的三个零点 (设为 z_3, z_4, z_5) 处有 m 阶极点. 因为 $R > \max\left\{\sqrt{|a|}, |b|^{1/3}\right\}$, 所以这五个极点都在 $|z|=R$ 内. 由留数定理得

$$I = \sum_{j=1}^{5} \operatorname{Res}(f(z), z_j),$$

用推广的留数定理计算比较方便. 由定理 5.5 知 $I = -\operatorname{Res}(f(z), \infty)$. 由式 (5.8),

$$I = -\operatorname{Res}(f, \infty) = \operatorname{Res}\left(\frac{1}{z^2}f\left(\frac{1}{z}\right), 0\right) = \operatorname{Res}\left(\frac{1/z}{(1+az^2)^n(1+bz^3)^m}, 0\right) = 1.$$

5.2　留数在积分计算中的应用

留数的一个重要应用是计算定积分和广义积分. 5.1 节的留数理论和留数的计算方法为积分计算提供了新的方法. 本节介绍其在几种特殊类型的定积分和广义积分计算中的应用, 要注意我们是怎样把定积分和广义积分的问题转化为计算留数的问题的.

5.2.1　形如 $\int_0^{2\pi} R(\cos\theta, \sin\theta)\mathrm{d}\theta$ 的积分

先看一个例子.

例 5-11 计算积分 $I = \int_0^{2\pi} \frac{\mathrm{d}\theta}{c+\sin\theta}$, c 为实数, $|c| > 1$.

解 设 $z = \mathrm{e}^{\mathrm{i}\theta}$, 则

$$\sin\theta = \frac{\mathrm{e}^{\mathrm{i}\theta} - \mathrm{e}^{-\mathrm{i}\theta}}{2\mathrm{i}} = \frac{z^2-1}{2\mathrm{i}z},$$

$$c+\sin\theta = c + \frac{z^2-1}{2\mathrm{i}z} = \frac{z^2+2\mathrm{i}cz-1}{2\mathrm{i}z},$$

$$\mathrm{d}z = \mathrm{i}e^{\mathrm{i}\theta}\mathrm{d}\theta = \mathrm{i}z\mathrm{d}\theta,$$

而当 θ 从 0 到 2π 时, z 按逆时针方向沿单位圆 $\Gamma: |z| = 1$ 绕一周. 所以

$$I = \int_{|z|=1} \frac{2\mathrm{i}z}{z^2 + 2\mathrm{i}cz - 1} \frac{\mathrm{d}z}{\mathrm{i}z} = 2\int_{|z|=1} \frac{\mathrm{d}z}{z^2 + 2\mathrm{i}cz - 1} = 2\int_{|z|=1} \frac{\mathrm{d}z}{(z-\alpha)(z-\beta)}.$$

这里 α, β 为 $z^2 + 2\mathrm{i}cz - 1$ 的两个零点, 即

$$\alpha = -\mathrm{i}(c + \sqrt{c^2 - 1}), \quad \beta = -\mathrm{i}(c - \sqrt{c^2 - 1}) = -\frac{1}{\alpha}.$$

因为 $|c| > 1$, 且两个零点的乘积为 -1, 所以两个零点中, 一个在单位圆之内, 一个在单位圆之外. 事实上, 当 $c < -1$ 时, $|\alpha| < 1$, 而当 $c > 1$ 时, $|\beta| < 1$. 从而,

$$\mathrm{Res}\left(\frac{1}{z^2 + 2\mathrm{i}cz - 1}, \beta\right) = \frac{1}{\beta - \alpha} = \frac{1}{2\mathrm{i}\sqrt{c^2 - 1}},$$

$$\mathrm{Res}\left(\frac{1}{z^2 + 2\mathrm{i}cz - 1}, \alpha\right) = -\frac{1}{\beta - \alpha}.$$

由留数定理得到

$$I = \begin{cases} \dfrac{2\pi}{\sqrt{c^2 - 1}}, & c > 1, \\[3mm] -\dfrac{2\pi}{\sqrt{c^2 - 1}}, & c < -1. \end{cases}$$

总结上例的计算思想, 得到用留数和留数定理计算形如

$$\int_0^{2\pi} R(\cos\theta, \sin\theta)\mathrm{d}\theta$$

的积分的方法和步骤, 其中 $R(x, y)$ 是 x 和 y 的有理函数, 其分母在单位圆 $\Gamma: x^2 + y^2 = 1$ 上不为零. 计算方法是: 首先, 取 $z = e^{\mathrm{i}\theta}$, 则有

$$\cos\theta = \frac{z + z^{-1}}{2}, \quad \sin\theta = \frac{z - z^{-1}}{2\mathrm{i}} = \frac{z^2 - 1}{2\mathrm{i}z}, \quad \mathrm{d}\theta = \frac{\mathrm{d}z}{\mathrm{i}z}.$$

从而

$$\int_0^{2\pi} R(\cos\theta, \sin\theta)\mathrm{d}\theta = \int_\Gamma R\left(\frac{z + z^{-1}}{2}, \frac{z - z^{-1}}{2\mathrm{i}}\right)\frac{\mathrm{d}z}{\mathrm{i}z}, \tag{5.9}$$

由假设知上式右端的被积函数的分母在 $\Gamma: |z| = 1$ 上不为零, 其孤立奇点在单位圆之内或之外. 求出上式右端的被积函数在单位圆盘 $|z| < 1$ 内部的所有孤立奇点处的留数之和, 再利用留数定理就可以得到积分值.

例 5-12 计算积分 $\displaystyle\int_0^{2\pi} \frac{1}{a + b\cos\theta}\mathrm{d}\theta$, 其中 $a > b > 0$.

解　首先被积函数 $R(x, y) = \dfrac{1}{a + bx}$ 是 x, y 的有理函数 (此时不含变量 y),
且分母在单位圆 $\Gamma : x^2 + y^2 = 1$ 上不为零 (由 $|x| \leqslant 1$ 和 $a > b > 0$ 得到). 下
面将积分的计算转化为一个复变函数沿单位圆的积分. 若取 $z = \mathrm{e}^{\mathrm{i}\theta}$, 则有 $\cos\theta = \dfrac{\mathrm{e}^{\mathrm{i}\theta} + \mathrm{e}^{-\mathrm{i}\theta}}{2} = \dfrac{z + z^{-1}}{2}$, 且由 $\mathrm{d}z = \mathrm{i}\mathrm{e}^{\mathrm{i}\theta}\mathrm{d}\theta = \mathrm{i}z\mathrm{d}\theta$ 知 $\mathrm{d}\theta = \dfrac{\mathrm{d}z}{\mathrm{i}z}$. 而当 θ 从 0 到 2π 时, z
按逆时针方向沿 Γ 绕一周. 所以

$$\int_0^{2\pi} \frac{1}{a + b\cos\theta}\mathrm{d}\theta = \int_\Gamma \frac{1}{a + b(z + z^{-1})/2}\frac{\mathrm{d}z}{\mathrm{i}z} = \int_\Gamma \frac{-2\mathrm{i}}{bz^2 + 2az + b}\mathrm{d}z.$$

这样, 利用留数定理, 只需计算上式右端被积函数的留数就可以求出原积分.

函数 $f(z) = \dfrac{-2\mathrm{i}}{bz^2 + 2az + b}$ 在 $|z| < 1$ 内的极点只有一个

$$z_0 = \frac{-a + \sqrt{a^2 - b^2}}{b} \quad \left(|z_1| = \left| \frac{-a - \sqrt{a^2 - b^2}}{b} \right| > 1 \text{ 舍去} \right),$$

而

$$\mathrm{Res}(f(z), z_0) = \frac{-\mathrm{i}}{bz_0 + a} = \frac{-\mathrm{i}}{\sqrt{a^2 - b^2}},$$

所以

$$\int_0^{2\pi} \frac{1}{a + b\cos\theta}\mathrm{d}\theta = 2\pi\mathrm{i}\frac{-\mathrm{i}}{\sqrt{a^2 - b^2}} = \frac{2\pi}{\sqrt{a^2 - b^2}}.$$

例 5-13　计算 $I = \displaystyle\int_0^{2\pi} \frac{\cos 2\theta}{1 - 2p\cos\theta + p^2}\mathrm{d}\theta, \ 0 < p < 1.$

解　首先由 $\cos 2\theta = \cos^2\theta - \sin^2\theta$ 知被积函数

$$R(x, y) = \frac{x^2 - y^2}{1 - 2px + p^2}$$

是 x, y 的有理函数, 且由 $0 < p < 1$ 和

$$1 - 2px + p^2 = (1 - p)^2 + 2p(1 - x)$$

知分母在单位圆上不为零. 令 $z = \mathrm{e}^{\mathrm{i}\theta}$, 则

$$\cos 2\theta = \frac{z^2 + z^{-2}}{2}, \quad \cos\theta = \frac{z + z^{-1}}{2}, \quad \mathrm{d}z = \mathrm{i}z\mathrm{d}\theta.$$

因此

$$I = \int_0^{2\pi} \frac{\cos 2\theta}{1 - 2p\cos\theta + p^2}\mathrm{d}\theta$$

$$= \int_{|z|=1} \frac{z^2 + z^{-2}}{2} \frac{1}{1 - 2p\dfrac{z + z^{-1}}{2} + p^2} \frac{\mathrm{d}z}{\mathrm{i}z}$$

$$= \int_{|z|=1} \frac{1 + z^4}{2\mathrm{i}z^2(1 - pz)(z - p)} \mathrm{d}z = \int_{|z|=1} f(z)\mathrm{d}z.$$

函数 $f(z) = \dfrac{1 + z^4}{2\mathrm{i}z^2(1 - pz)(z - p)}$ 有奇点 $z_1 = 0$ (2 阶), $z_2 = \dfrac{1}{p}$ (1 阶) 和 $z_3 = p$ (1 阶), 而只有 z_1, z_3 在单位圆内.

$$\begin{aligned}
\mathrm{Res}\,(f(z), 0) &= \lim_{z \to 0} \frac{\mathrm{d}}{\mathrm{d}z} \left\{ z^2 \frac{1 + z^4}{2\mathrm{i}z^2(1 - pz)(z - p)} \right\} \\
&= \lim_{z \to 0} \frac{4z^3(z - p - pz^2 + p^2 z) - (1 + z^4)(1 - 2pz + p^2)}{2\mathrm{i}(1 - pz)^2(z - p)^2} \\
&= -\frac{1 + p^2}{2\mathrm{i}p^2},
\end{aligned}$$

$$\mathrm{Res}\,(f(z), p) = \lim_{z \to p} \left\{ (z - p) \frac{1 + z^4}{2\mathrm{i}z^2(1 - pz)(z - p)} \right\} = \frac{1 + p^4}{2\mathrm{i}p^2(1 - p^2)}.$$

因此由留数定理得到

$$I = 2\pi\mathrm{i} \left\{ -\frac{1 + p^2}{2\mathrm{i}p^2} + \frac{1 + p^4}{2\mathrm{i}p^2(1 - p^2)} \right\} = \frac{2\pi p^2}{1 - p^2}.$$

5.2.2 形如 $\displaystyle\int_{-\infty}^{+\infty} R(x)\mathrm{d}x$ 的积分

先看一个例子.

例 5-14 计算积分 $I = \displaystyle\int_{-\infty}^{+\infty} \frac{\mathrm{d}x}{1 + x^2}$.

解 引入

$$R(z) = \frac{1}{1 + z^2} = \frac{1}{2\mathrm{i}} \left(\frac{1}{z - \mathrm{i}} - \frac{1}{z + \mathrm{i}} \right).$$

$R(z)$ 在复平面上除去两个点 $z_1 = \mathrm{i}$ 和 $z_2 = -\mathrm{i}$ 之外解析. 设 Γ_r 是以原点为圆心, 以 r 为半径的上半圆, 取积分路径为 $\Gamma = [-r, r] + \Gamma_r$, 方向为逆时针. 当 $r > 1$ 时, $R(z)$ 在上半平面的孤立奇点 $z_1 = \mathrm{i}$ 包含在 Γ 内. 由留数定理得

$$\int_\Gamma R(z)\mathrm{d}z = 2\pi\mathrm{i}\mathrm{Res}(R(z), \mathrm{i}) = \pi, \tag{5.10}$$

而

$$\int_\Gamma R(z)\mathrm{d}z = \int_{-r}^{r} R(x)\mathrm{d}x + \int_{\Gamma_r} R(z)\mathrm{d}z, \tag{5.11}$$

取 $r \to +\infty$, 上式左端的值为 π, 右端第一项趋向于 I, 而第二项

$$\left| \int_{\Gamma_r} R(z)\mathrm{d}z \right| \leqslant \frac{\pi r}{r^2 - 1} \to 0, \quad r \to +\infty.$$

这样在式 (5.11) 两端取 $r \to +\infty$, 并利用式 (5.10) 得到 $I = \pi$.

总结上例的计算思想, 得到用留数和留数定理计算形如

$$\int_{-\infty}^{+\infty} R(x)\mathrm{d}x$$

的积分的方法和步骤, 其中 $R(x)$ 是关于 x 的有理函数, 分母在实轴上不为零, 且分母的次数比分子的次数至少高二次 (保证广义积分收敛). 这时, 不妨设

$$R(z) = \frac{z^m + a_1 z^{m-1} + \cdots + a_m}{z^n + b_1 z^{n-1} + \cdots + b_n}, \quad n - m \geqslant 2.$$

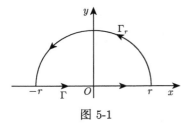

图 5-1

设 Γ_r 是以原点为圆心, 以 r 为半径的上半圆, 取积分路径为 $\Gamma = [-r, r] + \Gamma_r$, 并且取 r 充分大, 使得 $R(z)$ 的所有在上半平面的孤立奇点都包含在 Γ 内, 见图 5-1.

由假设, $R(z)$ 在实轴上没有孤立奇点. 由留数定理得

$$\int_{-r}^{r} R(x)\mathrm{d}x + \int_{\Gamma_r} R(z)\mathrm{d}z = 2\pi\mathrm{i} \sum \mathrm{Res}(R(z), z_k), \tag{5.12}$$

其中 $\{z_k\}$ 是 $R(z)$ 的所有上半平面内的孤立奇点. 根据闭路变形原理, 半径 r 的增大不会影响等式成立. 注意到

$$\begin{aligned}
|R(z)| &= \frac{|z|^m}{|z|^n} \frac{|1 + a_1 z^{-1} + \cdots + a_m z^{-m}|}{|1 + b_1 z^{-1} + \cdots + b_n z^{-n}|} \\
&\leqslant \frac{1}{|z|^{n-m}} \frac{1 + |a_1 z^{-1} + \cdots + a_m z^{-m}|}{1 - |b_1 z^{-1} + \cdots + b_n z^{-n}|},
\end{aligned}$$

且 $n - m \geqslant 2$, 总可以让 $|z| = r$ 足够大, 使得

$$|R(z)| \leqslant \frac{1}{|z|^{n-m}} \frac{1 + 1/3}{1 - 1/3} \leqslant \frac{2}{r^2},$$

这样, 当 $r \to +\infty$ 时, 就有

$$\left| \int_{\Gamma_r} R(z)\mathrm{d}z \right| \leqslant \int_{\Gamma_r} |R(z)|\mathrm{d}s < \frac{2}{r^2}\pi r = \frac{2\pi}{r} \to 0.$$

所以式 (5.12) 两端取极限 $r \to +\infty$ 得

$$\int_{-\infty}^{+\infty} R(x)\mathrm{d}x = \lim_{r \to \infty} \left[\int_{-r}^{r} R(x)\mathrm{d}x + \int_{\Gamma_r} R(z)\mathrm{d}z \right]$$
$$= 2\pi\mathrm{i} \sum \mathrm{Res}(R(z), z_k). \tag{5.13}$$

例 5-15 计算积分 $\displaystyle\int_{0}^{+\infty} \frac{x^2}{(x^2+a^2)^2}\mathrm{d}x, a > 0.$

解 记 $R(x) = \dfrac{x^2}{(x^2+a^2)^2}$, 它是偶函数, 所以

$$\int_{0}^{+\infty} \frac{x^2}{(x^2+a^2)^2}\mathrm{d}x = \frac{1}{2} \int_{-\infty}^{+\infty} \frac{x^2}{(x^2+a^2)^2}\mathrm{d}x.$$

函数 $R(z) = \dfrac{z^2}{(z^2+a^2)^2}$ 在上半平面只有一个 2 阶极点 $z_0 = a\mathrm{i}$. 由式 (5.13) 得

$$\int_{-\infty}^{+\infty} \frac{x^2}{(x^2+a^2)^2}\mathrm{d}x = 2\pi\mathrm{i}\mathrm{Res}(R(z), a\mathrm{i})$$
$$= 2\pi\mathrm{i} \lim_{z \to a\mathrm{i}} \frac{\mathrm{d}}{\mathrm{d}z} \left[\frac{z^2}{(z+a\mathrm{i})^2} \right] = \frac{\pi}{2a},$$

所以

$$\int_{0}^{+\infty} \frac{x^2}{(x^2+a^2)^2}\mathrm{d}x = \frac{\pi}{4a}.$$

例 5-16 计算积分 $I = \displaystyle\int_{-\infty}^{+\infty} \frac{x^2\mathrm{d}x}{(x^2+a^2)(x^2+b^2)}, a > 0, b > 0.$

解 函数 $\dfrac{z^2}{(z^2+a^2)(z^2+b^2)}$ 在上半平面的极点为 $a\mathrm{i}, b\mathrm{i}$, 均为 1 阶, 而

$$\mathrm{Res}\left(\frac{z^2}{(z^2+a^2)(z^2+b^2)}, a\mathrm{i} \right)$$
$$= \lim_{z \to a\mathrm{i}} (z - a\mathrm{i}) \frac{z^2}{(z^2+a^2)(z^2+b^2)} = \frac{-a}{2\mathrm{i}(b^2-a^2)}.$$

由 a 与 b 的对称性知

$$\mathrm{Res}\left(\frac{z^2}{(z^2+a^2)(z^2+b^2)}, b\mathrm{i} \right) = \frac{-b}{2\mathrm{i}(a^2-b^2)}.$$

这样

$$I = \int_{-\infty}^{+\infty} \frac{x^2\mathrm{d}x}{(x^2+a^2)(x^2+b^2)} = 2\pi\mathrm{i} \left[\frac{-a}{2\mathrm{i}(b^2-a^2)} + \frac{-b}{2\mathrm{i}(a^2-b^2)} \right] = \frac{\pi}{a+b}.$$

5.2.3 形如 $\int_{-\infty}^{+\infty} R(x)e^{iax}dx(a>0)$ 的积分

先看一个例子.

例 5-17 计算积分 $\int_{-\infty}^{+\infty} \dfrac{\cos x}{x^2+4x+5}dx$.

解 取函数 $R(z)=\dfrac{1}{z^2+4z+5}$, 它在实轴上没有孤立奇点, 在上半平面只有一个 1 阶极点 $z_0=-2+\mathrm{i}$. 取 $\Gamma=[-r,r]+\Gamma_r$, 积分路线如图 5-1. 当 $r>|z_0|=\sqrt{5}$ 时, 由留数定理得

$$
\begin{aligned}
\int_{\Gamma} R(z)e^{iz}dz &= \int_{-r}^{r} R(x)e^{ix}dx + \int_{\Gamma_r} R(z)e^{iz}dz \\
&= 2\pi i \mathrm{Res}\left(R(z)e^{iz}, z_0\right) \\
&= 2\pi i \cdot \left.\frac{e^{iz}}{2z+4}\right|_{z=-2+i} = \pi e^{-1}[\cos(-2)+i\sin(-2)] \\
&= \pi e^{-1}(\cos 2 - i\sin 2).
\end{aligned} \tag{5.14}
$$

下面估计上式右端第二项当 $r\to +\infty$ 时的极限:

$$
\begin{aligned}
\left|\int_{\Gamma_r} R(z)e^{iz}dz\right| &\leqslant \int_{\Gamma_r} |R(z)e^{iz}|\,|dz| \leqslant \int_{\Gamma_r} \frac{1}{|z|^2|1+4/z+5/z^2|}|dz| \\
&\leqslant \int_{\Gamma_r} \frac{1}{r^2}ds = \frac{2}{r^2}\pi r = \frac{2\pi}{r} \to 0.
\end{aligned}
$$

这样, $r\to+\infty$ 时, 式 (5.14) 取极限得到

$$
\int_{-\infty}^{+\infty} \frac{\cos x + i\sin x}{x^2+4x+5}dx = \pi e^{-1}(\cos 2 - i\sin 2).
$$

两端取实部有

$$
\int_{-\infty}^{+\infty} \frac{\cos x}{x^2+4x+5}dx = \pi e^{-1}\cos 2,
$$

同时, 两端取虚部, 得到

$$
\int_{-\infty}^{+\infty} \frac{\sin x}{x^2+4x+5}dx = -\pi e^{-1}\sin 2.
$$

总结上例的计算思想, 得到用留数和留数定理计算形如

$$
\int_{-\infty}^{+\infty} R(x)e^{iax}dx \quad (a>0)
$$

的积分的方法和步骤, 其中 $R(x)$ 是关于 x 的有理函数, 分母在实轴上不为零, 且分母比分子的次数至少高一次 (保证积分收敛). 此时, 取积分路线如图 5-1. 利用留数定理, 当 r 充分大时,

$$\int_{-r}^{r} R(x)\mathrm{e}^{iax}\mathrm{d}x + \int_{\Gamma_r} R(z)\mathrm{e}^{iaz}\mathrm{d}z = 2\pi i \sum \mathrm{Res}(R(z)\mathrm{e}^{iaz}, z_k),$$

其中 $\{z_k\}$ 为上半平面内 $R(z)$ 的所有孤立奇点. 注意到

$$\begin{aligned} |R(z)| &= \frac{|z|^m}{|z|^n} \frac{|1 + a_1 z^{-1} + \cdots + a_m z^{-m}|}{|1 + b_1 z^{-1} + \cdots + b_n z^{-n}|} \\ &\leqslant \frac{1}{|z|^{n-m}} \frac{1 + |a_1 z^{-1} + \cdots + a_m z^{-m}|}{1 - |b_1 z^{-1} + \cdots + b_n z^{-n}|}, \end{aligned}$$

且 $n - m \geqslant 1$, 当 $|z| = r$ 充分大时, 有

$$|R(z)| \leqslant \frac{1}{|z|^{n-m}} \frac{1 + 1/3}{1 - 1/3} \leqslant \frac{2}{r},$$

这样,

$$\begin{aligned} \left| \int_{\Gamma_r} R(z)\mathrm{e}^{iaz}\mathrm{d}z \right| &\leqslant \int_{\Gamma_r} |R(z)||\mathrm{e}^{iaz}|\mathrm{d}s < \int_{\Gamma_r} \frac{2}{r}\mathrm{e}^{-ay}\mathrm{d}s \\ &= 2\int_0^{\pi} \mathrm{e}^{-ar\sin\theta}\mathrm{d}\theta = 4\int_0^{\pi/2} \mathrm{e}^{-ar\sin\theta}\mathrm{d}\theta. \end{aligned}$$

因为当 $0 \leqslant \theta \leqslant \dfrac{\pi}{2}$ 时,

$$\frac{2}{\pi} \leqslant \frac{\sin\theta}{\theta} \leqslant 1,$$

所以

$$\int_0^{\pi/2} \mathrm{e}^{-ar\sin\theta}\mathrm{d}\theta \leqslant \int_0^{\pi/2} \mathrm{e}^{-\frac{2ar\theta}{\pi}}\mathrm{d}\theta = \frac{\pi}{2ar}(1 - \mathrm{e}^{-ar}) \to 0, \quad r \to +\infty.$$

这样,

$$\int_{-\infty}^{+\infty} R(x)\mathrm{e}^{iax}\mathrm{d}x = 2\pi i \sum \mathrm{Res}(R(z)\mathrm{e}^{iaz}, z_k)$$

或

$$\int_{-\infty}^{+\infty} R(x)\cos ax\mathrm{d}x + i\int_{-\infty}^{+\infty} R(x)\sin ax\mathrm{d}x = 2\pi i \sum \mathrm{Res}(R(z)\mathrm{e}^{iaz}, z_k),$$

其中 $\{z_k\}$ 是 $R(z)$ 在上半平面内的所有孤立奇点.

例 5-18   计算积分 $I = \int_0^{+\infty} \dfrac{x\sin x}{x^2+a^2}\mathrm{d}x,\ a > 0$.

解   上述积分为 $\int_0^{+\infty} \dfrac{x\mathrm{e}^{\mathrm{i}x}}{x^2+a^2}\mathrm{d}x$ 的虚部. 因为函数 $\dfrac{z}{z^2+a^2}$ 在上半平面有 1 个 1 阶极点 $z = a\mathrm{i}$, 而

$$\mathrm{Res}\left(\frac{z\mathrm{e}^{\mathrm{i}z}}{z^2+a^2}, a\mathrm{i}\right) = \left.\frac{z\mathrm{e}^{\mathrm{i}z}}{2z}\right|_{z=a\mathrm{i}} = \left.\frac{\mathrm{e}^{\mathrm{i}z}}{2}\right|_{z=a\mathrm{i}} = \frac{\mathrm{e}^{-a}}{2},$$

故

$$\int_{-\infty}^{+\infty} \frac{x\mathrm{e}^{\mathrm{i}x}}{x^2+a^2}\mathrm{d}x = 2\pi\mathrm{i}\frac{\mathrm{e}^{-a}}{2} = \frac{\pi\mathrm{i}}{\mathrm{e}^a},$$

这样

$$I = \int_0^{+\infty} \frac{x\sin x}{x^2+a^2}\mathrm{d}x = \frac{\pi}{2\mathrm{e}^a}.$$

需要注意的是, 在 5.2.2 节和 5.2.3 节中, 求出的是无穷限广义积分的主值. 不过, 只需求出主值即可, 因为如果这类广义积分收敛, 那么主值就是所要求的积分的值.

另外, 在 5.2.2 节和 5.2.3 节中, 都要求有理函数 $R(z)$ 的分母在实轴上不为零. 当 $R(z)$ 不满足这一条件时, 可以作辅助小圆绕开实轴上的孤立奇点.

例 5-19   计算积分 $\int_0^{+\infty} \dfrac{\sin x}{x}\mathrm{d}x$.

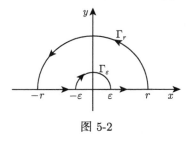

图 5-2

注   本例中的函数不符合 5.2.3 节中有理函数的条件, 因为此时 $R(z) = \dfrac{1}{z}$ 在实轴上有零点.

解   先计算积分 $\int_{-\infty}^{+\infty} \dfrac{\mathrm{e}^{\mathrm{i}x}}{x}\mathrm{d}x$. 函数 $\dfrac{\mathrm{e}^{\mathrm{i}z}}{z}$ 只在实轴上有 1 个 1 阶极点 $z_0 = 0$. 作积分路径如图 5-2. 其中 $\Gamma_r, \Gamma_\varepsilon$ 是以原点为圆心, 分别以 r, ε 为半径的上半圆, 方向如图所示. 由 Cauchy 定理得

$$\int_\varepsilon^r \frac{\mathrm{e}^{\mathrm{i}x}}{x}\mathrm{d}x + \int_{\Gamma_r} \frac{\mathrm{e}^{\mathrm{i}z}}{z}\mathrm{d}z + \int_{-r}^{-\varepsilon} \frac{\mathrm{e}^{\mathrm{i}x}}{x}\mathrm{d}x + \int_{\Gamma_\varepsilon^-} \frac{\mathrm{e}^{\mathrm{i}z}}{z}\mathrm{d}z = 0. \qquad (5.15)$$

沿 $\Gamma_r, \Gamma_\varepsilon^-$ 的积分的方向分别是逆时针与顺时针.

先考虑 $\int_{\Gamma_\varepsilon^-} \dfrac{\mathrm{e}^{\mathrm{i}z}}{z}\mathrm{d}z$. 当 $z \neq 0$ 时, $\dfrac{\mathrm{e}^{\mathrm{i}z}}{z} = \dfrac{1}{z} + \varphi(z)$, 其中 $\varphi(z)$ 在 $z = 0$ 解析. 于是

$$\int_{\Gamma_\varepsilon^-} \frac{\mathrm{e}^{\mathrm{i}z}}{z}\mathrm{d}z = \int_{\Gamma_\varepsilon^-} \frac{1}{z}\mathrm{d}z + \int_{\Gamma_\varepsilon^-} \varphi(z)\mathrm{d}z = -\pi\mathrm{i} + \int_{\Gamma_\varepsilon^-} \varphi(z)\mathrm{d}z.$$

因为 $\varphi(z)$ 在 $z = 0$ 解析, 故在 $z = 0$ 的某邻域内, $|\varphi(z)|$ 有上界, 设为 M. 这样, 当 ε 足够小时,

$$\left| \int_{\Gamma_\varepsilon^-} \varphi(z)\mathrm{d}z \right| \leqslant \int_{\Gamma_\varepsilon^-} |\varphi(z)|\mathrm{d}s \leqslant M \cdot 2\pi\varepsilon.$$

故有

$$\lim_{\varepsilon \to 0} \int_{\Gamma_\varepsilon^-} \frac{\mathrm{e}^{\mathrm{i}z}}{z}\mathrm{d}z = -\pi\mathrm{i}.$$

而对于 $\int_{\Gamma_r} \dfrac{\mathrm{e}^{\mathrm{i}z}}{z}\mathrm{d}z$ 有

$$\left| \int_{\Gamma_r} \frac{\mathrm{e}^{\mathrm{i}z}}{z}\mathrm{d}z \right| \leqslant \int_{\Gamma_r} \frac{|\mathrm{e}^{\mathrm{i}z}|}{|z|}\mathrm{d}s = \frac{1}{r}\int_{\Gamma_r} \mathrm{e}^{-y}\mathrm{d}s = \int_0^\pi \mathrm{e}^{-r\sin\theta}\mathrm{d}\theta = 2\int_0^{\frac{\pi}{2}} \mathrm{e}^{-r\sin\theta}\mathrm{d}\theta$$

$$\leqslant 2\int_0^{\frac{\pi}{2}} \mathrm{e}^{-r(2\theta/\pi)}\mathrm{d}\theta = \frac{\pi}{r}(1 - \mathrm{e}^{-r}).$$

所以

$$\lim_{r \to +\infty} \int_{\Gamma_r} \frac{\mathrm{e}^{\mathrm{i}z}}{z}\mathrm{d}z = 0.$$

综上, 在式 (5.15) 中取 $r \to +\infty$ 和 $\varepsilon \to 0$, 就有

$$\int_{-\infty}^{+\infty} \frac{\mathrm{e}^{\mathrm{i}x}}{x}\mathrm{d}x = \pi\mathrm{i},$$

于是

$$\int_0^{+\infty} \frac{\sin x}{x}\mathrm{d}x = \frac{1}{2}\int_{-\infty}^{+\infty} \frac{\sin x}{x}\mathrm{d}x = \frac{\pi}{2}.$$

例 5-20 计算积分 $I = \displaystyle\int_0^{+\infty} \frac{\sin^2 x}{x^2}\mathrm{d}x$.

解 取 $f(z) = \dfrac{1 - \mathrm{e}^{2\mathrm{i}z}}{z^2}$. 当 $z = x$ 取实数时,

$$\mathrm{Re}f(x) = \mathrm{Re}\frac{1 - \mathrm{e}^{2\mathrm{i}x}}{x^2} = \frac{1 - \cos 2x}{x^2} = \frac{2\sin^2 x}{x^2}. \tag{5.16}$$

取积分路径如图 5-2, 由 Cauchy 定理得

$$\int_\varepsilon^r \frac{1 - \mathrm{e}^{2\mathrm{i}x}}{x^2}\mathrm{d}x + \int_{\Gamma_r} \frac{1 - \mathrm{e}^{2\mathrm{i}z}}{z^2}\mathrm{d}z + \int_{-r}^{-\varepsilon} \frac{1 - \mathrm{e}^{2\mathrm{i}x}}{x^2}\mathrm{d}x + \int_{\Gamma_\varepsilon^-} \frac{1 - \mathrm{e}^{2\mathrm{i}z}}{z^2}\mathrm{d}z = 0. \tag{5.17}$$

首先考虑 $\displaystyle\int_{\Gamma_\varepsilon^-} \frac{1 - \mathrm{e}^{2\mathrm{i}z}}{z^2}\mathrm{d}z$. 当 $z \neq 0$ 时, $\dfrac{1 - \mathrm{e}^{2\mathrm{i}z}}{z^2} = \dfrac{-2\mathrm{i}}{z} + \varphi(z)$, 其中 $\varphi(z)$ 在 $z = 0$

解析. 于是

$$\int_{\Gamma_\varepsilon^-} \frac{1 - e^{2iz}}{z^2} dz = -2i \int_{\Gamma_\varepsilon^-} \frac{1}{z} dz + \int_{\Gamma_\varepsilon^-} \varphi(z) dz = -2\pi + \int_{\Gamma_\varepsilon^-} \varphi(z) dz.$$

如例 5-18, 可证

$$\int_{\Gamma_\varepsilon^-} \varphi(z) dz \to 0, \quad \varepsilon \to 0.$$

从而

$$\lim_{\varepsilon \to 0} \int_{\Gamma_\varepsilon^-} \frac{1 - e^{2iz}}{z^2} dz = -2\pi.$$

再考虑 $\displaystyle\int_{\Gamma_r} \frac{1 - e^{2iz}}{z^2} dz$. 因为当 $y > 0$ 时, $\left| 1 - e^{2iz} \right| \leqslant 1 + e^{-2y} \leqslant 2$, 所以

$$\left| \int_{\Gamma_r} \frac{1 - e^{2iz}}{z^2} dz \right| \leqslant \frac{2\pi}{r},$$

由此得到

$$\int_{\Gamma_r} \frac{1 - e^{2iz}}{z^2} dz \to 0, \quad r \to +\infty.$$

综上, 在式 (5.17) 中取 $r \to +\infty$ 和 $\varepsilon \to 0$, 就有

$$\int_{-\infty}^{+\infty} \frac{1 - e^{2ix}}{x^2} dx = 2\pi.$$

上式左右取实部, 并联合 (5.16) 得到

$$I = \int_0^{+\infty} \frac{\sin^2 x}{x^2} dx = \frac{\pi}{2}.$$

注　本例也可以直接用数学分析中的分部积分求得. 因为

$$\int_0^r \frac{\sin x}{x} dx = \int_0^{r/2} \frac{\sin 2x}{x} dx = 2 \int_0^{r/2} \frac{\sin x}{x} d(\sin x)$$

$$= \frac{2 \sin^2 x}{x} \bigg|_0^{r/2} - 2 \int_0^{r/2} \sin x \, d \left(\frac{\sin x}{x} \right)$$

$$= \frac{4 \sin^2(r/2)}{r} - 2 \int_0^{r/2} \frac{\sin x}{x} d(\sin x) + 2 \int_0^{r/2} \frac{\sin^2 x}{x^2} dx$$

$$= \frac{4 \sin^2(r/2)}{r} - \int_0^{r/2} \frac{\sin 2x}{x} dx + 2 \int_0^{r/2} \frac{\sin^2 x}{x^2} dx,$$

所以

$$\int_0^{r/2} \frac{\sin x}{x} dx = \frac{2 \sin^2(r/2)}{r} + \int_0^{r/2} \frac{\sin^2 x}{x^2} dx.$$

上式右端第一项当 $r \to +\infty$ 时趋于零, 于是由例 5-19,

$$\int_0^{+\infty} \frac{\sin^2 x}{x^2} \mathrm{d}x = \int_0^{+\infty} \frac{\sin x}{x} \mathrm{d}x = \frac{\pi}{2}.$$

最后需要说明: 本节只是对几种特殊类型的定积分和广义积分, 用留数和留数定理计算了它们的积分值. 但定积分和广义积分的计算问题目前仍是一个难题, 没有一个方法能解决所有的积分计算问题, 留数定理的方法也不例外.

5.3 辐角原理与 Rouché 定理

留数和留数定理不仅可以计算积分值, 而且可以用于研究解析函数的零点的个数问题, 这是本节的主要内容.

5.3.1 辐角原理

定义 5.1 若函数 $f(z)$ 在复平面上除去有极点外解析, 则称之为亚纯函数.

关于亚纯函数的零点与极点的个数问题, 有下列结论.

引理 5.1 设 $f(z)$ 在简单闭曲线 Γ 上解析且没有零点, 而在 Γ 的内部 D 内为亚纯函数, 那么 $f(z)$ 在 D 内至多有有限个零点和极点.

证明 用反证法. 由假设, $f(z)$ 在 D 内不恒为零. 设 $f(z)$ 在 D 内有无穷多个零点. 记 $D' = D \backslash \{\zeta_k\}_{k=1}^\infty$, 其中 $\{\zeta_k\}_{k=1}^\infty$ 为 $f(z)$ 的极点集合. 这样 $f(z)$ 在除去其极点的区域 D' 内解析. 因为 $f(z)$ 在 D' 内有无穷多个零点, 所以可取出不同的零点作一个序列 $\{z_n\}_{n=1}^\infty$. 因为 $\{z_n\}_{n=1}^\infty$ 是有界序列, 所以存在子列, 仍记为 $\{z_n\}_{n=1}^\infty$, 收敛于点 z_0. 由于 $f(z)$ 在边界上不为零, 所以点 z_0 必在区域内. 而这与解析函数零点的孤立性 (见定理 4.22) 相矛盾.

为证 $f(z)$ 在 D 内至多有有限个极点, 只要考虑 $\dfrac{1}{f(z)}$, 用同样的方法即得.

作为引理 5.1 的一个特例, 若 $f(z)$ 在简单闭曲线 Γ 上解析且没有零点, 而在 Γ 的内部 D 内为解析函数, 那么 $f(z)$ 在 D 内至多有有限个零点.

定理 5.6 若 $f(z)$ 在光滑或逐段光滑简单闭曲线 Γ 上解析且没有零点, 而在其内部亚纯, 则有

$$\frac{1}{2\pi\mathrm{i}} \int_\Gamma \frac{f'(z)}{f(z)} \mathrm{d}z = N - P, \tag{5.18}$$

其中, N 与 P 分别为 $f(z)$ 在 Γ 内零点与极点的总个数, 且每个 m 阶零点或极点分别算作 m 个零点或极点.

证明 由引理 5.1 知 $f(z)$ 在 Γ 内只有有限个零点和极点, 分别设为 $\alpha_1, \alpha_2, \cdots, \alpha_l$ 与 $\beta_1, \beta_2, \cdots, \beta_k$, 其中 α_s 的级数为 n_s, $s = 1, 2, \cdots, l$, β_q 的级数为 p_q, $q =$

$1, 2, \cdots, k.$ 这样按 N 与 P 的定义有

$$N = \sum_{s=1}^{l} n_s, \quad P = \sum_{q=1}^{k} p_q.$$

先来讨论 $f(z)$ 在其零点或极点的邻域内的一种性质. 设 z_0 是 $f(z)$ 的零点或极点, 且 $f(z)$ 在 z_0 的某个邻域内除 z_0 外处处解析, 不恒为常数且没有零点. 于是由定理 4.21 和定理 4.28 知

$$f(z) = (z - z_0)^n \varphi(z),$$

其中 $\varphi(z)$ 在上述邻域内解析且不为零. 按上述表示, 当 $n > 0$ 时, z_0 为 $f(z)$ 的 n 阶零点, 当 $n < 0$ 时, z_0 为 $f(z)$ 的 n 阶极点. 在该邻域内

$$\frac{f'(z)}{f(z)} = \frac{n(z - z_0)^{n-1}\varphi(z) + (z - z_0)^n \varphi'(z)}{(z - z_0)^n \varphi(z)} = \frac{n}{z - z_0} + \frac{\varphi'(z)}{\varphi(z)},$$

由于 $\varphi(z) \neq 0$, 所以 z_0 是 $\dfrac{f'(z)}{f(z)}$ 的 1 阶极点, 且

$$\mathrm{Res}\left(\frac{f'(z)}{f(z)}, z_0\right) = n.$$

由上述特点利用留数定理可知

$$\frac{1}{2\pi i}\int_\Gamma \frac{f'(z)}{f(z)}\mathrm{d}z = \sum_{s=1}^{l}\mathrm{Res}\left(\frac{f'(z)}{f(z)}, \alpha_s\right) + \sum_{q=1}^{k}\mathrm{Res}\left(\frac{f'(z)}{f(z)}, \beta_q\right)$$

$$= \sum_{s=1}^{l} n_s - \sum_{q=1}^{k} p_q = N - P.$$

这就是式 (5.18). 定理 5.6 证毕.

特别地, 如果定理 5.6 中 $f(z)$ 在 Γ 的内部解析, 那么有

$$\int_\Gamma \frac{f'(z)}{f(z)}\mathrm{d}z = 2\pi i N.$$

下面解释式 (5.1) 的几何意义. 注意到 $\mathrm{d}\mathrm{Ln}\, f(z) = \dfrac{f'(z)}{f(z)}\mathrm{d}z$, 所以

$$\frac{1}{2\pi i}\int_\Gamma \frac{f'(z)}{f(z)}\mathrm{d}z = \frac{1}{2\pi i}\int_\Gamma \mathrm{d}\mathrm{Ln}\, f(z)$$

$$= \frac{1}{2\pi i}\left[\int_\Gamma \mathrm{d}\ln|f(z)| + i\int_\Gamma \mathrm{d}\,\mathrm{Arg}\, f(z)\right].$$

当变量 z 从 z_0 出发沿闭曲线 Γ 的正向绕行一周时,

$$\int_\Gamma \mathrm{d}\ln|f(z)| = \ln|f(z_0)| - \ln|f(z_0)| = 0.$$

但是 $\operatorname{Arg} f(z)$ 可能改变: 若 z 的对应点 $f(z)$ 沿不围绕原点的闭曲线 $f(\Gamma)$ 绕行回到起点, 则有 $\operatorname{Arg} f(z)$ 不改变; 若所沿绕行曲线 $f(\Gamma)$ 围绕原点, 则改变量记为 $\Delta_\Gamma \operatorname{Arg} f(z)$, 见图 5-3. 于是

$$\frac{1}{2\pi\mathrm{i}} \int_\Gamma \frac{f'(z)}{f(z)} \mathrm{d}z = \frac{1}{2\pi\mathrm{i}} \int_\Gamma \mathrm{d}\operatorname{Arg} f(z) = \frac{\Delta_\Gamma \operatorname{Arg} f(z)}{2\pi}.$$

所以式 (5.18) 说明曲线 Γ 绕原点的圈数.

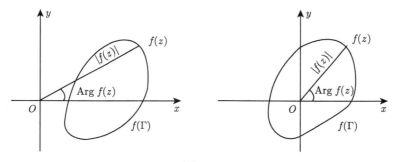

图 5-3

当 $f(z)$ 在 Γ 的内部解析, 就有

$$N = \frac{1}{2\pi\mathrm{i}} \int_\Gamma \frac{f'(z)}{f(z)} \mathrm{d}z = \frac{\Delta_\Gamma \operatorname{Arg} f(z)}{2\pi}, \tag{5.19}$$

这就是辐角原理.

定理 5.7 (辐角原理)   若 $f(z)$ 在光滑或逐段光滑简单闭曲线 Γ 上解析且没有零点, 而在其内部亚纯, 则 $f(z)$ 在 Γ 的内部零点与极点个数之差, 等于变量 z 沿 Γ 的正向绕行一周后 $\operatorname{Arg} f(z)$ 的改变量乘以 $\dfrac{1}{2\pi}$, 即

$$N - P = \frac{\Delta_\Gamma \operatorname{Arg} f(z)}{2\pi}, \tag{5.20}$$

其中, N 与 P 分别为 $f(z)$ 在 Γ 内零点与极点的总个数, 且每个 m 阶零点或极点分别算作 m 个零点或极点.

特别地, 当 $f(z)$ 在 Γ 的内部解析且在 Γ 上不为零时, 就有式 (5.19) 成立.

5.3.2　Rouché 定理

定理 5.8 (Rouché 定理)　设函数 $f(z)$ 与 $g(z)$ 在光滑或逐段光滑简单闭曲线 Γ 上及其内部解析, 并且在 Γ 上, $|g(z)| < |f(z)|$, 那么在 Γ 的内部 $f(z)$ 与 $f(z) + g(z)$ 的零点的个数相同.

证明　由条件可知, 在 Γ 上 $f(z)$ 与 $f(z) + g(z)$ 都没有零点, 零点只出现在 Γ 的内部. 设 N 与 M 分别为 $f(z)$ 与 $f(z) + g(z)$ 零点的个数, 于是由式 (5.19) 知

$$N = \frac{\Delta_\Gamma \operatorname{Arg} f(z)}{2\pi},$$

$$M = \frac{\Delta_\Gamma \operatorname{Arg}\left[f(z) + g(z)\right]}{2\pi} = \frac{\Delta_\Gamma \operatorname{Arg} f(z)}{2\pi} + \frac{1}{2\pi}\Delta_\Gamma \operatorname{Arg}\left[1 + \frac{g(z)}{f(z)}\right].$$

因为在 Γ 上 $|g(z)| < |f(z)|$, 于是点 $w = 1 + \dfrac{g(z)}{f(z)}$ 总在以 1 为圆心的单位圆内, 当 z 沿 Γ 绕行时, 其像曲线不围绕原点, 于是 $\Delta_\Gamma \operatorname{Arg}\left[1 + \dfrac{g(z)}{f(z)}\right] = 0$, 所以 $N = M$, 得证.

Rouché 定理可用来求方程在一个区域内的根的个数.

例 5-21　如果 $a > \mathrm{e}$, 试证方程 $\mathrm{e}^z = az^n$ 在 $|z| < 1$ 内有 n 个根.

证明　令 $g(z) = -\mathrm{e}^z$, $f(z) = az^n$, 易知在单位圆上 $|g(z)| < |f(z)|$, 于是在 $|z| < 1$ 内方程的根与 $f(z)$ 的零点的个数相同, 即为 n 个.

例 5-22　证明对任意 $R > 0$, 存在整数 $N = N(R)$, 使得当 $n > N$ 时, 函数

$$f_n(z) = 1 + z + \frac{z^2}{2!} + \cdots + \frac{z^n}{n!}$$

在 $|z| < R$ 内没有零点.

证明　注意到当 $n \to +\infty$ 时, $f_n(z) \to \mathrm{e}^z$. 因此, 对任意 $\varepsilon > 0$, 存在 N, 使得 $n > N$ 时, 在圆 $|z| = R$ 上,

$$|f_n(z) - \mathrm{e}^z| < \varepsilon.$$

选择 $\varepsilon < \min\limits_{|z|=R} |f_n(z)|$, 由上式得到

$$|f_n(z) - \mathrm{e}^z| < |f_n(z)|, \quad |z| = R.$$

注意到 $\forall z, \mathrm{e}^z \neq 0$, 由 Rouché 定理即得.

例 5-23　用 Rouché 定理证明代数基本定理: 任意的 n 次方程

$$a_0 z^n + a_1 z^{n-1} + \cdots + a_n = 0 \quad (a_0 \neq 0)$$

有 n 个根 (重根按重数个根算).

证 令 $f(z) = a_0 z^n$, $g(z) = a_1 z^{n-1} + \cdots + a_n$, 于是

$$\left| \frac{g(z)}{f(z)} \right| = \left| \frac{a_1 z^{n-1} + \cdots + a_n}{a_0 z^n} \right| \leqslant \left| \frac{a_1}{a_0} \right| \cdot \frac{1}{|z|} + \cdots + \left| \frac{a_n}{a_0} \right| \cdot \frac{1}{|z|^n},$$

取圆 $|z| = R$, 当 R 充分大时, 有 $\left| \dfrac{g(z)}{f(z)} \right| < 1$, 于是在圆内 $f(z)$ 的零点的个数与 n 次方程根的个数相同, 而 $f(z)$ 在圆内零点的个数为 n. 又因为圆上和圆的外部 $|g(z)| < |f(z)|$ 仍成立, 所以该 n 次方程不能有根, 否则, 就有 $|g(z)| = |f(z)|$, 所以原方程有且仅有 n 个根.

习 题 5

1. 判断下列说法是否正确, 并给出证明或者反例.

(1) 设函数 $f(z)$ 和 $g(z)$ 在 z_0 的去心邻域内解析, a, b 是复常数, 那么

$$\text{Res}(af(z) + bg(z), z_0) = a\text{Res}(f(z), z_0) + b\text{Res}(g(z), z_0);$$

(2) 如果 z_0 是 $f(z)$ 的本性奇点, c 是非零复数, 那么 $\dfrac{z_0}{c}$ 是 $f(cz)$ 的本性奇点, 且有 $\text{Res}(f(z), z_0/c) = (1/c)\text{Res}(f(z), z_0)$;

(3) 如果 z_0 是 $f(z)$ 的本性奇点, 那么 $f'(z)$ 和 $(z - z_0)f'(z)$ 在 z_0 点的留数为 0;

(4) 如果 $f(z) = \displaystyle\sum_{n=-\infty}^{+\infty} a_n z^n$ 和 $g(z) = \displaystyle\sum_{n=-\infty}^{+\infty} b_n z^n$ 都以 0 为本性奇点, 那么

$$\text{Res}(f(z)g(z), 0) = \sum_{n=-\infty}^{+\infty} a_n b_{-n-1};$$

(5) 设 $f(z)$ 是有理函数, 且分母的次数高于分子的次数至少两次, 那么 $f(z)$ 在所有极点处留数的和是 0;

(6) 如果 $p(z)$ 是一个 $n\,(n \geqslant 2)$ 次多项式那么对于足够大的 R,

$$\int_{|z|=R} \frac{\mathrm{d}z}{p(z)} = 0;$$

(7) $f(z) = (1 + z + z^2 + \cdots + z^{n-1})^{-1}$ 有单极点

$$z_k = \mathrm{e}^{2k\pi \mathrm{i}/n}, \quad k = 1, 2, \cdots, n-1,$$

且 $\text{Res}(f(z), z_k) = 2\mathrm{i}\dfrac{\mathrm{e}^{3k\pi \mathrm{i}/n}}{n} \sin(k\pi/n)$;

(8) 方程 $\mathrm{e}^z = 2 + 3z$ 在单位圆盘内至多只有一个根.

2. 计算下列函数在 $z_0 = 0$ 点的留数.

(1) $\dfrac{1}{(\sin z)^2}$;　　　　　(2) $\dfrac{1}{\sin(z^2)}$;　　　　　(3) $z^3 \sin\dfrac{1}{z}$;

(4) $e^{-1/z^2}\cos z$;　　　　　　(5) $\dfrac{(1+z^2)^{n+k}}{z^{2n+1}}$.

3. 求函数 $f(z) = e^{1/z^n}$ 在 $z = 0$ 的留数, 并计算积分 $\displaystyle\int_{|z|=1} e^{1/z^n}\,\mathrm{d}z$.

4. 求函数 $f(z) = \dfrac{\sin(z^2)}{z^2(z-a)}$, $a \neq 0$ 在孤立奇点处的留数, 并计算积分

$$\int_{|z|=r} \frac{\sin(z^2)}{z^2(z-a)}\,\mathrm{d}z, \quad r \neq |a|.$$

5. 求下列函数在所有孤立奇点处的留数.

(1) $\dfrac{\cos z}{z^2(z-\pi)^3}$;　　　　　　(2) $\dfrac{z(z-2)}{(z+4)^2(z-1)^2}$;

(3) $\dfrac{z^3+7}{(z-2)^3}$;　　　　　　(4) $\left(\dfrac{z^2+z+1}{z+1}\right)^3$.

6. 用留数定理计算下列积分.

(1) $\displaystyle\int_{|z|=5} \frac{\sin z}{z^2-4}\,\mathrm{d}z$;　　　　(2) $\displaystyle\int_{|z|=3} \frac{e^z}{z(z-2)^3}\,\mathrm{d}z$;

(3) $\displaystyle\int_{|z|=2\pi} \tan z\,\mathrm{d}z$;　　　　(4) $\displaystyle\int_{|z|=3} \frac{e^{iz}}{z^2(z-2)(z+5i)}\,\mathrm{d}z$;

(5) $\displaystyle\int_{|z|=1} \frac{1}{z^2\sin z}\,\mathrm{d}z$;　　　　(6) $\displaystyle\int_{|z|=3} \frac{3z+2}{z^4+1}\,\mathrm{d}z$;

(7) $\displaystyle\int_{|z|=8} \frac{1}{z^2+z+1}\,\mathrm{d}z$;　　　　(8) $\displaystyle\int_{|z|=1} \frac{e^z}{z^2(z^2-9)}\,\mathrm{d}z$;

(9) $\displaystyle\int_{|z|=1} \frac{\sin^6 z}{(z-\pi/6)^3}\,\mathrm{d}z$;　　　(10) $\displaystyle\int_{|z|=1} \frac{1-\cos z}{(e^z-1)\sin z}\,\mathrm{d}z$;

(11) $\displaystyle\int_{|z|=1} \frac{(e^z-e^{-z})^2}{z^3}\,\mathrm{d}z$;　　(12) $\displaystyle\int_{|z|=1} \frac{z}{z^4-6z^2+1}\,\mathrm{d}z$.

7. 证明下列等式.

(1) $\displaystyle\int_0^{2\pi} \frac{\mathrm{d}\theta}{a+b\cos\theta} = \frac{2\pi}{\sqrt{a^2-b^2}}\ (a,b\in\mathbf{R}, |b| < |a|)$;

(2) $\displaystyle\int_0^{2\pi} \frac{\mathrm{d}\theta}{(a+b\cos^2\theta)} = \frac{(2a+b)\pi}{[a(a+b)]^{3/2}}$, $a,b > 0$;

(3) $\displaystyle\int_0^{2\pi} \frac{\cos^2 3\theta}{1+\alpha^2-2\alpha\cos 2\theta}\,\mathrm{d}\theta = \frac{(1-\alpha^2-\alpha)\pi}{1-\alpha}$, $-1 < \alpha \neq 0 < 1$;

(4) $\displaystyle\int_0^{2\pi} \frac{\cos 2\theta}{1+\alpha^2-2\alpha\cos\theta}\,\mathrm{d}\theta = -\frac{(\alpha^4-\alpha^2+1)}{\alpha^2(\alpha^2-1)}$, $0 < |\alpha| < 1$;

(5) $\displaystyle\int_0^{2\pi} \frac{\mathrm{d}\theta}{a+b\cos\theta+c\sin\theta} = \frac{2\pi}{\sqrt{a^2-b^2-c^2}}$, $a^2 > b^2 + c^2$;

(6) $\displaystyle\int_0^{2\pi} \frac{\mathrm{d}\theta}{(a+b\cos\theta+c\sin\theta)^2} = \frac{2\pi a}{\sqrt[3]{a^2-b^2-c^2}}$, $a^2 > b^2 + c^2$.

8. 证明下列等式.

(1) $\displaystyle\int_{-\infty}^{+\infty} \frac{x^2 - x + 2}{x^4 + 10x^2 + 9}\mathrm{d}x = \frac{5\pi}{12}$;

(2) $\displaystyle\int_{-\infty}^{+\infty} \frac{\mathrm{d}x}{a^2 + 2b^2 x^2 + c^2 x^4} = \frac{\pi/(2\sqrt{2})}{a\sqrt{b^2 - ac}}$, $a, b, c > 0$, $b^2 - ac > 0$;

(3) $\displaystyle\int_{0}^{+\infty} \frac{\mathrm{d}x}{(x^2 + m^2)(x^2 + n^2)} = \frac{\pi}{2mn(m + n)}$, $m, n > 0$;

(4) $\displaystyle\int_{0}^{+\infty} \frac{\mathrm{d}x}{(1 + x^2)^n} = \frac{(2(n-1))!}{2^{2(n-1)}((n-1)!)^2}\frac{\pi}{2}$, n 为自然数.

9. 证明下列等式.

(1) $\displaystyle\int_{0}^{+\infty} \frac{\cos x}{(1 + x^2)^{n+1}}\mathrm{d}x = \frac{\pi}{\mathrm{e}(n!)2^{2n+1}} \sum_{k=0}^{n} \frac{(2n - k)!2^k}{k!(n - k)!}$, n 为自然数;

(2) $\displaystyle\int_{0}^{+\infty} \frac{\cos ax}{(x^2 + m^2)^2}\mathrm{d}x = \frac{\pi}{4m^3}(1 + am)\mathrm{e}^{-am}$, $a, m > 0$;

(3) $\displaystyle\int_{0}^{+\infty} \frac{x \sin ax}{(x^2 + m^2)^2}\mathrm{d}x = \frac{\pi a}{4m\mathrm{e}^{am}}$, $a, m > 0$;

(4) $\displaystyle\int_{0}^{+\infty} \frac{\cos ax\,\mathrm{d}x}{(x^2 + m^2)(x^2 + n^2)} = \frac{\pi(m\mathrm{e}^{-an} - n\mathrm{e}^{-am})}{2(m^2 - n^2)mn}$, $m > n > 0, a > 0$;

(5) $\displaystyle\int_{0}^{+\infty} \frac{x \sin ax\,\mathrm{d}x}{(x^2 + m^2)(x^2 + n^2)} = \frac{\pi(\mathrm{e}^{-an} - \mathrm{e}^{-am})}{2(m^2 - n^2)}$, $m > n > 0, a > 0$.

10. 下面哪些函数在复平面上是亚纯函数?

(1) $2z + z^5$;

(2) $\ln z$;

(3) $\dfrac{\sin z}{z^3 + 1}$;

(4) $\mathrm{e}^{1/z}$;

(5) $\tan z$;

(6) $\dfrac{2\mathrm{i}}{(z - 3)^2} + \cos z$.

11. 证明 $\displaystyle\int_{0}^{+\infty} \frac{\sin^3 x}{x^3}\mathrm{d}x = \frac{3\pi}{8}$.

提示: 取 $f(z) = \dfrac{(1 - \mathrm{e}^{3\mathrm{i}z}) - 3(1 - \mathrm{e}^{\mathrm{i}z})}{z^3}$, 利用

$$\sin^3 x = \left(\frac{\mathrm{e}^{\mathrm{i}x} - \mathrm{e}^{-\mathrm{i}x}}{2\mathrm{i}}\right)^3 = \frac{1}{4}\mathrm{Im}\left[(1 - \mathrm{e}^{3\mathrm{i}x}) - 3(1 - \mathrm{e}^{\mathrm{i}x})\right].$$

12. 计算积分

$$\int_{|z|=3} \frac{f'(z)}{f(z)}\mathrm{d}z,$$

其中 $f(z) = \dfrac{z^2(z - \mathrm{i})^3\mathrm{e}^z}{3(z + 2)^4(3z - 18)^5}$.

13. 证明多项式 $f(z) = z^5 + 3z + 1$ 的 5 个零点都在圆盘 $|z| < 2$ 内.

14. 求函数 $f(z) = \dfrac{(z - 8)^2 z^3}{(z - 5)^4(z + 2)^2(z - 1)^5}$ 在圆 $\Gamma : |z| = 4$ 内的极点的个数.

15. 证明方程 $z + 3 + 2e^z = 0$ 恰好有一个根在左半平面.

16. 设 $f(z)$ 在闭圆盘 $\Gamma : |z| \leqslant \rho$ 解析, 并在 Γ 上不等于 w_0. 说明积分

$$\frac{1}{2\pi i} \int_\Gamma \frac{f'(z)}{f(z) - w_0} \mathrm{d}z$$

的值等于 $f(z) = w_0$ 在 Γ 的零点个数.

第6章 复变函数的几何理论

本章讲述复变函数的几何理论, 即将解析函数看成从定义域到值域的映射, 并考虑其几何性质. 本章主要内容是共形映射、分式线性映射、Riemann 定理和解析开拓.

6.1 共 形 映 射

6.1.1 单叶解析函数的性质

首先给出单叶解析函数的定义.

定义 6.1 设函数 $f(z)$ 在区域 D 内解析. 若对 D 内任意不同的两点 $z_1 \neq z_2$, 有 $f(z_1) \neq f(z_2)$, 则 $f(z)$ 称为 D 内的单叶解析函数, 简称单叶函数.

从这个定义可以看出: 单叶函数确定一个单射的解析函数.

单叶函数的几何性质可分为两类: 局部性质和整体性质. 局部性质只需在某点的小邻域内成立, 而整体性质需要在某区域内成立. 例如, 函数 $f_1(z) = \mathrm{e}^z$, 它在任何半径小于 π 的圆盘中是单叶的, 但它在任何半径大于 π 的圆盘中不是单叶的, 这是因为在此圆盘中存在两个点 z 和 $z + 2\pi\mathrm{i}$, 而 $\mathrm{e}^z = \mathrm{e}^{z+2\pi\mathrm{i}}$, 参见 2.2 节. 又如, 函数 $f_2(z) = z^2$, 它在任何包含原点的开集中不单叶, 这是因为在这个开集中, 必存在两点 z_1 和 $z_2 = -z_1$, 使得 $z_1^2 = z_2^2$; 但对任意的 $z_0 \neq 0$, 存在 z_0 的一个邻域, 使 $f_2(z) = z^2$ 是单叶的, 即它在任何非零点 z_0 附近是单叶的, 称为局部单叶.

定理 6.1 设函数 $f(z)$ 在 $z = z_0$ 解析, 并且 $f'(z_0) \neq 0$, 那么 $f(z)$ 在 z_0 的一个邻域内单叶解析.

证明 用反证法. 假设, 对任意自然数 n, 存在互异的两点 $\xi_n, \zeta_n \in N_{1/n}(z_0)$, 使得 $f(\xi_n) = f(\zeta_n)$. 显然 $\lim\limits_{n\to\infty} \xi_n = z_0$, $\lim\limits_{n\to\infty} \zeta_n = z_0$.

设 $\Gamma : |z - z_0| = R$, R 足够小使得 $f(z)$ 在 Γ 上及其内部解析. 当 n 充分大时, ξ_n, ζ_n 位于 Γ 内部. 对这些 n, 利用 Cauchy 积分公式得

$$0 = \frac{f(\zeta_n) - f(\xi_n)}{\zeta_n - \xi_n} = \frac{1}{\zeta_n - \xi_n}\left[\frac{1}{2\pi\mathrm{i}}\int_\Gamma \frac{f(z)}{z - \zeta_n}\mathrm{d}z - \frac{1}{2\pi\mathrm{i}}\int_\Gamma \frac{f(z)}{z - \xi_n}\mathrm{d}z\right]$$

$$= \frac{1}{2\pi\mathrm{i}}\int_\Gamma \frac{f(z)}{(z - \zeta_n)(z - \xi_n)}\mathrm{d}z.$$

当 $n \to \infty$ 时, 被积函数 $\dfrac{f(z)}{(z - \zeta_n)(z - \xi_n)}$ 在 Γ 上一致收敛于 $\dfrac{f(z)}{(z - z_0)^2}$, 因此上述

积分收敛. 由定理 4.10 和高阶导数公式得到

$$0 = \lim_{n\to\infty} \frac{f(\zeta_n) - f(\xi_n)}{\zeta_n - \xi_n} = \lim_{n\to\infty} \frac{1}{2\pi i} \int_\Gamma \frac{f(z)}{(z-\zeta_n)(z-\xi_n)} dz$$
$$= \frac{1}{2\pi i} \int_\Gamma \frac{f(z)}{(z-z_0)^2} dz = f'(z_0).$$

与已知条件 $f'(z_0) \neq 0$ 矛盾. 定理 6.1 证毕.

为了研究单叶函数的其他性质, 需要证明下面的引理.

引理 6.1　设函数 $w = f(z)$ 在 $z = z_0$ 解析, $w_0 = f(z_0)$, 且 $f'(z_0) = \cdots = f^{(p-1)}(z_0) = 0$, 而 $f^{(p)}(z_0) \neq 0$, $p = 1, 2, 3, \cdots$. 那么 $f(z) - w_0$ 在 z_0 有 p 阶零点, 且对于充分小的正数 ρ, 可找到一个正数 μ, 使得当 $0 < |w - w_0| < \mu$ 时, $f(z) - w$ 在 $0 < |z - z_0| < \rho$ 内有 p 个一阶零点.

证明　将 $f(z)$ 在 z_0 附近展开成 Taylor 级数, 由定理 4.17 并利用所给条件得

$$f(z) = w_0 + \frac{f^{(p)}(z_0)}{p!}(z-z_0)^p + \frac{f^{(p+1)}(z_0)}{(p+1)!}(z-z_0)^{p+1} + \cdots,$$

由此得

$$f(z) - w_0 = \frac{f^{(p)}(z_0)}{p!}(z-z_0)^p + \frac{f^{(p+1)}(z_0)}{(p+1)!}(z-z_0)^{p+1} + \cdots.$$

因为 $f^{(p)}(z_0) \neq 0$, 所以由定理 4.21 知 $f(z) - w_0$ 在 z_0 有 p 阶零点.

由 $f(z)$ 不恒等于常数 (否则 $f^{(p)}(z_0) = 0$) 得 $f'(z)$ 不恒等于零. 由解析函数零点的孤立性, 以 z_0 为圆心作圆 $L: |z - z_0| = \rho$, 其内部区域为 D, 使得 $f(z)$ 在 $\overline{D} = D \cup L$ 上解析, 并且使得 $f(z) - w_0$ 及 $f'(z)$ 在 $\overline{D}$ 上除去 $z = z_0$ 外无其他零点. 这样

$$\min_{z\in L} |f(z) - w_0| = \mu > 0.$$

以 w_0 为圆心、μ 为半径作小圆盘 $\Gamma: |w - w_0| < \mu$. 取 w 满足 $0 < |w - w_0| < \mu$. 由于

$$f(z) - w = (f(z) - w_0) + (w_0 - w),$$

而 $f(z) - w_0$ 及 $w_0 - w$ 在 $\overline{D}$ 上解析, 当 $z \in L$ 时, 有

$$|f(z) - w_0| \geqslant \mu > |w - w_0| > 0,$$

由 Rouché 定理, $f(z) - w$ 与 $f(z) - w_0$ 在 D 内零点个数同为 p.

最后证明 $f(z) - w$ 在 D 内每个零点都是一阶的. 设 z_1 为其中任意一个零点, 则 $f(z_1) = w$ $(w \neq w_0)$, 这时必有 $z_1 \neq z_0$. 否则, 若 $z_1 = z_0$, 则 $w = w_0$, 与已知矛盾, 而 $0 < |z_1 - z_0| < \rho$, 从而 $f'(z_1) \neq 0$, 也就是说 z_1 为 $f(z)$ 的一阶零点.

由引理 6.1 可以推出单叶解析函数的一些性质.

定理 6.2 单叶解析函数的导数不等于零.

证明 用反证法. 假设 $f(z)$ 在区域 D 内单叶解析, 且存在 $z_0 \in D$ 使得 $f'(z_0) = 0$. 于是 $f(z)$ 在 D 内或者为一常数, 与单叶性矛盾; 或者存在正整数 $p > 1$, 使 $f'(z_0) = f''(z_0) = \cdots = f^{(p-1)}(z_0) = 0$, 而 $f^{(p)}(z_0) \neq 0$. 由引理 6.1, $w_0 = f(z_0)$ 附近的 w 在 z_0 附近的原像个数为 $p(>1)$ 个, 这也与单叶性相矛盾. 证毕.

定理 6.2 的逆命题是不成立的. 例如函数 $w = \mathrm{e}^z$, 它在整个复平面上解析, 导数处处不等于零, 而这个函数在 z 平面上不是单叶的, 因为 $\mathrm{e}^{z+2\pi\mathrm{i}} = \mathrm{e}^z$.

定理 6.3 设函数 $w = f(z)$ 在区域 D 内解析, 并且不恒等于常数, 那么 $D_1 = f(D)$ 是一区域, 即 $f(z)$ 确定从 D 到 D_1 的一个满射.

证明 只需要证明 D_1 是连通的开集. 首先证明 D_1 是开集, 即 D_1 中的任意一点都是它的内点. 设 $z_0 \in D$, 且 $f(z_0) = w_0$, 由引理 6.1, 可以找到一个正数 μ, 使得对于任何满足条件 $|w_1 - w_0| < \mu$ 的 w_1, 都有 $z_1 \in D$, 且 $f(z_1) = w_1$. 因此, 圆盘 $|w - w_0| < \mu$ 包含在 D_1 内, 亦即 w_0 是 D_1 的内点.

其次证明连通性, 即在 D_1 内任意不同的两点 w_1 及 w_2 可以用在 D_1 内的一条折线连接起来. 设有 $z_1, z_2 \in D$, 且 $f(z_1) = w_1$, $f(z_2) = w_2$. 由于 D 是一区域, 在 D 内有折线 $z = z(t)$ $(a \leqslant t \leqslant b)$ 连接 z_1 及 z_2, 这里 $z_1 = z(a)$, $z_2 = z(b)$. 而函数 $w = f(z)$ 把这条折线上每一条线段映射成 D_1 内一条光滑曲线, 从而把这条折线映射成 D_1 内连接 w_1 及 w_2 的一条逐段光滑曲线 $\Gamma : w = f(z(t))$ $(a \leqslant t \leqslant b)$. 又由于 Γ 是 D_1 内的一个紧集, 根据有限覆盖定理 (定理 1.3), 它可以被 D_1 内有限个圆盘所覆盖, 从而在 D_1 内可以作出连接 w_1 及 w_2 的折线 Γ. 证毕.

上述定理证明了 $f(D)$ 是一区域, 但是没有涉及边界对应问题. 事实上, 映射 $w = f(z)$ 不一定把 D 的边界映为 $f(D)$ 的边界, 它有可能把 D 的边界的一部分变为 $f(D)$ 的内点. 例如 $f(z) = \mathrm{e}^z$, $z \in D = \{x + \mathrm{i}y : 0 < x < 1, \ 0 < y < 4\pi\}$, D 是矩形区域. 容易验证 $f(D) = \{\omega : 1 < |\omega| < \mathrm{e}\}$, 且 $f(z) = \mathrm{e}^z$ 把矩形两水平边界变成内点.

解析函数将区域映射为区域的性质在应用数学中是有用的.

定理 6.4 如果 $w = f(z)$ 是区域 D 内的单叶解析函数, 且 $D_1 = f(D)$, 那么在 D_1 内 $w = f(z)$ 存在着单叶解析的反函数 $z = \varphi(w)$, 并且如果 $w_0 \in D_1$, $z_0 = \varphi(w_0)$, 那么

$$\varphi'(w_0) = \frac{1}{f'(z_0)}. \tag{6.1}$$

证明 首先证明 $z = \varphi(w)$ 在 D_1 内任意一点 $w = w_0$ 连续. 根据引理 6.1, 任给 $\varepsilon > 0$, 存在着正数 ρ 和 μ, 使得 $\rho < \varepsilon$, 那么当 $|w - w_0| < \mu$ 时, 有

$$|\varphi(w) - \varphi(w_0)| < \rho < \varepsilon,$$

因此 $z = \varphi(w)$ 在 D_1 内任意一点连续.

现在证明式 (6.1). 当 $w \in D_1$, $w \neq w_0$, 并且 $z = \varphi(w)$ 时, 有 $z \in D$, $z \neq z_0$, 于是

$$\frac{\varphi(w) - \varphi(w_0)}{w - w_0} = \frac{z - z_0}{w - w_0} = \frac{1}{\dfrac{w - w_0}{z - z_0}}.$$

而当 $w \to w_0$ 时, $z = \varphi(w) \to z_0 = \varphi(w_0)$, 故有

$$\lim_{w \to w_0} \frac{\varphi(w) - \varphi(w_0)}{w - w_0} = 1 \bigg/ \left(\lim_{z \to z_0} \frac{w - w_0}{z - z_0} \right)$$

$$= 1 \bigg/ \left(\lim_{z \to z_0} \frac{f(z) - f(z_0)}{z - z_0} \right) = \frac{1}{f'(z_0)}.$$

定理得证.

6.1.2　解析函数的导数及其几何意义

下面讨论解析函数导数的几何意义.

首先看导数的辐角的几何意义. 设 $w = f(z)$ 是区域 D 内的解析函数, $z_0 \in D$, $w_0 = f(z_0)$, 且 $f'(z_0) \neq 0$. 又设 L 为 D 内过 z_0 的一条光滑简单曲线, 其参数方程为

$$z = z(t) = x(t) + \mathrm{i} y(t) \quad (a \leqslant t \leqslant b).$$

设 $z(t_0) = z_0 (t_0 \in (a, b))$, $z'(t_0) \neq 0$. 作通过曲线 L 上两点 $z_0 = z(t_0)$ 及 $z_1 = z(t_1)$ $(t_1 > t_0)$ 的割线, 那么割线的方向就与向量 $\dfrac{z_1 - z_0}{t_1 - t_0}$ 的方向一致. 当 t_1 趋近于 t_0 时, 向量 $\dfrac{z_1 - z_0}{t_1 - t_0}$ 与实轴的夹角 $\mathrm{Arg}\,\dfrac{z_1 - z_0}{t_1 - t_0}$ 连续变动且趋近于极限, 那么当 z_1 趋近于 z_0 时, 割线 $\overline{z_0 z_1}$ 的极限位置即曲线 L 在点 z_0 的切线位置. 由光滑曲线的条件, 极限

$$\lim_{t_1 \to t_0} \frac{z_1 - z_0}{t_1 - t_0} = z'(t_0) \neq 0$$

存在, 因此下列极限也存在,

$$\lim_{t_1 \to t_0} \mathrm{Arg}\,\frac{z_1 - z_0}{t_1 - t_0} = \mathrm{Arg}\, z'(t_0).$$

类似地, 当 $z_2 = z(t_2)$ $(t_2 < t_0)$ 时,

$$\lim_{t_2 \to t_0} \mathrm{Arg}\,\frac{z_0 - z_2}{t_0 - t_2} = \mathrm{Arg}\, z'(t_0).$$

这个角即曲线 L 在 z_0 处切线正向与实轴正向的夹角. 注意 $z'(t_0) = 0$ 时, 曲线 L 在 z_0 处没有切线的. 例如曲线 $z = z(t) = (1 + \mathrm{i})(1 + t)^2 (-2 \leqslant t \leqslant 1)$, 由于

$z'(t) = 2(1+\mathrm{i})(1+t)$, 故 $z'(0) = 2(1+\mathrm{i}) \neq 0$, 曲线在 $z_0 = z(0) = 1+\mathrm{i}$ 处切线正向与实轴的夹角为

$$\operatorname{Arg} z'(0) = \operatorname{Arg}[2(1+\mathrm{i})] = \frac{\pi}{4} + 2k\pi, \quad k = 0, \pm 1, \pm 2, \cdots.$$

而 $z'(-1) = 0$, 故曲线在 $z(-1) = 0$ 没有切线.

函数 $w = f(z)$ 把光滑简单曲线 L 映射成过点 $w_0 = f(z_0)$ 的简单曲线,

$$\Gamma : w = w(t) = f(z(t)) \quad (a \leqslant t \leqslant b).$$

因为 $\dfrac{\mathrm{d}w}{\mathrm{d}t} = f'(z(t)) z'(t)$, 所以 Γ 也是一条光滑简单曲线. 同样的道理, Γ 在 w_0 的切线正向与实轴正向的夹角为

$$\operatorname{Arg} f'[z(t_0)] z'(t_0) = \arg f'(z_0) + \operatorname{Arg} z'(t_0). \tag{6.2}$$

因此, Γ 在点 w_0 处切线与实轴的夹角及 L 在 z_0 处切线与实轴的夹角相差为 $\arg f'(z_0)$, 也可以理解为: 像曲线 Γ 在点 w_0 的切线正向, 可由原像曲线 L 在点 z_0 的切线正向旋转一个角 $\arg f'(z_0)$ 而得到. $\arg f'(z_0)$ 称为映射 $w = f(z)$ 在点 z_0 的旋转角.

旋转角有个特殊的性质, 即 $\arg f'(z_0)$ 只与点 z_0 有关, 而与过 z_0 的曲线 L 的形状和在 z_0 处切线的方向无关, 这一性质称为旋转角不变性.

设在 D 内过 z_0 还有一条光滑简单曲线 $L_1 : z = z_1(t)$, 函数 $w = f(z)$ 把它映射成一条光滑简单曲线 $\Gamma_1 : w = f(z_1(t))$. 同样的道理, L_1 与 Γ_1 在 $z_0 = z_1(t_0)$ 及 $w_0 = f(z_1(t_0))$ 处切线与实轴的夹角分别是 $\operatorname{Arg} z_1'(t_0)$ 和

$$\operatorname{Arg} f'[z_1(t_0)] z_1'(t_0) = \arg f'(z_0) + \operatorname{Arg} z_1'(t_0).$$

与式 (6.2) 相比较, 可以看出, 在点 w_0 处曲线 Γ 到曲线 Γ_1 的夹角正好等于在点 z_0 处曲线 L 到 L_1 的夹角, 如图 6-1 所示. 于是就有

$$\operatorname{Arg} f'[z_1(t_0)] z_1'(t_0) - \operatorname{Arg} f'[z(t_0)] z'(t_0) = \operatorname{Arg} z_1'(t_0) - \operatorname{Arg} z'(t_0),$$

从而

$$\arg \frac{f'[z_1(t_0)] z_1'(t_0)}{f'[z(t_0)] z'(t_0)} = \arg \frac{z_1'(t_0)}{z'(t_0)}.$$

这也就是说, 在解析映射 $w = f(z)$ 之下, 在导数不为零的点 z_0 处, 两条曲线的夹角的大小与旋转方向都是保持不变的. 这一性质称为映射 $w = f(z)$ 在点 z_0 的保角性.

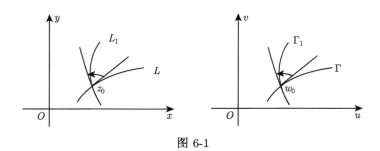

图 6-1

以上对解析函数导数的辐角作了几何解释, 现在对它的模的几何意义作出解释. 由于在点 z_0,

$$f'(z_0) = \lim_{\Delta z \to 0} \frac{f(z_0 + \Delta z) - f(z_0)}{\Delta z} = \lim_{\Delta z \to 0} \frac{\Delta w}{\Delta z},$$

所以

$$|f'(z_0)| = \lim_{\Delta z \to 0} \left| \frac{\Delta w}{\Delta z} \right| = \lim_{\Delta z \to 0} \frac{\Delta \sigma}{\Delta s} = \frac{\mathrm{d}\sigma}{\mathrm{d}s},$$

这里, Δs 和 $\Delta \sigma$ 分别表示曲线 L 和曲线 Γ 上弧长的增量, 即

$$\mathrm{d}\sigma = |f'(z_0)| \, \mathrm{d}s.$$

以上讨论表明, 像点间的无穷小距离 $\Delta \sigma$ 与原像点间的无穷小距离 Δs 之比的极限为 $|f'(z_0)|$. 若 $|f'(z_0)| > 1$, 原像之间的弧长经映射 $w = f(z)$ 后被伸长了, 反之, 则被缩短了; 若 $|f'(z_0)| = 1$, 则弧长大致保持不变. $|f'(z_0)|$ 代表了这种弧长之间的伸长或缩短的比例. 所以, $|f'(z_0)|$ 称为映射 $w = f(z)$ 在点 z_0 的伸缩率.

伸缩率也具有一个特殊的性质, 那就是 $|f'(z_0)|$ 只与点 z_0 有关, 而与过 z_0 的曲线的形状和在 z_0 处切线的方向无关, 这一性质称为伸缩率不变性.

综合以上讨论, 解析函数在导数不为零的地方具有旋转角不变性和伸缩率不变性.

6.1.3　共形映射的概念

从以上对解析函数导数的几何意义的讨论中可知, 当 $f'(z_0) \neq 0$ 时, 映射 $w = f(z)$ 把 z_0 的一个邻域内任一小三角形映射成 w 平面上含点 w_0 的一个区域内的曲边三角形. 这两个三角形对应角相等, 对应边近似地成比例. 因此这两个三角形近似地是相似形. 此外, $w = f(z)$ 还把 z 平面上半径充分小的圆 $|z - z_0| = \varepsilon$ $(0 < \varepsilon < +\infty)$ 近似地映射成圆

$$|w - w_0| = |f'(z_0)| \varepsilon.$$

所以, 解析函数所构成的映射在无穷小范围内是一个保持形状的映射.

根据以上讨论, 可得如下定义.

定义 6.2 凡具有保角性和伸缩率不变性的映射称为共形映射, 或称为保形映射或保角映射.

由于解析函数 $w = f(z)$ 把区域映射成区域, 在导数不为零的点处是保角的, 且在该点具有伸缩率不变性, 所以可以推出如下定理.

定理 6.5 若函数 $w = f(z)$ 在点 z_0 处解析, 且 $f'(z_0) \neq 0$, 则 $w = f(z)$ 在点 z_0 附近为共形映射.

下面举例说明如果解析函数 $w = f(z)$ 在 z_0 满足 $f'(z_0) = 0$, 那么在点 z_0 不是共形映射.

例 6-1 设函数 $f(z) = z^2$, 那么 $f'(0) = 0$. 证明 $f(z)$ 在 $z_0 = 0$ 点不是共形映射.

证明 设曲线 L_1 是从 0 到 ∞ 的正实轴, 曲线 L_2 是位于上半平面的正虚轴, 那么 $f(L_1) = \Gamma_1$ 是正实轴, $f(L_2) = \Gamma_2$ 是负实轴. 注意到 L_1 和 L_2 之间的夹角是 $\dfrac{\pi}{2}$, 而它们的像曲线 Γ_1 和 Γ_2 之间的夹角是 π. 故 $f(z) = z^2$ 在 0 点不是共形映射.

6.2 分式线性映射

6.2.1 分式线性映射的概念

分式线性映射是应用广泛的一类映射, 许多共形映射的一般理论以及作某些区域的共形映射时都要用到它.

定义 6.3 具有下面形式的函数

$$w = \frac{\alpha z + \beta}{\gamma z + \delta} \quad (\alpha\delta - \beta\gamma \neq 0) \tag{6.3}$$

称为分式线性函数, 其中 α, β, γ, δ 均为复常数.

式 (6.3) 所作的映射称为分式线性映射.

分式线性函数又称 Möbius 函数.

式 (6.3) 也可以写为

$$\gamma wz - \alpha z + \delta w - \beta = 0.$$

上式左边关于 w 和 z 都是线性的, 故式 (6.3) 又称为双线性函数.

条件 $\alpha\delta - \beta\gamma \neq 0$ 是必要的, 否则

$$\frac{\mathrm{d}w}{\mathrm{d}z} = \frac{\alpha(\gamma z + \delta) - \gamma(\alpha z + \beta)}{(\gamma z + \delta)^2} = \frac{\alpha\delta - \beta\gamma}{(\gamma z + \delta)^2} = 0,$$

将导致 $w \equiv \alpha$, α 是复常数.

当 $\gamma = 0$ 时, $\delta \neq 0$, 式 (6.3) 成为 $w = \dfrac{\alpha z + \beta}{\delta}$, 称为整线性函数.

应当注意的是, 分式线性函数式 (6.3) 的反函数为

$$z = \frac{-\delta w + \beta}{\gamma w - \alpha}, \tag{6.4}$$

$(-\delta)(-\alpha) - \beta\gamma \neq 0$, 它也是分式线性函数.

另外, 若取

$$f_1(z) = \frac{\alpha_1 z + \beta_1}{\gamma_1 z + \delta_1}, \quad f_2(z) = \frac{\alpha_2 z + \beta_2}{\gamma_2 z + \delta_2},$$

则显然

$$f_2\left(f_1(z)\right) = \frac{(\alpha_2\alpha_1 + \beta_2\gamma_1)z + (\alpha_2\beta_1 + \beta_2\delta_1)}{(\gamma_2\alpha_1 + \delta_2\gamma_1)z + (\gamma_2\beta_1 + \delta_2\delta_1)},$$

容易验证 $(\alpha_2\alpha_1 + \beta_2\gamma_1)(\gamma_2\beta_1 + \delta_2\delta_1) - (\alpha_2\beta_1 + \beta_2\delta_1)(\gamma_2\alpha_1 + \delta_2\gamma_1) \neq 0$, 这表明两个分式线性函数的复合函数仍是分式线性函数.

在式 (6.3) 中, 当 $\gamma = 0$ 时, $w = \dfrac{\alpha}{\delta}z + \dfrac{\beta}{\delta}$ 是一个把复平面双射到自身的解析函数. 当 $\gamma \neq 0$ 时, 映射 w 是一个把 z 平面 $\left(\text{除了点 } z = -\dfrac{\delta}{\gamma}\right)$ 双射到 w 平面 $\left(\text{除了点 } w = \dfrac{\alpha}{\gamma}\right)$, 即把 $\mathbf{C} \setminus \left\{-\dfrac{\delta}{\gamma}\right\}$ 双射到 $\mathbf{C} \setminus \left\{\dfrac{\alpha}{\gamma}\right\}$ 的单叶解析函数.

一般规定, 当 $\gamma = 0$ 时, 式 (6.3) 把 $z = \infty$ 映射成 $w = \infty$; 当 $\gamma \neq 0$ 时, 式 (6.3) 把 $z = -\dfrac{\delta}{\gamma}$ 及 $z = \infty$ 分别映射成 $w = \infty$ 及 $w = \dfrac{\alpha}{\gamma}$. 这样, 式 (6.3) 就把扩充 z 平面双射到扩充 w 平面, 即把 $\mathbf{C}_\infty$ 双射到 $\mathbf{C}_\infty$.

还可以把共形映射的概念扩充到无穷远点及其邻域. 设函数 $w = f(z)$ 当 $z = z_0(\neq \infty)$ 时有 $w = f(z_0) = \infty$. 作 $t = \dfrac{1}{w}$, 如果 $t = \dfrac{1}{f(z)}$ 把 $z = z_0$ 及其一个邻域共形映射成 $t = 0$ 及其一个邻域, 那么就说 $w = f(z)$ 把 $z = z_0$ 及其一个邻域共形映射成 $w = \infty$ 及其一个邻域; 如果函数 $w = f(z)$ 当 $z = \infty$ 时有 $w = \infty$, 作 $\zeta = \dfrac{1}{z}$, 如果 $t = \dfrac{1}{f(1/\zeta)}$ 把 $\zeta = 0$ 及其一个邻域共形映射成 $t = 0$ 及其一个邻域, 那么就说 $w = f(z)$ 把 $z = \infty$ 及其一个邻域共形映射成 $w = \infty$ 及其一个邻域. 根据这些定义, 函数式 (6.3) 把扩充 z 平面共形映射成扩充 w 平面, 即把 $\mathbf{C}_\infty$ 共形映射成 $\mathbf{C}_\infty$.

根据这两节的讨论, 可知式 (6.3) 把 $\mathbf{C}_\infty$ 中的区域共形双射成 $\mathbf{C}_\infty$ 中的区域. 函数式 (6.4) 是式 (6.3) 的反函数, 对于它也有与上述相应的说明.

对于一个一般的分式线性映射, 它总可以分解为下面四个简单映射的复合:

(1) $w = z + \alpha$, α 为一复数;

(2) $w = \mathrm{e}^{\mathrm{i}\theta}z$, θ 为一实数;

(3) $w = rz$, r 为一正实数;

(4) $w = \dfrac{1}{z}$.

事实上, 当 $\gamma = 0$ 时, 有

$$w = \frac{\alpha z + \beta}{\delta} = \frac{\alpha}{\delta}\left(z + \frac{\beta}{\alpha}\right);$$

当 $\gamma \neq 0$ 时, 有

$$w = \frac{\alpha z + \beta}{\gamma z + \delta} = \frac{\alpha}{\gamma} + \frac{\beta\gamma - \alpha\delta}{\gamma^2\left(z + \dfrac{\delta}{\gamma}\right)}.$$

由 1.3 节中的知识可知上述四个映射的意义分别如下:

(1) $w = z + \alpha$, α 为一复数, 确定一个平移;

(2) $w = \mathrm{e}^{\mathrm{i}\theta}z$, θ 为一实数, 确定一个旋转;

(3) $w = rz$, r 为一正实数, 确定一个以原点为相似中心的相似映射;

(4) $w = \dfrac{1}{z}$ 是由映射 $z_1 = \dfrac{1}{z}$ 及关于实轴的对称映射 $w = \overline{z_1}$ 复合而成的.

6.2.2 共形性

为了证明分式线性映射的共形性, 首先给出两条通过 $z = \infty$ 的曲线在 ∞ 处的夹角的定义.

定义 6.4 设在 z 平面上有两条延伸到 $z = \infty$ 的曲线 Γ_1 与 Γ_2, 作变换 $\zeta = \dfrac{1}{z}$, 则 $z = \infty$ 变为 $\zeta = 0$. 于是曲线 Γ_1 与 Γ_2 就分别变为由 $\zeta = 0$ 出发的两条曲线 Γ_1' 与 Γ_2'. 把 Γ_1' 与 Γ_2' 在 $\zeta = 0$ 处的夹角称为曲线 Γ_1 与 Γ_2 在 $z = \infty$ 处的夹角.

上面的定义说明了: 两条曲线在 $z = \infty$ 处的夹角是通过变换 $\zeta = \dfrac{1}{z}$ 后, 得到的像在 $\zeta = 0$ 处的夹角.

定理 6.6 分式线性映射式 (6.3) 在扩充复平面上是共形的.

证明 分两种情况证明.

情形 1 当 $\gamma \neq 0$ 时, 分式线性映射式 (6.3) 将 $z = -\dfrac{\delta}{\gamma}$ 映射到 $w = \infty$, 将 $z = \infty$ 映射到 $w = \dfrac{\alpha}{\gamma}$. 当 $z \neq -\dfrac{\delta}{\gamma}$ 时,

$$\frac{\mathrm{d}w}{\mathrm{d}z} = \frac{\alpha\delta - \beta\gamma}{(\gamma z + \delta)^2} \neq 0,$$

该映射的导数不为零, 所以映射式 (6.3) 在 $z \neq -\dfrac{\delta}{\gamma}$ 是共形的; 当 $z = -\dfrac{\delta}{\gamma}$ 时, $w = \infty$, 作函数

$$w_1 = \frac{1}{w} = \frac{\gamma z + \delta}{\alpha z + \beta},\tag{6.5}$$

此时, $z = -\dfrac{\delta}{\gamma}$ 时, $w_1 = 0$, 且有

$$\frac{\mathrm{d}w_1}{\mathrm{d}z}\bigg|_{z=-\frac{\delta}{\gamma}} = \frac{\beta\gamma - \alpha\delta}{(\alpha z + \beta)^2}\bigg|_{z=-\frac{\delta}{\gamma}} = \frac{\gamma^2}{\beta\gamma - \alpha\delta} \neq 0.$$

因此, 映射式 (6.5) 在 $z = -\dfrac{\delta}{\gamma}$ 处是共形的, 也就是映射式 (6.3), 即 $w = \dfrac{1}{w_1} = \dfrac{\alpha z + \beta}{\gamma z + \delta}$ 在 $z = -\dfrac{\delta}{\gamma}$ 处是共形的; 当 $z = \infty$ 时, $w = \dfrac{\alpha}{\gamma}$, 令 $z = \dfrac{1}{\zeta}$, 得到函数

$$w = \frac{\alpha\dfrac{1}{\zeta} + \beta}{\gamma\dfrac{1}{\zeta} + \delta} = \frac{\alpha + \beta\zeta}{\gamma + \delta\zeta},\tag{6.6}$$

它将 $\zeta = 0$ 映射到 $w = \dfrac{\alpha}{\gamma}$, 且有

$$\frac{\mathrm{d}w}{\mathrm{d}\zeta}\bigg|_{\zeta=0} = \frac{\beta\gamma - \alpha\delta}{(\gamma + \delta\zeta)^2}\bigg|_{\zeta=0} = \frac{\beta\gamma - \alpha\delta}{\gamma^2} \neq 0.$$

因此, 映射式 (6.6) 在 $\zeta = 0$ 处是共形的, 也就是映射式 (6.3) 在 $z = \infty$ 处是共形的.

情形 2　当 $\gamma = 0$ 时, 式 (6.3) 变成

$$w = \frac{\alpha z + \beta}{\delta},\tag{6.7}$$

当 $z \neq \infty$ 时,

$$\frac{\mathrm{d}w}{\mathrm{d}z} = \frac{\alpha}{\delta} \neq 0,$$

即映射式 (6.7) 在 $z \neq \infty$ 是共形的; 当 $z = \infty$ 时, $w = \infty$, 令 $z = \dfrac{1}{\zeta}$, 得到函数

$$w_1 = w = \frac{\zeta}{\dfrac{\alpha}{\delta} + \dfrac{\beta}{\delta}\zeta},\tag{6.8}$$

它将 $\zeta = 0$ 映射到 $w_1 = 0$, 且有

$$\left.\frac{\mathrm{d}w_1}{\mathrm{d}\zeta}\right|_{\zeta=0} = \left.\frac{\dfrac{\alpha}{\delta}}{\left(\dfrac{\alpha}{\delta} + \dfrac{\beta}{\delta}\zeta\right)^2}\right|_{\zeta=0} = \frac{\delta}{\alpha} \neq 0,$$

因此, 映射式 (6.8) 在 $\zeta = 0$ 处是共形的, 也就是映射式 (6.7) 在 $z = \infty$ 处是共形的. 定理 6.6 得证.

6.2.3 保圆性

扩充复平面上的直线对应复球面上的一个圆, 故约定将扩充复平面上的直线看成半径为无穷大的圆 (即直线是过无穷远点的圆周). 今后提到圆均指半径有限的圆或直线.

定理 6.7 在扩充复平面上, 分式线性映射把圆映射成圆, 即具有保圆性.

证明 已经知道分式线性映射所确定的映射, 是由平移、旋转、相似映射和 $w = \dfrac{1}{z}$ 型的函数所确定的映射组成的. 前三种映射显然把圆映射成圆, 把直线映射成直线, 即具有保圆性. 只需证明 $w = \dfrac{1}{z}$ 也具有保圆性.

令 $z = x + \mathrm{i}y$, $w = u + \mathrm{i}v$, 则

$$w = \frac{1}{z} = \frac{1}{x + \mathrm{i}y} = \frac{x - \mathrm{i}y}{x^2 + y^2},$$

所以

$$u = \frac{x}{x^2 + y^2}, \quad v = \frac{-y}{x^2 + y^2},$$

或者

$$x = \frac{u}{u^2 + v^2}, \quad y = \frac{-v}{u^2 + v^2}.$$

此时, 映射 $w = \dfrac{1}{z}$ 将方程

$$a(x^2 + y^2) + bx + cy + d = 0$$

映射成方程

$$d(u^2 + v^2) + bu - cv + a = 0.$$

当 $a \neq 0$, $d \neq 0$ 时, $w = \dfrac{1}{z}$ 将半径有限的圆映射成半径有限的圆;

当 $a \neq 0$, $d = 0$ 时, $w = \dfrac{1}{z}$ 将半径有限的圆映射成直线;

当 $a = 0, d \neq 0$ 时, $w = \dfrac{1}{z}$ 将直线映射成半径有限的圆;

当 $a = 0, d = 0$ 时, $w = \dfrac{1}{z}$ 将直线映射成直线.

以上讨论说明, 映射 $w = \dfrac{1}{z}$ 将圆映射成圆, 具有保圆性.

根据保圆性很容易得知, 在分式线性映射下, 如果给定的半径有限的圆或直线上没有点映射成无穷远点, 那么它就映射成半径有限的圆; 如果有一个点映射成无穷远点, 那么它就映射成直线.

6.2.4　保交比性

在 6.2.3 节, 已经证明了分式线性映射式 (6.3) 把扩充 z 平面上的圆映射成扩充 w 平面上的圆, 那么如果在扩充 z 平面及扩充 w 平面上分别取定一圆 Γ 及 Γ', 是否存在一个形如式 (6.3) 的函数, 把 Γ 映射成 Γ' 呢? 为了回答这一问题, 需要证明下面的定理.

定理 6.8　对于扩充 z 平面上任意三个相异的点 z_1, z_2, z_3 以及扩充 w 平面上任意三个相异的点 w_1, w_2, w_3, 存在唯一的分式线性映射式 (6.3), 把 z_1, z_2, z_3 分别映射成 w_1, w_2, w_3.

证明　先考虑已给各点都是有限点的情形. 设所求分式线性映射将 z_1, z_2, z_3 依次映射成 w_1, w_2, w_3. 由

$$w_k = \frac{\alpha z_k + \beta}{\gamma z_k + \delta}, \quad k = 1, 2, 3,$$

算出 $w - w_1$, $w - w_2$, $w_3 - w_1$, $w_3 - w_2$, 进行化简, 就得到

$$\frac{w - w_1}{w - w_2} : \frac{w_3 - w_1}{w_3 - w_2} = \frac{z - z_1}{z - z_2} : \frac{z_3 - z_1}{z_3 - z_2}, \tag{6.9}$$

从式 (6.9) 中, 就可以算出所求的分式线性映射.

设另有一映射

$$w = \frac{\alpha' z + \beta'}{\gamma' z + \delta'},$$

也满足已给条件, 在上式中, 代入已给数值, 用同样的方法化简, 仍然得到式 (6.9), 所以求出的分式线性映射是唯一的.

其次, 如果已给各点除 $w_3 = \infty$ 外都是有限点, 那么所求的映射具有形式

$$w = \frac{\alpha z + \beta}{\gamma(z - z_3)},$$

且有

$$w_k = \frac{\alpha z_k + \beta}{\gamma(z - z_3)}, \quad k = 1, 2.$$

算出 $w - w_1$ 及 $w - w_2$, 并化简消去 α, β, γ 得到

$$\frac{w - w_1}{w - w_2} = \frac{z - z_1}{z - z_2} : \frac{z_3 - z_1}{z_3 - z_2}. \tag{6.10}$$

从上式就可以解出所求函数, 且此函数是唯一的.

对于其他情形, 也可以推出与式 (6.9), 式 (6.10) 相类似的结果, 从略.

式 (6.9) 和式 (6.10) 的左边和右边分别称为 w_1, w_2, w_3, w 和 z_1, z_2, z_3, z 的交比, 分别记作 (w_1, w_2, w_3, w) 和 (z_1, z_2, z_3, z).

定理 6.9 分式线性映射在扩充复平面上具有保交比性.

若分式线性映射把扩充 z 平面上任意相异的四点 z_1, z_2, z_3, z_4 分别映射成扩充 w 平面上相异的四点 w_1, w_2, w_3, w_4, 则有

$$(w_1, w_2, w_3, w_4) = (z_1, z_2, z_3, z_4).$$

作为定理 6.8 的必然结果, 又有以下定理.

定理 6.10 扩充 z 平面上任何一个圆, 可以用一个分式线性函数映射成扩充 w 平面上任何一个圆.

证明 在 z 平面及 w 平面的已给圆上, 分别选出相异三点 z_1, z_2, z_3 及 w_1, w_2, w_3, 由平面几何中的基础知识 "过平面上三个相异点只能作出唯一的一个圆" 及分式线性映射的保圆性可知, 把点 z_1, z_2, z_3 分别映射成 w_1, w_2, w_3 的分式线性映射, 就是把过 z_1, z_2, z_3 的圆映射成过 w_1, w_2, w_3 的圆的分式线性映射.

事实上, 式 (6.10) 给出了把扩充 z 平面上三个相异的点 z_1, z_2, z_3 映射到 w 平面上三个相异的点 w_1, w_2, w_3 的分式线性映射, 即

$$\frac{w - w_1}{w - w_2} \cdot \frac{w_3 - w_2}{w_3 - w_1} = \frac{z - z_1}{z - z_2} \cdot \frac{z_3 - z_2}{z_3 - z_1}.$$

点 $z_1, z_2, z_3, w_1, w_2, w_3$ 中, 当某个点为无穷远点时, 相应的值取极限值. 例如当 $z_1 = \infty$ 时, 则上式变为

$$\frac{w - w_1}{w - w_2} \cdot \frac{w_3 - w_2}{w_3 - w_1} = \lim_{z_1 \to \infty} \frac{z - z_1}{z_3 - z_1} \cdot \frac{z_3 - z_2}{z - z_2} = \frac{z_3 - z_2}{z - z_2}.$$

例 6-2 求将 0, i, ∞ 映到 1, 0, -1 的分式线性映射.

解 由式 (6.10) 得所求的分式线性映射为

$$\frac{w - 1}{w} \cdot \frac{-1}{-1 - 1} = \frac{z}{z - i},$$

整理得 $w = \dfrac{1 + iz}{1 - iz}$.

这是直接的计算方法, 还可以用如下方法.

由于分式线性映射把 i 映为 0, 故所求映射为

$$w = \frac{z - i}{\gamma z + \delta}.$$

又映射把 0 映为 1, 把 ∞ 映为 -1, 得 $\gamma = -1, \delta = -i$. 从而所求映射为

$$w = \frac{z - i}{-z - i} = \frac{1 + iz}{1 - iz}.$$

6.2.5　保对称性

分式线性映射还有一个重要性质, 那就是保持对称点的不变性. 已知关于直线 (半径为无穷大的圆) 的对称点的定义, 直线上的点是它本身关于该直线的对称点, 一个有限圆的一对对称点的定义见 1.3 节.

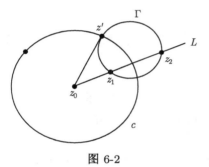

图 6-2

引理 6.2　不同两点 z_1 及 z_2 是关于圆 c 的一对对称点的充分必要条件是通过 z_1 及 z_2 的任何圆都与圆 c 正交, 如图 6-2 所示.

证明　如果 c 是直线 (半径为无穷大的圆), 或者 c 是半径为有限的圆, 而 z_1 及 z_2 之中有一个是无穷远点, 那么结论是显然的. 现在来证明圆 c 为 $|z - z_0| = R, 0 < R < +\infty$, z_1 及 z_2 都是有限点的情形.

必要性. 设 z_1 及 z_2 关于圆 c 对称, 那么通过 z_1 及 z_2 的直线显然与圆 c 正交. 作通过点 z_1 及 z_2 的半径有限的圆 Γ, 在点 z_0 作 Γ 的切线, 切点为 z'. 由平面几何学知识可知

$$|z' - z_0|^2 = |z_1 - z_0|\, |z_2 - z_0| = R^2,$$

从而, $|z' - z_0| = R$, 这表明 $z' \in c$, Γ 的切线就是 c 的半径, 因此 Γ 和 c 正交.

充分性. 过 z_1 及 z_2 作一半径为有限的圆 Γ, 与圆 c 的交点为 z'. 由于圆 Γ 和圆 c 正交, Γ 在 z' 的切线通过圆 c 的圆心 z_0, 且 z_1 及 z_2 在这一切线的同侧. 过 z_1 及 z_2 作直线 L, 由于 L 与 c 正交, L 必通过圆心 z_0. 于是 z_1 及 z_2 在通过 z_0 的一条射线上. 于是就有 $|z_1 - z_0|\, |z_2 - z_0| = R^2$, 这就证明了 z_1 及 z_2 是关于圆 c 的对称点.

定理 6.11　如果分式线性映射把 z 平面上的圆 c 映射成 w 平面上的圆 c', 那么该映射就把关于圆 c 的对称点 z_1 及 z_2 映射成关于圆 c' 的对称点 w_1 及 w_2.

证明　经过 w_1 及 w_2 的任一圆 Γ' 是由经过 z_1 及 z_2 的圆 Γ 映射得到的. 由引理 6.2, 经过 z_1 及 z_2 的圆 Γ 与圆 c 正交, 由分式线性映射的共形性, Γ' 与 c' 也正交, 因此 w_1 及 w_2 是关于 c' 的对称点.

6.2.6　两个特殊的分式线性映射

本节介绍两个常用的特殊分式线性映射.

(1) 把上半平面 $\operatorname{Im} z > 0$ 共形映射成单位圆盘 $|w| < 1$ 的分式线性映射.

设 $w = \dfrac{\alpha z + \beta}{\gamma z + \delta}$ 为所求分式线性映射. 这一映射应当把 $\operatorname{Im} z > 0$ 内某一点 $z = z_0$ 映射成单位圆 $|w| = 1$ 的圆心 $w = 0$; 还要把 $\operatorname{Im} z = 0$ 映射成 $|w| = 1$. 又因为分式线性映射把关于实轴的对称点映射成关于圆 $|w| = 1$ 的对称点, 而 $w = 0$ 与 $w = \infty$ 关于单位圆是对称的, 所以该映射还应满足把 $z = \overline{z_0}$ 映射成 ∞. 因此有

$$\alpha z_0 + \beta = 0, \quad \gamma \overline{z_0} + \delta = 0,$$

于是

$$w = \frac{\alpha}{\gamma} \cdot \frac{z + \dfrac{\beta}{\alpha}}{z + \dfrac{\delta}{\gamma}} = \frac{\alpha}{\gamma} \cdot \frac{z - z_0}{z - \overline{z_0}}.$$

当 $z = 0$ 时,

$$|w| = \left|\frac{\alpha}{\gamma}\right| \left|\frac{z - z_0}{z - \overline{z_0}}\right| = \left|\frac{\alpha}{\gamma}\right| = 1,$$

所以 $\dfrac{\alpha}{\gamma} = \mathrm{e}^{\mathrm{i}\theta}$, 其中 θ 为一实数. 因此所求映射为

$$w = \mathrm{e}^{\mathrm{i}\theta} \frac{z - z_0}{z - \overline{z_0}}.$$

根据分式线性映射的性质, 圆盘 $|w| < 1$ 的直径是由通过 z_0 及 $\overline{z_0}$ 的圆在上半平面的弧映射而成的; 以 $w = 0$ 为圆心的圆是由以 z_0 及 $\overline{z_0}$ 为对称点的圆映射而成的; $w = 0$ 是由 $z = z_0$ 映射成的, 如图 6-3 所示.

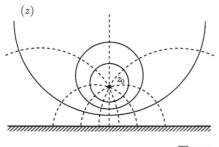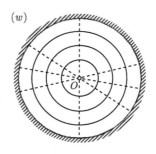

图 6-3

(2) 把圆盘 $|z| < 1$ 共形映射成圆盘 $|w| < 1$ 的分式线性映射.

设 $w = \dfrac{\alpha z + \beta}{\gamma z + \delta}$ 为所求分式线性映射. 这一映射应当把 $|z| < 1$ 内一点 z_0 映射

成 $w = 0$, 并且把 $|z| = 1$ 映射成 $|w| = 1$. 因为 z_0 关于圆 $|z| = 1$ 的对称点是 $\dfrac{1}{\overline{z_0}}$,

所以该映射还应当把 $\dfrac{1}{\overline{z_0}}$ 映射成 $w = \infty$. 因此有

$$\alpha z_0 + \beta = 0, \quad \gamma \frac{1}{\overline{z_0}} + \delta = 0,$$

于是

$$w = \frac{\alpha}{\gamma} \cdot \frac{z + \dfrac{\beta}{\alpha}}{z + \dfrac{\delta}{\gamma}} = \frac{\alpha}{\gamma} \cdot \frac{z - z_0}{z - \dfrac{1}{\overline{z_0}}} = \lambda \frac{z - z_0}{1 - \overline{z_0} z},$$

其中 $\lambda = -\alpha \overline{z_0}/\gamma$. 由于 z 平面的单位圆上的点要映射成 w 平面的单位圆上的点, 所以当 $|z| = 1$ 时, $|w| = 1$. 当 $|z| = 1$ 时,

$$|1 - \overline{z_0} z| = |1 - z_0 \overline{z}|\,|z| = |z - z_0 \overline{z} z| = |z - z_0|,$$

即

$$\left| \frac{z - z_0}{1 - \overline{z_0} z} \right| = 1.$$

又由于在 $|z| = 1$ 时, $|w| = 1$, 所以 $|\lambda| = 1$, 即 $\lambda = \mathrm{e}^{\mathrm{i}\theta}$, 其中 θ 是一实数. 因此所求映射为

$$w = \mathrm{e}^{\mathrm{i}\theta} \frac{z - z_0}{1 - \overline{z_0} z}.$$

根据分式线性映射的性质, 圆盘 $|w| < 1$ 内的直径是由通过 z_0 及 $\dfrac{1}{\overline{z_0}}$ 的圆在 $|z| < 1$ 内的弧映射成的; 以 $w = 0$ 为心的圆是以 z_0 及 $\dfrac{1}{\overline{z_0}}$ 为对称点的圆映射成的; 而 $w = 0$ 是由 $z = z_0$ 映射成的, 如图 6-4.

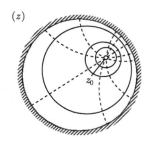
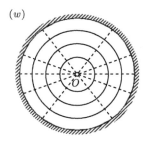

图 6-4

例 6-3   求将 $|z - 1| < 1$ 映为上半平面的分式线性映射 $w = f(z)$, 且 $f(1) = 1 + \mathrm{i}$, $f'(1) = 2$.

解 作映射

$$\zeta = f_1(z) = z - 1.$$

它把 z 平面上的圆盘 $|z-1| < 1$ 映射为 ζ 平面上的单位圆盘 $|\zeta| < 1$, 且 $f_1(1) = 0$, $f_1'(1) = 1 > 0$. 作映射

$$\zeta = f_2(w) = \mathrm{e}^{\mathrm{i}\theta} \frac{w - (1+\mathrm{i})}{w - \overline{(1+\mathrm{i})}}.$$

它把上半 w 平面映射为 ζ 平面上的单位圆盘 $|\zeta| < 1$, 且 $f_2(1+\mathrm{i}) = 0$. 从而映射

$$w = f_2^{-1}(\zeta) = \frac{\overline{(1+\mathrm{i})}\zeta - \mathrm{e}^{\mathrm{i}\theta}(1+\mathrm{i})}{\zeta - \mathrm{e}^{\mathrm{i}\theta}}$$

把 $|\zeta| < 1$ 映射为上半 w 平面, 且 $f_2^{-1}(0) = 1+\mathrm{i}$, $(f_2^{-1})'(0) = 2\mathrm{e}^{-\mathrm{i}\theta}$. 作映射

$$w = f(z) = f_2^{-1}(L_1(z)) = \frac{\overline{(1+\mathrm{i})}(z-1) - \mathrm{e}^{\mathrm{i}\theta}(1+\mathrm{i})}{z - 1 - \mathrm{e}^{\mathrm{i}\theta}}$$

$$= \frac{\overline{(1+\mathrm{i})}z - (\overline{(1+\mathrm{i})} + \mathrm{e}^{\mathrm{i}\theta}(1+\mathrm{i}))}{z - (1 + \mathrm{e}^{\mathrm{i}\theta})}.$$

它把 z 平面上的圆盘 $|z-1| < 1$ 映射为上半 w 平面, 且 $f(1) = f_2^{-1}(f_1(1)) = w_0 = 1+\mathrm{i}$, $f'(1) = (f_2^{-1})'(0)f_1'(1) = 2\mathrm{e}^{\mathrm{i}\theta} = 2$, 这里 $\mathrm{e}^{\mathrm{i}\theta} = 1$. 因此所求映射为

$$w = f(z) = \frac{(1-\mathrm{i})z - 2}{z - 2}.$$

6.3 Riemann 定理

6.3.1 最大模原理

为了证明 Riemann 定理, 本节和 6.3.2 节首先介绍两个结论. 它们本身也是解析函数的重要性质. 本节再次介绍最大模原理, 这里用解析函数对区域映射为区域的性质给出一个简单的证明.

定理 6.12 (最大模原理) 如果函数 $w = f(z)$ 在区域 D 内解析, 并且 $|f(z)|$ 在 D 内某一点达到最大值, 那么 $f(z)$ 在 D 内恒等于一个常数.

证明 用反证法. 假设 $f(z)$ 在 D 内不恒等于一个常数, 那么由定理 6.3, $D_1 = f(D)$ 是一个区域. 设 $|f(z)|$ 在 D 内某一点 z_0 达到极大值, $w_0 = f(z_0) \in D_1$, 则有一个充分小的 w_0 的邻域包含在 D_1 内. 于是在这个邻域内存在一点 w' 满足 $|w'| > |w_0|$, 即在 D 内有一点 z' 满足 $w' = f(z')$ 以及 $|f(z')| > |f(z_0)|$, 与所设矛盾. 故 $f(z)$ 在 D 内恒等于一个常数.

6.3.2 Schwarz 引理

引理 6.3 设函数 $f(z)$ 在单位圆盘 $|z| < 1$ 内解析, $f(0) = 0$ 且 $|f(z)| < 1$, 则有

(1) 当 $|z| < 1$ 时, $|f(z)| \leqslant |z|$.

(2) $|f'(0)| \leqslant 1$.

(3) 如果存在一点 $z_0(0 < |z_0| < 1)$, 满足 $|f(z_0)| = |z_0|$; 或者如果 $|f'(0)| = 1$, 那么在 $|z| < 1$ 内, 有 $f(z) = \lambda z$, λ 是一复常数, 且 $|\lambda| = 1$.

证明 因为 $f(0) = 0$, 由定理 4.21, $f(z) = z\varphi(z)$, 其中 $\varphi(z)$ 也在 $|z| < 1$ 内解析. 因为当 $|z| < 1$ 时有 $|f(z)| < 1$, 所以对于 $|z| = r(0 < r < 1)$, 有

$$|\varphi(z)| = \left| \frac{f(z)}{z} \right| < \frac{1}{r}. \tag{6.11}$$

由最大模原理, 当 $|z| \leqslant r$ 时, 仍然有

$$|\varphi(z)| < \frac{1}{r}.$$

令 $r \to 1$, 则有当 $|z| < 1$ 时, 有

$$|\varphi(z)| \leqslant 1, \tag{6.12}$$

即 $\left| \dfrac{f(z)}{z} \right| \leqslant 1$, 亦即

$$|f(z)| \leqslant |z|. \tag{6.13}$$

由于 $f(0) = 0$, 所以当 $z = 0$ 时, 式 (6.13) 仍然成立, 即结论 (1) 得证. 由 $\left| \dfrac{f(z)}{z} \right| \leqslant 1$ 很容易推出结论 (2).

设在点 $z_0(0 < |z_0| < 1)$, $|f(z_0)| = |z_0|$, 那么由式 (6.11) 及式 (6.12) 可知, $|\varphi(z)|$ 在点 z_0 达到它的最大值 1. 或者, 设 $|f'(0)| = 1$, 那么在式 (6.11) 中, 取 $z \to 0$ 时的极限, 可得 $|\varphi(0)| = |f'(0)| = 1$, 即 $|\varphi(z)|$ 在 0 达到它的最大值 1. 由最大模原理, 综合上述两种情况, 在 $|z| < 1$ 内, $\varphi(z) = \lambda$, λ 是一个模为 1 的复常数, Schwarz 引理得证.

6.3.3 Riemann 定理与边界对应定理

在 6.2.6 节中, 找到了一个单叶函数, 把上半平面共形双射成单位圆盘 $|w| < 1$, 那么, 任给 z 平面上一个单连通区域 D, 是否存在一个单叶函数把区域 D 共形双射成 $|w| < 1$ 呢? 回答是否定的. 例如, 如果 D 是 z 平面, 其边界只含一点, 即无穷远点, 而函数 $w = f(z)$ 为满足要求的函数, 则 $w = f(z)$ 必为整函数且 $|f(z)| < 1$. 从而由 Liouville 定理, $f(z)$ 恒为常数, 与假定相矛盾. 然而, 除了上述特殊情况外, 有下面的一般性结果.

定理 6.13 (Riemann 定理)   设 D 是 z 平面上的单连通区域, 但不是整个平面, 并设 $z_0 \in D$. 那么有且只有一个区域 D 上的单叶函数 $w = f(z)$, 满足 $f(z_0) = 0$, $f'(z_0) > 0$, 把 D 共形双射成单位圆盘 $|w| < 1$.

只对定理的唯一性部分作出证明.

证明   设有两个映射 $w = f_1(z)$ 及 $w = f_2(z)$ 满足定理中的条件. 这时有 $w = f_2(z)$ 的反函数 $z = \varphi_2(w)$ 把 $|w| < 1$ 共形映射成区域 D, 于是

$$F(w) = f_1(\varphi_2(w))$$

把 $|w| < 1$ 映射到自身, 且有

$$F(0) = f_1(\varphi_2(0)) = f_1(z_0) = 0,$$

由 Schwarz 引理得

$$|F(w)| \leqslant |w|,$$

把 $w = f_2(z)$ 代入上式, 可得当 $z \in D$ 时,

$$|f_1(z)| \leqslant |f_2(z)|.$$

用同样的方法, 可得当 $z \in D$ 时,

$$|f_2(z)| \leqslant |f_1(z)|.$$

所以当 $z \in D$ 时, 有

$$|f_1(z)| = |f_2(z)|.$$

因为单叶函数 $f_1(z_0) = f_2(z_0) = 0$, 且 $f_1'(z_0) > 0$, $f_2'(z_0) > 0$, 所以 $\dfrac{f_1(z)}{f_2(z)}$ 在 D 内解析. 又因为函数 $\dfrac{f_1(z)}{f_2(z)}$ 的模恒等于 1, 根据最大模原理有

$$f_1(z) = \mathrm{e}^{\mathrm{i}\theta} f_2(z),$$

其中 θ 为一实数. 根据 $f_1'(z_0) > 0$, $f_2'(z_0) > 0$, 便可推出 $\mathrm{e}^{\mathrm{i}\theta} = 1$, 从而

$$f_1(z) \equiv f_2(z).$$

上述定理的唯一性条件 $f(z_0) = 0$, $f'(z_0) > 0$ 也可写成 $f(z_0) = 0$, $\arg f'(z_0) = 0$, 或者更一般地, $f(z_0) = w_0(|w_0| < 1)$, $\arg f'(z_0) = \theta_0$. 事实上, 唯一性条件可以改为一对内点和一对边界点的对应 $f(z_0) = w_0$ $(|w_0| < 1)$, $f(\alpha_0) = \beta_0$ $(\alpha_0 \in$

∂D, $|\beta_0| = 1$); 唯一性条件还可以改为三对边界点的对应 $f(\alpha_j) = \beta_j (\alpha_j \in \partial D$, $|\beta_j| = 1)$, $j = 1, 2, 3$.

在 Riemann 定理中, 如果对所求映射不要求 $f(z_0) = 0$ 和 $f'(z_0) > 0$, 那么把区域 D 共形双射成 $|w| < 1$ 的单叶函数就有无穷多个, 若 D' 是 w 平面上的任何不是全平面的单连通区域, 则把 D 共形双射成 D' 的单叶函数也有无穷多个.

还需要说明的是, 定理 6.13 对于扩充 z 平面上边界不止一点的单连通区域也适用.

Riemann 定理虽然说明了某些区域可以用单叶函数共形双射成单位圆盘, 但是并没有说明已给区域与单位圆盘的边界之间是否有对应关系, 下面的定理回答了这个问题.

定理 6.14 (边界对应定理)　设 z 平面上单连通区域 D 的边界是一条简单闭连续曲线 Γ, 设单叶函数 $w = f(z)$ 把 D 映射成单位圆盘 $|w| < 1$. 那么函数的定义域可以唯一地推广到 Γ 上, 使所得函数把闭区域 $\overline{D} = D \cup \Gamma$ 连续双射成 $|w| \leqslant 1$.

由于该定理的证明很复杂, 省略其证明过程. 下面的定理在一定程度上是上述定理的逆定理, 在共形映射的实际应用中, 下述边界对应原理也很重要.

定理 6.15　设在 z 平面上的有界单连通区域 D 以逐段光滑简单闭曲线 Γ 为边界. 设函数 $w = f(z)$ 在 D 及 Γ 所组成的闭区域 $\overline{D}$ 上解析, 且把 Γ 双射成 Γ': $|w| = 1$, 那么 $w = f(z)$ 把 D 共形双射成 D': $|w| < 1$, 并使 Γ 关于 D 的正向对应于 Γ' 关于 D' 的正向.

证明　由假设, 当 $z \in \Gamma$ 时, $|w| = |f(z)| = 1$. 取 $|w_0| \neq 1$, 从而当 $z \in \Gamma$ 时, $f(z) - w_0 \neq 0$, 所以由辐角原理, $f(z) - w_0$ 在 D 内的零点个数是

$$N = \frac{1}{2\pi}\Delta_\Gamma \arg[f(z) - w_0] = \frac{1}{2\pi}\Delta_{\Gamma'}(w - w_0),$$

取 Γ' 的方向使其在映射下与 Γ 关于 D 的正向相对应.

按照所取 Γ' 的方向是逆时针还是顺时针, 有

$$\Delta_{\Gamma'}\arg(w - w_0) = \begin{cases} \pm 2\pi, & |w_0| < 1, \\ 0, & |w_0| > 1, \end{cases}$$

于是就有

$$N = \begin{cases} \pm 1, & |w_0| < 1, \\ 0, & |w_0| > 1, \end{cases}$$

但是 $N = -1$ 是不可能的, 因此在 $w = f(z)$ 映射下, 沿 Γ' 所取逆时针方向, 亦即关于 D' 的正向, 与 Γ 关于 D 的正向相对应. 这样, 在 D 内, $f(z)$ 取圆盘 $|w| < 1$ 内的任何值一次, 而不取 $|w| > 1$ 内的任何值, 从而 $f(D)$ 内包含 D', 而不含 $|w| > 1$ 内的任何值.

现在证明 $D' = f(D)$. 这时 $f(z)$ 在 D 内不恒等于常数, 由定理 6.3 知, $f(D)$ 是一区域. 假设有一点 $w_1 \in f(D)$ ($|w_1| = 1$), 那么 $f(D)$ 应含 w_1 的一个邻域, 从而含有 $|w| > 1$ 内的点, 这是不可能的, 因此得到 $D' = f(D)$.

上述定理中把区域 D 换为扩充 z 平面上的无界单连通区域, 边界 Γ 是简单光滑曲线 (封闭或否) 时, 结论仍然成立.

对于扩充 z 平面上任意三个相异的点 z_1, z_2, z_3 以及扩充 w 平面上任意三个相异的点 w_1, w_2, w_3 存在唯一的分式线性映射, 把 z_1, z_2, z_3 分别映射成 w_1, w_2, w_3, 而且把过 z_1, z_2, z_3 的圆或直线 Γ 映射成过 w_1, w_2, w_3 的圆或直线 Γ'. Γ 及 Γ' 分别把扩充 z 平面及扩充 w 平面分成两个区域, 这一分式线性映射确定了这些区域之间的共形双射. 根据上述定理, 如果 z_1, z_2, z_3 在 Γ 上排列的次序关于区域 D 为正向, 而 w_1, w_2, w_3 在 Γ' 上排列的次序关于 D' 为正向, 那么上述映射把区域 D 共形双射成 D'.

作为 Riemann 定理的应用, 有如下结论.

例 6-4 证明单位圆盘 $D = \{z : |z| < 1\}$ 到单位圆盘的共形映射 $f(z)$ 是具有以下形式的分式线性映射

$$f(z) = \mathrm{e}^{\mathrm{i}\theta} \frac{z - z_0}{1 - \overline{z_0} z}.$$

在 6.2 节中, 证明了单位圆盘到自身的分式线性映射的形式. 而这个结论断言, 单位圆盘到自身的共形映射为这种形式的分式线性映射.

证明 设 $f(z)$ 是单位圆盘到单位圆盘的共形映射, 且 $f(z_0) = 0$. 设 $\theta_1 = \arg f'(z_0)$, $F(z) = \mathrm{e}^{-\mathrm{i}\theta_1} f(z)$. 显然, $F(z)$ 是单位圆盘到单位圆盘的共形映射, 且 $F(z_0) = 0$, $\arg F'(z_0) > 0$.

设 $f_1(z) = \dfrac{z - z_0}{1 - \overline{z_0} z}$, 则 $f_1(z)$ 是单位圆盘到单位圆盘的共形映射, 且 $f_1(z_0) = 0$, $\arg f_1'(z_0) > 0$.

由 Riemann 定理, $F(z) = f_1(z)$, 即 $f(z) = \mathrm{e}^{\mathrm{i}\theta_1} \dfrac{z - z_0}{1 - \overline{z_0} z}$. 证毕.

类似地, 可以证明上半平面到单位圆盘的共形映射具有形式 $w = \mathrm{e}^{\mathrm{i}\theta} \dfrac{z - z_0}{z - \overline{z_0}}$.

6.4 解 析 开 拓

6.4.1 解析开拓的概念

定义 6.5 设函数 $f(z)$ 在区域 D 内解析. 如果存在包含 D 的更大的区域 G 和 G 内的解析函数 $F(z)$, 使得 $z \in D$ 时, $F(z) = f(z)$, 那么称函数 $f(z)$ 可以解析开拓到 G 内, 并称 $F(z)$ 为 $f(z)$ 在区域 G 内的解析开拓.

由解析函数的唯一性可知, 解析开拓如果存在, 必是唯一的. 设 $F_1(z)$ 也是区域 G 内的解析函数, 并且当 $z \in D$ 时, $F_1(z) = f(z)$, 即在 D 内 $F_1(z) = F(z)$. 由解析函数的唯一性定理, 在 G 内, $F_1(z) = F(z)$.

例 6-5   函数 $f(z) = \sum\limits_{n=0}^{+\infty} z^n$ 在 $|z| < 1$ 内有定义, 和函数为 $\dfrac{1}{1-z}$. 而函数 $\dfrac{1}{1-z}$ 在复平面上只有一个奇点 $z = 1$. 故 $\dfrac{1}{1-z}$ 为 $f(z)$ 在区域 $G = \mathbf{C}\backslash\{1\}$ 内的解析开拓. 类似地, 函数 $-\ln(1-z)$ 是 $f(z) = \sum\limits_{n=1}^{+\infty} \dfrac{z^n}{n}, |z| < 1$ 在 $D = \mathbf{C}/\{z = x|\ x \geqslant 1\}$ 内的解析开拓.

一个自然的问题是, 是否所有的函数都可以解析开拓. 答案是否定的. 例如函数 $f(z) = \dfrac{1}{z}, z \in \mathbf{C}\backslash\{0\}$ 没有解析开拓. 还有函数

$$f_1(z) = \ln z, \quad z \in D = \{z = x + \mathrm{i}y|\ x \geqslant 0 \ \text{或}\ y \neq 0\},$$

$$f_2(z) = z^{1/2} = \mathrm{e}^{(1/2)\ln z} = |z|^{1/2}\mathrm{e}^{\mathrm{i}(1/2)\arg z}, \quad z \in D = \{z = x + \mathrm{i}y|\ x \geqslant 0 \ \text{或}\ y \neq 0\}$$

都不可以解析开拓.

6.4.2 解析开拓的方法

解析开拓的方法很多. 下面几个结论是解析开拓的基本方法.

定理 6.16   设有两个区域 D_1 和 D_2, $D_{12} = D_1 \cap D_2 \neq \varnothing$. 函数 $f_1(z)$ 在区域 D_1 内解析, 函数 $f_2(z)$ 在区域 D_2 内解析, 且在 D_{12} 内, $f_1(z) = f_2(z)$. 则函数 $f_1(z)$ 和 $f_2(z)$ 在区域 $G = D_1 \cup D_2$ 有解析开拓:

$$F(z) = \begin{cases} f_1(z), & z \in D_1\backslash D_{12}, \\ f_2(z), & z \in D_2\backslash D_{12}, \\ f_1(z) = f_2(z), & z \in D_{12}. \end{cases}$$

证明   显然, 在区域 D_1 内 $F(z) = f_1(z)$ 是解析的, 在 D_2 内 $F(z) = f_2(z)$ 解析, 从而 $F(z)$ 在 $G = D_1 \cup D_2$ 内解析. 因此 $F(z)$ 是 $f_1(z)$ 和 $f_2(z)$ 在区域 G 内的解析开拓.

定理 6.17   设有两个区域 D_1 和 D_2, $D_{12} = D_1 \cap D_2 = \varnothing$, 且以逐段光滑的曲线 Γ (不包括端点) 为它们的公共边界. 函数 $f_1(z)$ 和 $f_2(z)$ 分别在区域 D_1 和 D_2 内解析, 在 $D_1 \cup \Gamma$ 和 $D_2 \cup \Gamma$ 上连续, 并且当 $z \in \Gamma$ 时, $f_1(z) = f_2(z)$, 则

$$F(z) = \begin{cases} f_1(z), & z \in D_1, \\ f_2(z), & z \in D_2, \\ f_1(z) = f_2(z), & z \in \Gamma \end{cases}$$

为 $f_1(z)$ 和 $f_2(z)$ 在区域 $G = D_1 \cup D_2 \cup \Gamma$ 内的解析开拓.

证明 显然, 函数 $F(z)$ 在区域 G 内连续. 设 L 是区域 G 内任意一条光滑或逐段光滑简单闭曲线. 若 L 及其内部包含于 D_1 或者 D_2 内, 由 Cauchy 定理,

$$\int_L F(z)\mathrm{d}z = 0.$$

若 L 及其内部分别属于 D_1 和 D_2. L 落在 D_1 和 D_2 内的部分分别记作 L_1 和 L_2, Γ 落在 L 内的部分记为 L_0, 如图 6-5 所示. 由 Cauchy 定理,

$$\int_{L_1+L_0} F(z)\mathrm{d}z = 0, \quad \int_{L_2+L_0^-} F(z)\mathrm{d}z = 0,$$

即

$$\int_L F(z)\mathrm{d}z$$
$$= \int_{L_1+L_0} F(z)\mathrm{d}z + \int_{L_2+L_0^-} F(z)\mathrm{d}z = 0.$$

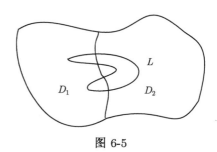

图 6-5

根据 Morera 定理 (定理 3.18), $F(z)$ 在区域 G 内解析.

定理 6.18 (对称开拓原理) 设区域 D 的边界是逐段光滑闭曲线, 其中有一段是实轴上的一个区间 I (不包括端点), 且区域 D 在实轴的一侧. 记 D 关于实轴的对称区域为 $D^* = \{z | \overline{z} \in D\}$. 函数 $f(z)$ 在区域 D 内解析, 在 $D \cup I$ 上连续, 且 $f(I)$ 也在实轴上, 则

$$F(z) = \begin{cases} f(z), & z \in D \cup I, \\ \overline{f(\overline{z})}, & z \in D^* \end{cases}$$

在 $D \cup I \cup D^*$ 内解析.

证明 首先证明 $F(z)$ 在 D^* 内解析. 设 $z_0, z \in D^*$, 则 $\overline{z_0}, \overline{z} \in D$. 由

$$\frac{F(z) - F(z_0)}{z - z_0} = \frac{\overline{f(\overline{z})} - \overline{f(\overline{z_0})}}{z - z_0} = \overline{\left(\frac{f(\overline{z}) - f(\overline{z_0})}{\overline{z} - \overline{z_0}}\right)}$$

可得

$$\lim_{z \to z_0} \frac{F(z) - F(z_0)}{z - z_0} = \lim_{z \to z_0} \overline{\left(\frac{f(\overline{z}) - f(\overline{z_0})}{\overline{z} - \overline{z_0}}\right)} = \overline{f'(\overline{z_0})}.$$

由于 z_0 是区域 D^* 内任意一点, 因此 $F(z)$ 在 D^* 内解析.

下面证明 $F(z)$ 在 $D^* \cup I$ 上连续. 显然 $F(z)$ 在 D^* 内连续. 故只需证明 $F(z)$ 在 I 上关于 D^* 一侧连续. 设 $z \in D^*$, $x_0 \in I$. 因为 $F(z)$ 在 $D \cup I$ 上连续, 且

$F(I) = f(I)$ 也在实轴上, 所以

$$\lim_{z \to x_0} F(z) = \lim_{\bar{z} \to x_0} \overline{f(\bar{z})} = \overline{f(x_0)} = f(x_0) = F(x_0).$$

从而, $F(z)$ 在 $D^* \cup I$ 上连续. 根据定理 6.17, 可知 $F(z)$ 在 $D \cup I \cup D^*$ 内解析.

在上述定理中, 如果 I 和 $f(I)$ 是圆弧, 那么由关于圆的对称点性质, 有如下结论.

定理 6.19　设区域 D 的边界是逐段光滑闭曲线, 其中有一段是圆弧 $I_r = \{z = re^{i\theta} : \alpha < \theta < \beta\}$, 且区域 D 在圆 $\{z \mid |z| = r\}$ 的一侧. 记 D 关于圆 $\{z \mid |z| = r\}$ 的对称区域为 $D^* = \left\{ z \,\middle|\, \dfrac{r^2}{\bar{z}} \in D \right\}$. 函数 $f(z)$ 在区域 D 内解析, 在 $D \cup I_r$ 上连续, 且 $f(I_r)$ 在圆弧 $I_R = \{w = Re^{i\theta} : a < \theta < b\}$ 上, 则

$$F(z) = \begin{cases} f(z), & z \in D \cup I_r, \\ \dfrac{R^2}{\overline{f\left(\dfrac{r^2}{\bar{z}}\right)}}, & z \in D^* \backslash \{0\}, \ f(z) \neq 0 \end{cases}$$

在 $D \cup I_r \cup D^*$ 内解析, 如图 6-6 所示.

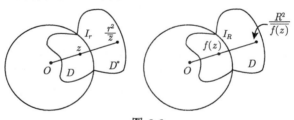

图 6-6

证明与定理 6.18 类似, 请读者自己补充.

例 6-6　设区域 D 的边界是逐段光滑简单闭曲线, 且有一段边界 I 在实轴上, D 落在实轴的一侧. 函数 $f(z)$ 在区域 D 内解析, 在 $D \cup I$ 上连续, 且对于任意的 $\zeta \in I$, $f(\zeta) = 0$. 证明在 D 内, $f(z) \equiv 0$.

证明　由定理 6.18, $f(z)$ 可以解析开拓到区域 $D \cup I \cup D^*$ 内, 其中 D^* 是 D 关于实轴的对称区域. 根据解析函数的唯一性定理, 对于任意的 $z \in D \cup I \cup D^*$ 有 $f(z) \equiv 0$, 从而在 D 内, $f(z) \equiv 0$.

例 6-7　设函数 $f(z)$ 在上半平面和实轴上单叶解析, 且把上半平面 D 映为上半平面, 实轴 I 映为实轴. 证明 $F(z) = \alpha_0 + \alpha_1 z$, 其中 α_0, α_1 都是实数.

证明　由定理 6.18, 可得整个复平面上的单叶解析函数

$$F(z) = \begin{cases} f(z), & z \in D \cup I, \\ \overline{f(\bar{z})}, & z \in D^*, \end{cases}$$

其中 D^* 是下半平面, 从而 $F(z)$ 是整函数, 且把复平面映射为复平面. 下面证明 $F(z)$ 是一个多项式函数, 即证 ∞ 不是 $F(z)$ 的本性奇点. 反之, 假设 ∞ 是 $F(z)$ 的本性奇点, 根据定理 4.35, 对于任何复数 α, 存在复数序列 $\{z_n\}$, 使得 $\lim\limits_{n \to +\infty} z_n = \infty$, 且 $\lim\limits_{n \to +\infty} F(z_n) = \alpha$. 由于 $F(z)$ 是复平面到复平面上的单叶函数, 故存在 z_0 使得 $F(z_0) = \alpha$. 根据引理 6.2, 对于 α 的任意一个邻域 $N(\alpha)$, 存在包含 z_0 的一个区域 $U(z_0)$, 有 $F(U(z_0)) = N(\alpha)$. 显然, 存在整数 n_0, 使得 $z_{n_0} \notin U(z_0)$ 且 $F(z_{n_0}) \in N(\alpha)$, 从而存在 $z_1 \notin U(z_0)$ 使得 $F(z_1) = F(z_{n_0})$, 这与 $F(z)$ 的单叶性矛盾. 故 $F(z)$ 是一个 n 次多项式函数

$$F(z) = \alpha_0 + \alpha_1 z + \cdots + \alpha_n z^n.$$

如果 $n = 0$, 则 $F(z) \equiv \alpha_0$, 与单叶性矛盾. 如果 $n > 1$, 则 $F(z)$ 的导数有零点, 根据定理 6.2, 与函数的单叶性矛盾. 因此 $F(z) = \alpha_0 + \alpha_1 z$, 又由于 $F(z)$ 把实轴映为实轴, 从而 α_0, α_1 是实数.

定理 6.17~定理 6.19 给出了特殊类型解析函数的解析开拓. 下面介绍解析开拓的另一种基本方法, 幂级数开拓. 事实上, 由定理 4.18, 可知解析函数在一点解析的充要条件就是在这点的邻域可以展开成幂级数. 一个幂级数在它的收敛圆盘内的和函数是解析的.

设函数 $f(z)$ 在区域 D 内解析. z_1 是 D 内任意一点, $f(z)$ 在 z_1 的邻域内的 Taylor 展开式为

$$\sum_{n=0}^{+\infty} a_n(z - z_1)^n, \quad a_n = \frac{1}{n!} f^{(n)}(z_1). \tag{6.14}$$

若此级数的收敛半径是 $+\infty$, 即级数式 (6.14) 的和函数 $f_1(z) = \sum\limits_{n=0}^{+\infty} a_n(z - z_1)^n$ 在整个复平面 $\mathbf{C}$ 上解析. 由解析开拓的唯一性, $f_1(z) = \sum\limits_{n=0}^{+\infty} a_n(z - z_1)^n$ 是 $f(z), z \in D$ 在 $\mathbf{C}$ 上的解析开拓.

若级数式 (6.14) 的收敛半径为有限数 R_1, 且其收敛圆盘 $D_1 = \{z \mid |z - z_1| < R_1\} \not\subset D$ (否则, 重新选择一点, 重复上面的过程), 则函数 $f_1(z) = \sum\limits_{n=0}^{+\infty} a_n(z - z_1)^n$ 在 D_1 内解析, 从而

$$F_1(z) = \begin{cases} f(z), & z \in D, \\ f_1(z), & z \in D_1 \backslash (D \cap D_1) \end{cases}$$

是 $f(z)$ 在 $D_1 \cup D$ 上的解析开拓.

任取 $z_2 \in D_1 \backslash \{z_1\}$, $f_1(z)$ 在 z_2 的邻域内的 Taylor 展开式为

$$\sum_{n=0}^{+\infty} b_n(z - z_2)^n, \quad b_n = \frac{1}{n!} f_1^{(n)}(z_2). \tag{6.15}$$

设级数式 (6.15) 的收敛半径是 R_2. 由于 $f_1(z)$ 在 $|z - z_1| < R_1 - |z_1 - z_2|$ 内解析, 故 $R_2 \geqslant R_1 - |z_1 - z_2|$. 下面分两种情况进行讨论. 若 $R_2 = R_1 - |z_1 - z_2|$, 即级数式 (6.15) 的和函数 $f_2(z) = \sum\limits_{n=0}^{+\infty} b_n(z - z_1)^n$ 的收敛圆盘 $D_2 = \{z \mid |z - z_2| < R_2\} \subset D_1$, 这说明, 解析范围没有扩大, 就说沿着 z_1 到 z_2 方向, $f_1(z)$ 不能开拓到 D_1 外. 此时, 收敛圆盘 D_1 和 D_2 的切点是 $f_1(z)$ 的奇点. 若 $R_2 > R_1 - |z_1 - z_2|$, 则新的收敛圆盘 D_2 有一部分在 D_1 外, 且在 $D_1 \cap D_2$ 内, $f_1(z) = f_2(z)$, 从而

$$F_3(z) = \begin{cases} f(z), & z \in D, \\ f_1(z), & z \in D_1 \backslash (D \cap D_1), \\ f_2(z), & z \in D_2 \backslash (D_1 \cap D_2) \end{cases}$$

是 $f(z)$ 在 $D \cup D_1 \cup D_2$ 内的解析开拓.

在 D_2 内任取一点 $z_3 \neq z_2$, $f_2(z)$ 在 z_3 的邻域内的 Taylor 展开式为

$$\sum_{n=0}^{+\infty} c_n(z - z_3)^n, \quad c_n = \frac{1}{n!} f_2^{(n)}(z_3). \tag{6.16}$$

设级数式 (6.16) 的收敛圆盘是 D_3. 当 D_3 有一部分在 D_2 外时, 得到 $f(z)$ 在 $D \cup D_1 \cup D_2 \cup D_3$ 内的解析开拓.

以上说明, 利用幂级数沿所有可能的方向进行解析开拓, 遇到奇点就不能开拓. 而幂级数在收敛圆周上至少有一个奇点, 因此至少有一个方向不能开拓. 利用这样的方法, 可以得到 $f(z)$ 的一切解析开拓.

例 6-8　级数 $f_1(z) = \sum\limits_{n=0}^{+\infty} z^n$ 收敛圆盘是 $D_1 = \{z \mid |z| < 1\}$, 和函数 $f_1(z) = \dfrac{1}{1 - z}$. $f_1(z)$ 在 $z = \dfrac{\mathrm{i}}{2}$ 的幂级数展开式

$$f_2(z) = \sum_{n=0}^{+\infty} \left(\frac{2}{5}(2 + \mathrm{i}) \right)^{n+1} \left(z - \frac{\mathrm{i}}{2} \right)^n.$$

其收敛半径为 $\dfrac{\sqrt{5}}{2}$, 从而 $f_2(z)$ 在 $D_2 = \left\{ z \,\middle|\, \left| z - \dfrac{\mathrm{i}}{2} \right| < \dfrac{\sqrt{5}}{2} \right\}$ 内解析, 并且 D_2 有一

部分在 D_1 外, 而在 $D_1 \cap D_2$ 内 $f_1(z) = f_2(z)$, 因此 $f_1(z)$ 沿着 0 到 $\dfrac{i}{2}$ 的方向, 开拓到 D_1 外, 如图 6-7 所示.

事实上, 由于 $f_1(z) = \dfrac{1}{1-z}$ 在 $\mathbf{C}\backslash\{1\}$ 解析. 不必用幂级数进行解析开拓.

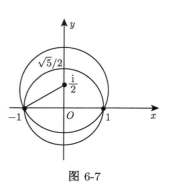

例 6-9　设函数 $f(z) = \sum\limits_{n=0}^{+\infty} z^{2^n} = z + z^2 + z^4 + z^8 + \cdots$, 收敛圆盘是 $|z| < 1$. 证明 $f(z)$ 不能解析开拓到 $|z| < 1$ 外.

图 6-7

证明　级数式的和函数 $f(z)$ 在 $|z| < 1$ 内解析. 先证 $z = 1$ 是 $f(z)$ 的奇点, 只需证明当 z 沿着半径趋于 1 时, $f(z)$ 趋于 $+\infty$. 为此, 令 $z = x$, $0 < x < 1$, 则

$$f(x) = x + x^2 + x^4 + x^8 + \cdots + x^{2^n} + \cdots$$
$$> x + x^2 + x^4 + x^8 + \cdots + x^{2^n} > (n+1)x^{2^n},$$

故有

$$\lim_{x \to 1^-} f(x) \geqslant (n+1) > n.$$

由 n 的任意性, 故 $\lim\limits_{x \to 1^-} f(x) = +\infty$, 因此 $z = 1$ 是 $f(z)$ 的奇点.

对于任意正整数 n,

$$f(z) = z + z^2 + z^4 + z^8 + \cdots + z^{2^n} + (z^{2^{n+1}} + z^{2^{n+2}} + \cdots)$$
$$= z + z^2 + z^4 + z^8 + \cdots + z^{2^n} + f(z^{2^n}),$$

故使得 $z^{2^n} = 1$ 的点都是 $f(z)$ 的奇点. 因为 $|z| = 1$ 上的点或者是这些点中的一个, 或者是这些点的聚点, 所以 $|z| = 1$ 上的点都是奇点.

习　题　6

1. 判断下列说法是否正确, 并给出证明或反例.

(1) 函数 $f(z) = \sin z$ 在区域 $D = \{z| \ |\text{Re}\,z| < \pi/2\}$ 内是共形映射;

(2) 如果分式线性映射 $w = f(z)$ 把 z_1 和 z_2 映射为同一点 w_1, 那么或者 $z_1 = z_2$, 或者 $w = f(z)$ 是常数;

(3) 设分式线性映射 $w = \dfrac{\alpha z + \beta}{\gamma z + \delta}$ 满足 $|\gamma| = |\delta|$, 则它把单位圆映射为一条直线;

(4) 设 z_0, z_1, z_2 是 $\mathbf{C}_\infty$ 上不同的三点, 复数 $\alpha \in \mathbf{C}$ 满足

$$\alpha \notin \{0, 1, (z_0 - z_2)/(z_2 - z_1)\},$$

那么存在唯一的点 z_3 使得 $(z_0, z_1, z_2, z_3) = \alpha$;

(5) 设 z_1, z_2, z_3 是 $\mathbf{C}_\infty$ 上不同的三点, 如果 z, z' 满足

$$(z, z_1, z_2, z_3) = (z', z_1, z_2, z_3),$$

那么 $z = z'$;

(6) 给定两个圆, 存在分式线性映射把一个圆映射为另一个;

(7) 一个分式线性映射把实轴映射为实轴当且仅当它的 Taylor 展开式的系数是实的;

(8) 设分式线性映射 $w = f(z)$ 把上半平面映射为上半平面, 且把 0 映射为 0, ∞ 映射为 ∞, 则 $w = f(z) = \alpha z$, 其中 $\alpha > 0$, 且 $\alpha \neq 1$;

(9) 对于正整数 n, 有 $\max\limits_{|z| \leqslant r} |z^n + b| = r^n + |b|$, 且最大模在 $re^{i(\arg b + 2k\pi)/n}$ 取到, 其中 k 是整数;

(10) 设 $\alpha \neq 0$ 是实数, 级数式 $\sum\limits_{n=0}^{\infty} (\alpha z)^n$ 和 $\sum\limits_{n=0}^{\infty} (-1)^n \dfrac{(1-\alpha)^n z^n}{(1-z)^{n+1}}$ 的和函数分别是 $f(z)$ 和 $g(z)$, 则 $f(z)$ 可以通过 $g(z)$ 进行解析开拓.

2. 确定下列函数在哪些点附近是共形映射.

(1) $z + e^{-z} - 5$;   (2) ze^{z^3+1};   (3) $\cos z$;   (4) $z + az^3$.

3. 对下面的每一个函数, 确定 $f'(z)$ 在 z_0 的零点的阶数, 并证明函数在 z_0 的任何邻域内都不是一一的.

(1) $f(z) = z^2 + 2z + 1$, $z_0 = -1$;

(2) $f(z) = \cos z$, $z_0 = 0, \pm\pi, \pm 2\pi, \cdots$;

(3) $f(z) = e^{z^3}$, $z_0 = 0$.

4. 求将 0, 1, ∞ 分别映射为下列三个点的分式线性变换.

(1) 0, i, ∞;   (2) 0, 1, 2;   (3) $-i, \infty, 1$;   (4) $-1, \infty, 1$.

5. 求一个将下半平面映射为圆盘 $|w + 1| < 1$ 的分式线性变换.

6. 设 $\alpha, \beta \in \mathbf{C}$, $r, R > 0$, 求把圆盘 $|z - \alpha| < r$ 映射为 $|z - \beta| > R$ 的分式线性映射.

7. 若 $f(z_0) = z_0$, 则称 z_0 为 $f(z)$ 的不动点. 证明分式线性变换 $f(z)$ 在复平面上最多有两个不动点, 除非 $f(z) \equiv z$.

8. 求区域 $-\dfrac{\pi}{4} < \arg z < \dfrac{\pi}{4}$ 在 $w = \dfrac{z}{z-1}$ 映射之下的像.

9. 设 $w = f(z)$ 是将 $0, \lambda, \infty$ 分别映射为 $-i, 1, i$ 的分式线性变换, 其中 λ 为实数. 当 λ 取何值时, 上半平面映射为单位圆盘?

10. 证明分别将 z_k 映射为 w_k, $k = 1, 2, 3$ 的分式线性变换可表示为行列式形式

$$\begin{vmatrix} 1 & z & w & zw \\ 1 & z_1 & w_1 & z_1 w_1 \\ 1 & z_2 & w_2 & z_2 w_2 \\ 1 & z_3 & w_3 & z_3 w_3 \end{vmatrix} = 0.$$

11. 确定是否存在单位圆盘 D 到自身的函数 $f(z)$ 满足 $f(0) = \dfrac{1}{2}$, $f'(0) = \dfrac{3}{4}$. 如果存在, 找到这样的函数, 如果不存在, 给出理由.

12. 设 $f(z)$ 在单位圆盘 $D = \{z : |z| < 1\}$ 内解析, Γ 是 D 的边界上的一段圆弧, 且 $f(z)$ 在 Γ 上是实的. 证明: 函数 $F_1(z) = \begin{cases} f(z), & z \in D \cup \Gamma, \\ \overline{f\left(\dfrac{1}{\bar{z}}\right)}, & z \in D_1 = \{z \,|\, |z| > 1\} \end{cases}$ 是 $f(z)$ 在 $D \cup \Gamma \cup D_1$ 内的解析开拓.

13. 设 $f(z)$ 在单位圆盘 $D = \{z : |z| < 1\}$ 内解析, 且 $|f^{(n)}(0)| \leqslant 3^n$, $n = 1, 2, 3, \cdots$. 证明 $f(z)$ 可以解析开拓到整个复平面 $\mathbf{C}$ 上.

参 考 文 献

[1] 余家荣. 复变函数. 3 版. 北京: 高等教育出版社, 2000.

[2] Brown J W, Churchill R V. 复变函数及应用 (英文版). 7 版. 北京: 机械工业出版社, 2005.

[3] 高红亚, 刘红, 刘倩倩. 复变函数. 北京: 国防工业出版社, 2009.

[4] 李忠. 复变函数. 3 版. 北京: 高等教育出版社, 2011.

[5] 王培光, 高春霞, 刘素平, 等. 数学物理方法. 北京: 中国计量出版社, 2007.

[6] 于慎根, 杨永发, 张相梅. 复变函数与积分变换. 天津: 南开大学出版社, 2006.

[7] 杨纶标, 郝志峰. 复变函数. 北京: 科学出版社, 2003.

[8] Ahlfors L V. 复分析. 3 版. 北京: 机械工业出版社, 2004.

[9] 郭洪芝, 滕桂兰. 复变函数. 天津: 天津大学出版社, 1996.

[10] 方企勤. 复变函数教程. 北京: 北京大学出版社, 1996.

[11] 杨巧林. 复变函数与积分变换. 2 版. 北京: 机械工业出版社, 2007.

[12] 钟玉泉. 复变函数论. 3 版. 北京: 高等教育出版社, 2004.

[13] 路见可, 钟寿国, 刘士强. 复变函数. 3 版. 武汉: 武汉大学出版社, 2001.

[14] 陆庆乐, 王绵森. 复变函数. 4 版. 北京: 高等教育出版社, 1996.

[15] 盖云英, 包革军. 复变函数与积分变换. 北京: 科学出版社, 2001.

[16] Ponnusamy S. Foundation of Complex Analysis. New Delhi, Chennai, Mumbai, Kolkata: Narosa Publishing House, 2005.